分析化学実験の単位操作法

（社）日本分析化学会 ［編］

朝倉書店

編 集 者

保 母 敏 行　東京都立大学名誉教授
小 熊 幸 一　千葉大学工学部共生応用化学科
前 田 昌 子　昭和大学薬学部

はしがき

　近年，分析化学はますます重要性を増し，先端科学技術の発展をリードするばかりでなく，品質保証，標準化を行う上でも大きな役割を果たす責務を担っている．これらの責務を果たす上で，信頼性の高いデータを発信できるかどうかは，分析を行う人の技術，知識あるいは考え方に依存する面が大きく，使用する分析機器の信頼性ばかりか，試料をいかに扱い，いかにして分析操作を行うか，また得られた結果の妥当性をいかに判断するかにかかっている．

　一方，重量分析，容量分析といった化学反応を使う方法の重要性は依然として失われていないが，最近では機器を使う方法，すなわち機器分析法が広く利用されるようになっている．また，コンピュータとの組み合わせにより，今後，自動化，さらには利用者がその内容を知らないでも分析値が得られるブラックボックス化がさらに進むと考えられる．そこで，現状を鑑みると，個々の分析手法について基礎的な事項でさえ十分理解されていない例が増えているように思われる．

　上記のような背景を基に考えを進めた結果，基礎となる考え方および操作法について，十分理解した上で分析操作を実行するための情報集が必要であるとの結論に至った．

　世に多々ある分析法の書物の中で，本書は，基本的で重要な手法について，またそれらを支える原理と操作法について，具体的に解説したものである．主な読者層として高専あるいは大学で分析化学の基礎を学び，さまざまな領域で分析化学の実務に携わろうとしている方々を想定し，各操作法について長年の経験を持つ先生方に執筆していただいた．したがって，各操作方法の記述にはそれぞれの執筆者の個性が出ており，多少筆致が異なることを読者の皆様にご理解いただきたい．

　新しい世紀に入り，ナノテクノロジー，バイオテクノロジー，チップテクノロジー等々，先端科学技術を切り開くために必要な学問・技術として，分析化学の

重要性はさらに増すものと予想される．新しい方法論，新しい技術・操作法が加わって，古い操作法が陳腐化することも考えられるが，依然として重要性の変わらないものも多数存在し続けるであろう．本書の先には素晴らしい分析化学の進歩とより強固な地歩の確立が期待される．

　最後になるが，本書を出版するに当たり，大変お世話をいただいた朝倉書店編集部に厚く御礼申し上げる．

2004年3月

編集者一同

執 筆 者

(執筆順)

綿拔　邦彦	東京大学名誉教授・立正大学名誉教授
高木　　誠	九州大学名誉教授
中村　利廣	明治大学理工学部工業化学科
井村　久則	茨城大学理学部地球生命環境科学科
保母　敏行	東京都立大学名誉教授
前田　恒昭	(独)産業技術総合研究所計測標準研究部門有機分析科
小熊　幸一	千葉大学工学部共生応用化学科
中村　　進	(独)産業技術総合研究所計測標準研究部門無機分析科
切刀　正行	(独)国立環境研究所化学環境研究領域動態化学研究室
植松　洋子	東京都健康安全研究センター食品化学部食品添加物研究科
松本　宏治郎	東邦大学薬学部
松本　　健	金沢大学理学部化学科
中釜　達朗	東京都立大学大学院工学研究科応用化学専攻
目黒　義弘	日本原子力研究所バックエンド技術部
伊藤　　喬	昭和大学薬学部
前田　昌子	昭和大学薬学部
藤本　京子	JFEスチール(株)スチール研究所分析・物性研究部
田中　龍彦	東京理科大学工学部工業化学科
吉田　博久	東京都立大学大学院工学研究科応用化学専攻
酒井　忠雄	愛知工業大学工学部応用化学科
梶本　哲也	京都薬科大学薬学部
代島　茂樹	横河アナリティカルシステムズ(株)アプリケーションセンター
熊谷　浩樹	横河アナリティカルシステムズ(株)アプリケーションセンター
日置　昭治	(独)産業技術総合研究所計測標準研究部門無機分析科
金子　恵美子	東北大学大学院工学研究科金属工学専攻
梅香　明子	オルガノ(株)総合研究所
海老原　充	東京都立大学大学院理学研究科化学専攻
金子　広之	東京化成工業(株)深谷工場
町田　　基	千葉大学工学部共生応用化学科
尾島　善一	東京理科大学理工学部経営工学科
高田　芳矩	(財)日本分析センター
時実　象一	CAS (Chemical Abstracts Service)

目　　次

てんびんの取り扱い……………………………………………〔綿抜邦彦〕 1
　　1. 定感量化学てんびん　1　　2. 電気てんびん　3

測容器の取り扱い………………………………………………〔綿抜邦彦〕 5
　　1. ピペット　5　　2. メスフラスコ　7　　3. ビュレット　8　　4. 測容器の校正　10

沪　　過…………………………………………………………〔綿抜邦彦〕 11
　　1. 沪過　11

透　　析……………………………………………………………〔高木　誠〕 15
　　1. 透析　15　　2. 電気透析　17

沈　　殿…………………………………………………………〔中村利廣〕 19
　　1. 沈殿生成　19

抽　　出……………………………………………………………………… 22
　　1. 液液抽出〔井村久則〕22　　2. 固相抽出〔保母敏行〕24　　3. 固相抽出-加熱脱離〔井村久則〕26　　4. ソックスレー抽出〔井村久則〕27　　5. 固相マイクロ抽出〔保母敏行〕29　　6. 超臨界流体抽出〔井村久則〕32

ヘッドスペース抽出……………………………………………〔前田恒昭〕 35
　　1. ヘッドスペース（静的）抽出　35　　2. パージ＆トラップ　37

滴　定　法…………………………………………………………………… 41
　　1. 容量分析用標準物質の乾燥〔小熊幸一〕41　　2. 標準液の標定〔中村　進〕41　　3. 中和滴定〔中村　進〕45　　4. 酸化還元滴定〔中村　進〕47　　5. 沈殿滴定〔中村　進〕49　　6. キレート滴定〔中村　進〕51　　7. 電気滴定〔中村　進〕53　　8. 非水溶媒滴定〔中村　進〕54

容器の洗浄……………………………………………………………………〔中村　進〕57
    1．容器の洗浄　57

試料採取……………………………………………………………………………59
    1．大気試料－ガス状物質〔切刀正行〕59　　2．大気試料－粒子状物質〔切刀正行〕63　　3．海水〔切刀正行〕66　　4．河川・湖沼水〔切刀正行〕69　　5．土壌〔切刀正行〕71　　6．食品〔植松洋子〕73　　7．生体試料－尿〔松本宏治郎〕75　　8．生体試料－血液〔松本宏治郎〕76　　9．生体試料－組織〔松本宏治郎〕78　　10．生体試料－その他の体液〔松本宏治郎〕79

試料の溶解…………………………………………………………………〔松本　健〕81
    1．酸分解　81　　2．アルカリ溶解　82　　3．加圧分解　83　　4．融解　85

乾燥・調湿…………………………………………………………………〔中村利廣〕87
    1．乾燥　87

粉　　砕……………………………………………………………………〔綿拔邦彦〕93
    1．粉砕　93

かきまぜ……………………………………………………………………〔綿拔邦彦〕95
    1．かきまぜ　95

ふりまぜ……………………………………………………………………〔綿拔邦彦〕97
    1．ふりまぜ　97

ふるい分け…………………………………………………………………〔綿拔邦彦〕99
    1．ふるい分け　99

脱　　気……………………………………………………………………〔中釜達朗〕101
    1．液体の脱気　101　　2．超音波照射／減圧による脱気　101　　3．ヘリウム通気による脱気　102

濃　　縮……………………………………………………………………〔前田恒昭〕103
    1．加熱濃縮法－ロータリーエバポレーター　103　　2．不活性ガス気流　105　　3．冷却捕集　106

温度調整 〔目黒義弘〕 110
1. 恒温 110　2. 冷却 114　3. 加熱 116

圧力調整 120
1. ガスボンベからのガス送気（加圧）〔保母敏行〕120　2. 減圧〔伊藤 喬〕122　3. アスピレーター〔伊藤 喬〕122　4. 真空ポンプ〔伊藤 喬〕123

緩衝液 〔中村 進〕 125
1. 緩衝液の作り方 125

pH計 〔中村 進〕 126
1. pH計 126

機器分析－その測定の実際－ 129
1. 紫外・可視吸光光度法〔小熊幸一〕129　2. 蛍光分光光度法〔前田昌子〕132　3. 原子吸光光度法〔藤本京子〕134　4. アンペロメトリー〔田中龍彦〕137　5. サイクリックボルタンメトリー〔田中龍彦〕138　6. ポーラログラフィー〔田中龍彦〕140　7. 熱重量測定〔吉田博久〕142　8. 示差走査熱量測定〔吉田博久〕145　9. フローインジェクション分析法〔酒井忠雄〕148　10. 空気分節型連続流れ分析法〔酒井忠雄〕153　11. 薄層クロマトグラフィー〔梶本哲也〕155　12. ガスクロマトグラフィー (1) 充塡カラムの作成〔保母敏行〕156　13. ガスクロマトグラフィー (2) 試料注入法：充塡カラムの場合〔保母敏行〕158　14. ガスクロマトグラフィー (3) ガラスアンプルの開封〔前田恒昭〕162　15. ガスクロマトグラフィー／質量分析法〔代島茂樹〕163　16. 質量分析法〔代島茂樹〕169　17. 高速液体クロマトグラフィー〔熊谷浩樹〕177　18. 液体クロマトグラフィー／質量分析法〔熊谷浩樹〕182　19. 赤外分光法 (1) KBr法〔梶本哲也〕187　20. 赤外分光法 (2) ヌジョール法〔梶本哲也〕189　21. 赤外分光法 (3) 全反射測定法〔梶本哲也〕190　22. 核磁気共鳴〔梶本哲也〕191　23. ICP分析法（ICP原子発光分析法，ICP質量分析法）〔藤本京子〕193　24. X線回折分析法〔中村利廣〕196　25. 蛍光X線分析法〔中村利廣〕198

標準物質 〔日置昭治〕 203
1. 純物質の取り扱い 203　2. 組成標準物質の取り扱い 205

定量 〔日置昭治〕 209
1. 検量線 209　2. 同位体希釈法（ID法）212

試薬の精製 〔金子恵美子〕 217
   1. 再結晶による精製 217   2. 蒸留による精製 219   3. 昇華による精製 221   4. カラムクロマトグラフィーによる精製 223   5. 溶媒の脱水（乾燥）と保存 224

純 水 〔梅香明子〕 227
   1. 純水製造法 227   2. 純水の評価 230   3. 純水の管理と保存 234

試薬の保存 〔金子恵美子〕 238
   1. 試薬の保存 238

ラジオアイソトープ 〔海老原 充〕 240
   1. ラジオアイソトープの取り扱い 240

誘導体化 〔金子広之〕 242
   1. メチルエステル化 242   2. トリメチルシリル化 244   3. トリフルオロアセチル化 246

実験安全指針 〔町田 基〕 248
   1. 実験室安全指針 248   2. 環境安全 252

データの取り扱い 256
   1. 標準偏差〔尾島善一〕256   2. 四捨五入・数値の丸め方〔尾島善一〕256   3. データの検定・異常値（外れ値）の検定〔尾島善一〕257   4. 分析法バリデーション〔高田芳矩〕259   5. 不確かさの計算と報告〔高田芳矩〕261

文献と情報検索 〔時実象一〕 265
   1. 文献と情報検索 265

索 引 275

てんびんの取り扱い

1. 定感量化学てんびん（chemical balance）

I 概　　要
　定感量化学てんびんでは試量を皿にのせ，これに相当する分銅を取り除き，てんびんのさおが水平になったときの質量を測定する．実際には分銅の最小の質量以下はさおの傾きを測定し，ランプスケールで表示された目盛で質量を読み取るように作られている．

II 器　　具
　定感量化学てんびん

III 操　　作
　一般的な操作を順を示すと以下のようである．
① てんびんがてんびん台にしっかり，水平に設置されていることを確認する．
② 質量表示値がすべてゼロであることを確認する．
③ 作動レバー13をゆっくり操作し，開放（フリー）にし，ゼロ点を確認する．

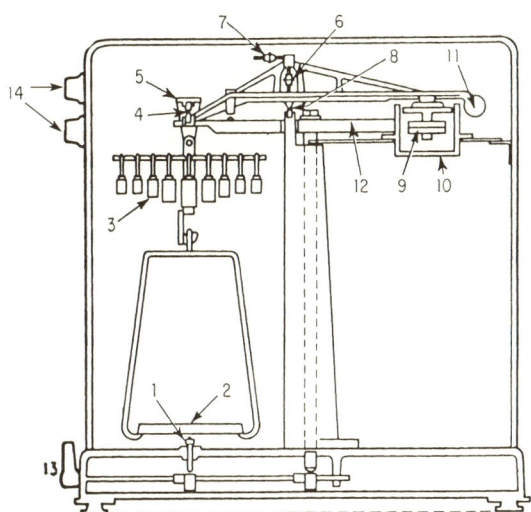

1　皿の支持部
2　皿
3　分銅
4　サファイアナイフエッジ
5　力点刃受
6　感度調節用（上下）移動分銅
7　初期ゼロ点調節用（左右）移動分銅
8　主ナイフエッジ（サファイア）
9　固定おもり
10　エアダンパー
11　投影目盛板
12　支持部
13　作動レバー
14　分銅加除ノブ

図1　典型的な定感量化学てんびんの構造（Brown, Sauee, 1963）[1]

④ 静止点が精確にゼロでない場合はゼロ点調節ノブ（図1には記載無し）を操作してゼロに合わせる．
⑤ 作動レバー13を操作し，休止状態に戻す．
⑥ 扉を開け，試料を皿にのせ，扉を閉める．
⑦ 試料の質量よりやや多い数値となるよう，分銅加除ノブ14を操作し，作動レバー13を半開放（ハーフ）位置に回す．
⑧ ハーフにしたまま分銅加除ノブ14を操作し，分銅数値を順次軽くしていく．
⑨ 目盛りが＋にふれたところで作動レバー13をフリーにする．
⑩ 投影目盛に最小分銅以下の値が表示されるので，副尺を使い微小目盛を合わせて1/10まで読み取り，試料質量とする．
⑪ 作動レバー13を休めにして表示をすべてゼロにし，皿から試料を取り出す．
⑫ 作動レバー13をもう一度フリーにし，ゼロ点が移動していないことを確認する．もし移動していたら，ゼロ点調節をして秤量をやり直す．

IV 解　説

　てんびんは高い精度を持つ精密機器であるから，取り扱いは丁寧に行わねばならない．てんびんを水平に置き，振動が伝わらないようにするのは，てんびんのさおのバランスが正しく保たれるようにするためである．

　てんびんはルビー，サファイアなど硬い物質の平板の上にナイフエッジの尖った接点でバランスを保っているので，レバーは半作動で分銅の加除を行う．

　ランプスケールで傾きから微量の質量を測定できるのは，さおに常に一定の荷重がかかっているためである．これが定感量化学てんびんの特色で，試料の分だけ質量を除去して計測するのである．

　ランプスケールは数秒で停止するが，これはエアダンパーの作用である．このダンパーが正常に働くためにもてんびんは水平に保つ必要がある．

　最近ではバイブレーターのさじを用いて試薬をてんびん上で加えることもあるが，てんびん内は常に清潔にするように心がけたい．もし，こぼれたら羽根などを用いて直ちに清掃する．

　定感量化学てんびんでは，測定用の皿は1個であるので，てんびん内温度と試料の温度が等しくないと上昇気流のため，測定値が不安定になる．秤量前の試料を入れたデシケーターなどはてんびん室に置くとよい．

　ミクロてんびんを利用する場合には，てんびんは恒温，恒湿の部屋に置き，試料ははかり瓶（秤量瓶）に入れて測定することが望ましい．

　なお通常のてんびんでは分銅の密度を$8.0\ \mathrm{g\ cm^{-3}}$，空気の密度を$1.2\ \mathrm{mg\ cm^{-3}}$として浮力の補正をしてあるので，$2\ \mathrm{g\ cm^{-3}}$以上の密度の試料なら浮力の補正は必要ない．

 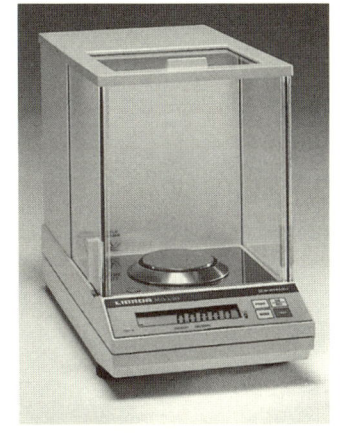

(a) 電子上皿てんびん　　　　　　　(b) 電子分析てんびん

図2　電子てんびんの例

2. 電子てんびん（電子はかり，electronic balance）

I 概　　要

　皿にのせた試料の重さによる皿の動きを電磁気的復元力によりもとに戻し，このときの電流値などから質量を求める電子てんびんは操作が簡単であり，コンピュータなどとの接続も容易であるが，電磁気的力とつり合っているのはあくまでも重量であることには注意しなければならない．したがって質量を測定するためには正確な分銅によってチェックをすることが必要である．

II 器　　具

　電子てんびん

III 操　　作

① てんびんの水平器ではかりが水平であることを確認する．
② 表示をオンにする（0.0000 g を表示）．
③ はかり瓶をのせ，風防扉を閉める．
④ RE-ZERO キーを押す（0.0000 g を表示）．
⑤ 試料を計量皿にのせ，風防扉を閉める．
⑥ 安定検出マークが表示されたら読み取る．
⑦ はかり瓶と計量物を計量皿から降ろす．
⑧ 表示をオフにする．

IV 保守・点検

　てんびんは精密機器であるから，振動のない清潔な場所に設置し，その内部を常に

清浄に保っておくことが大切である．湿気に対して注意し，場合によっては小さなビーカーにシリカゲルを入れ，てんびん内に置く．

また，てんびんが正しい値を与えることを確認するためには，10 g の標準分銅を用いて，正常に作動していることをチェックしておく必要がある．

■ 参考文献
1) 阿部光雄編著：分析化学実験，裳華房（1986）．
2) 綿拔邦彦，務台　潔，矢野良子，塚田秀行：化学実験の基礎，培風館（1992）．
3) 武者宗一郎，滝山一善：分析化学の基礎技術，共立出版（1979）．

■ 引用文献
[1] G. H. Brown, E. M. Sauee : Quantitative Chemistry, p.13, Prentice-Hall Inc. Maruzen (1963)．

測容器の取り扱い

　測容器（体積計）は溶液の体積を測定するもので，化学実験で用いられるものには，ピペット，メスフラスコ，ビュレットなどがあり，多くの場合ガラス製である．目的に応じて試料溶液や試料の必要量を取り出すために用いることが多いので，内部は常に清浄に保っておくことが必要である．主として液体の体積を量る場合が多く，気体の場合には特殊なものが用いられる．ガラス製なので乾燥させるときは清浄な空気を吹きつけて乾かすこともあるが，一般に加熱することは望ましくない．ガラスは加熱によって膨張し，もとの体積に戻るまでに長時間を要する．また，測容器には許容誤差があり，それぞれの取り扱い方があるので注意が必要である．高精度の実験をするときには測容器の検定・補正を行う．

1. ピペット（pipet）

I 概　要

　ホールピペット（全量ピペット），メスピペット，駒込ピペットなど種類が多いが，駒込ピペット，メスピペットはおよその体積を加えるのに用いられる．ホールピペットは精密用である．

II 器　具

　ピペット

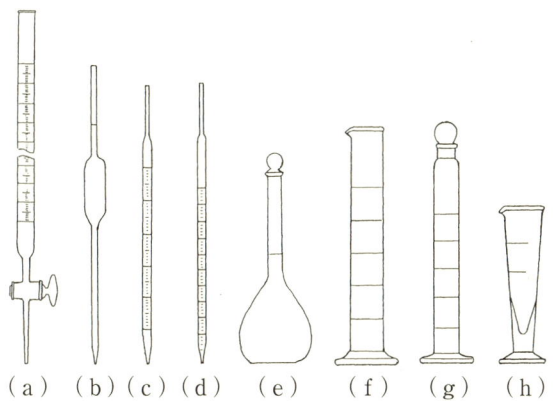

出用体積計
(a) ビュレット
(b) ホールピペット
　（全量ピペット）
(c) メスピペット
　（中間目盛付き）
(d) メスピペット
　（先端目盛付き）

受用体積計
(e) メスフラスコ
(f) メスシリンダー
(g) 有栓メスシリンダー
(h) メートルグラス

図1　測容器(体積計)の例(鮫島，1997)[1]

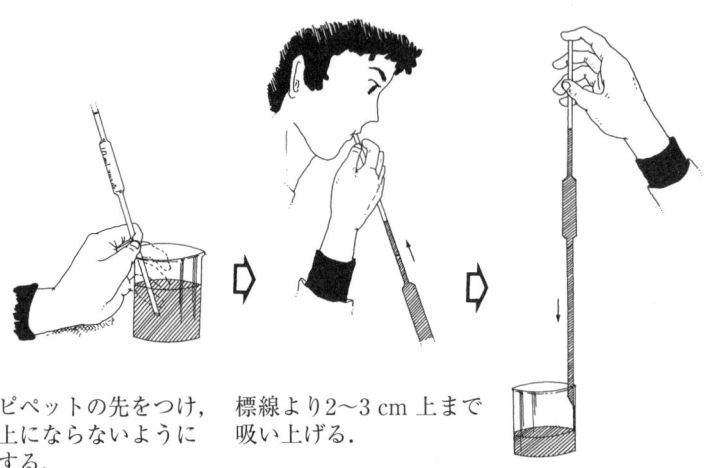

試料に全量ピペットの先をつけ，先端が液面上にならないように左手で固定する．

標線より2〜3 cm 上まで吸い上げる．

人指し指で調節しながら標線に合わせる．

図2　全量ピペットの使い方(鮫島，1997)[1]

III　操　　作

① 共洗い：清浄なピペットの上部を親指と中指，薬指で持ち，目的の液を少量吸い上げ，ピペットを横にして回しながら，内壁を洗って捨てる．この操作を3〜4回繰り返す．

② 採取：液を標線の上2〜3 cm まで吸い上げ，人差し指で吸口をふさぎ，指と吸口の間を少しあけ，液を流下させてメニスカスを標線に合わせる．先端に滴がついているときには器壁に触れて取り除いておく．

③ 流出：目的の容器にピペット内の液を流出させ，出し終わってから数秒待ち，ピペットの先端に残って

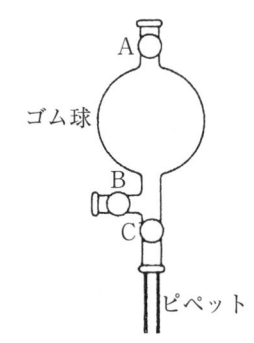

図3　安全ピペッター
3つの弁A, B, Cを操作して液の吸い上げおよび流下を行う．

いる液は容器の器壁にピペット先端を接触させて流出させるか，吸口を人差し指で閉じ，球部を手で握り温めて内部の空気の膨張を利用して押し出す．いずれの方法を用いてもよいが，どちらかに統一し，いつも同じ方法で操作する．

使用後は先端を汚さないように，ピペット台などに置いて，次の操作に用いる．

表1にメスピペットとホールピペット（全量ピペット）の体積許容差を示す．

なおエッペンドルフピペットなどの定量ピペットや分注器など，簡単に定量の液体を取り出すことのできる器具もある．これらは操作も容易であり，取り出す体積も自由に調整することができる．また，先端にフッ素樹脂製*のチップを用いることによ

---

*　例えばテフロン(正式名はポリテトラフルオロエチレン)．なお，テフロンはデュポン社の商品名であるが，本書では器具など，一般的名称として用いられているものはそのまま「テフロン」とした．

表1 ピペットの体積許容差

メスピペットの体積許容差

容量*	1 mL	2 mL	5 mL	10 mL	20 mL	25 mL	50 mL	
最小目盛(mL)	0.01	0.02	0.05	0.1	0.1	0.1	0.2	
許容差(mL)	±0.015	±0.02	±0.03	±0.05	±0.1	±0.1	±0.2	

ホールピペットの体積許容差

容量*	1 mL	2 mL	5 mL	10 mL	20 mL	25 mL	50 mL	100 mL
流出時間(s)	7〜20	7〜20	7〜25	10〜30	10〜40	20〜50	20〜60	30〜60
体積許容差(mL)	±0.01	±0.01	±0.02	±0.02	±0.03	±0.03	±0.05	±0.1

* 呼び容量という．

って，先端に液滴が残らない工夫をした例もある．なお，有毒な液体をピペットでとる場合には，口で吸わないで安全ピペッターを用いる（図3）．

2. メスフラスコ（measuring flask）

I 概　　要

　標準液の調製や目的溶液（試料）を一定体積に希釈するときに用いられる．標線まで液を入れたとき，中の液が目的の体積になる受用（E*）と，標線に液の量を合わせてからこの液を別の容器に出したとき，出された液が目的の体積になる出用（A†）とがある．2本の標線のあるメスフラスコもあるが，一般には受用で標線が1本のものが用いられる．固体をメスフラスコの中に入れ，水を加えて溶解してから一定量にする方法もあるが，固体を直接メスフラスコに入れるのではなく，ビーカーであらかじめ溶解してからメスフラスコに移し，標線まで溶媒を加える方がよい．

II 器　　具

　　メスフラスコ；ビーカー；漏斗；ピペット，スポイト

III 操　　作

　① 固体試料をビーカーにとり，これに溶媒を加えて溶解する．
　② 完全に溶けたらメスフラスコの口に小さな漏斗を置き，ビーカー内の溶液を注入する．ビーカーの内壁を溶媒で洗い，洗液をメスフラスコに入れる．この操作を数回繰り返す．
　③ 漏斗の内壁を水でよく洗いこんでから取り除く．
　④ 標線の10〜20 mm 下まで溶媒を加える．

---

　* Einhalt の略．
　† Ausguss の略．

⑤ ピペットやスポイトを用いて標線まで溶媒を入れる．このときフラスコを机に置き，目を標線の高さにして操作する．あるいはフラスコの細い部分を手で持って垂直にぶら下げ，目の高さで標線まで溶媒を入れる（図4）．

⑥ 栓をして，手で押さえて逆さにし，フラスコの大きい部分を手でつかみ，よくふりまぜる．この操作を3～5回繰り返す．

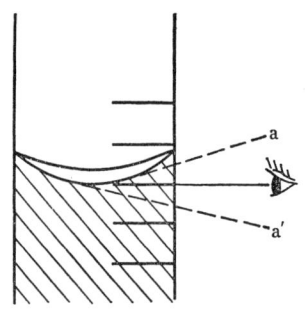

図4 標線の合わせ方（田中・中川，1987）[2]
目を水平に保ち，目盛線の値を読み取ること．a, a'の位置から見たときには誤差が大きい．

IV 解　　説

固体試料を直接メスフラスコに入れることもあるが，固体を完全にこぼさずに入れることは難しいし，溶媒を加えたとき吸熱や発熱が起こると，これが常温になってから次の操作をすることになり望ましくない．

習熟すれば溶液をビーカーからメスフラスコに漏斗なしで注入できるが，初心者は漏斗を用いる方がよい．

溶液は密度が異なると簡単に混合均一化しないので，メスフラスコを逆にしてふりまぜる．

なお，メスフラスコの栓は共通ずりでない場合，1個ごとに異なるので紐で本体と結んでおくとよい．また栓を汚さないように注意し，不用意にテーブルの上に置いたりしない注意も必要である．

溶液をメスフラスコを用いて希釈する場合には②でピペットで採取した溶液をメスフラスコに完全に移し，後は同様の操作を行えばよい．

表2に，メスフラスコ（受用）の体積許容量を示す．

3. ビュレット (buret)

I 概　　要

ビュレットは滴定を行うときに標準液を入れ，滴定に要した溶液の体積を量るためのものであり，場合により任意の体積の液体を正確に加える場合にも用いられる．通常25 mLや50 mLが用いられるが，特別な用途には10 mL，5 mLといったものもある．微量拡散分析などでは全量が0.5 mLの水平ビュレットがあり，さらにはピストンの動きで，液体の体積を読み取るようなピストンビュレットもある．また常にゼ

表2　メスフラスコの体積許容量

容　　量	10 mL	20 mL	25 mL	50 mL	100 mL	250 mL	500 mL	1000 mL
体積許容量 (mL)	±0.04	±0.06	±0.06	±0.10	±0.12	±0.15	±0.30	±0.60

ロ点からスタートできる自動ビュレットもある．

II 器　　具
ビュレット；ビュレット台；ビーカー，漏斗

III 操　　作
① 清浄なビュレット活栓に十分グリースが塗布されており，スムーズに動くことを確認する．

② 実験台上にビュレット台を置き，垂直に立つことを確認する．

③ 漏斗，ビーカーなどを用いてビュレットに1/3くらい標準液を入れる．活栓をあけ，中に空気が残らないように流出させる．この操作を3回くらい行い（共洗い），目盛より2～3 cm上まで溶液を満たす．

④ ビュレットを垂直に立て，活栓をあけ，メニスカスをゼロ点に合わせる．体積の測定のときもメニスカスの下端で読み取る．

⑤ 必要量を流出させ，用いた液の体積を読む．

IV 解　　説
ビュレットは活栓（ガラス製）が大切である．これを本体と別にならないように紐で結んでおくとよい．アルカリ性の溶液を入れておくとガラス製の活栓は動かなくなることがある．ガラス製のものに加えて最近はテフロン製のものもある．一般に，ビュレットに溶液を長い間入れておくのは望ましくない．

ガラス製の活栓のものをガイスラー型ビュレットといい，活栓でなくゴム管の中にガラス玉を入れたものをモール型ビュレットという．慣れてくるとモール型ビュレットは使いやすい．

溶液として硝酸銀や過マンガン酸カリウムを用いる場合は，光により分解される可能性があるので褐色のガイスラー型が用いられる．過マンガン酸カリウムを用いる場合メニスカスが見にくいので，メニスカスの上で体積を読む．また，過マンガン酸カリウムは酸化性であるから活栓にはグリースを用いず，すりのよいガイスラー型を用いる必要がある．

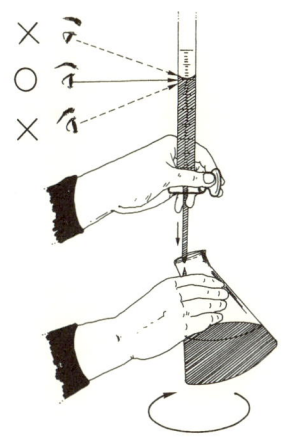

図5　ビュレットの使い方（鮫島，1997）[1]

滴定はビュレット，ピペット，メスフラスコの組み合わせで行う．このときピペットはホールピペットを用い，メスピペットは用いない．分析操作では誤差の程度が同じようなレベルの器具で実験することが望ましいからである．

通常ガラス製測容器は加熱してはいけない．それは検定が20℃で行われており，100℃に加熱するとガラスはなかなかもとの体積に戻らないからである．しかし迅速

ピペットなどでは内部をシリコンコーティングし，先を切って用いる場合があり，この場合シリコンを焼付けるために高温にする．このような場合には検定してから用いる．コーティングすると内部に液が残らないので，ピペットをサンプルごとに洗浄する必要がなく，流出時間も短く，しかも完全に流出する．

4. 測容器の校正

　精密な分析を行うためには測容器が正しく目盛られているかどうかを確かめる必要がある．もちろん前述のように許容範囲があるが，それ以上の精密なデータを求める場合には校正を行う．

　通常の測容器の場合，純水を用いて体積を校正する．全量ピペットは流出させた水の質量を測定して補正し，メスフラスコは標線まで水を満たしたときの質量増加で校正する．ビュレットは 1 mL あるいは 2 mL ずつ滴下し，そのとき流出した水の質量で校正する．ビュレットでは，例えば 5 mL から 45 mL までの測定では補正しなくてもよいという結果が得られることもある．ビュレットでは補正曲線を作って添付しておくとよい．

　微量の計測をするミクロビュレットなどでは，水より密度の大きい液体を用いて校正する．昔は水銀を使った例もある．

■ 参考文献
1) 綿拔邦彦，務台　潔，矢野良子，塚田秀行：化学実験の基礎，培風館 (1992).
2) 阿部光雄編著：分析化学実験，裳華房 (1986).

■ 引用文献
[1] 鮫島啓二郎編著：薬学必携 4 定量分析化学，朝倉書店 (1997).
[2] 田中元治，中川元吉編：定量分析の化学―基礎と応用―，朝倉書店 (1987).

沪過

1. 沪過（filtration）

I 概　　要

沪過とは，液体試料中の固形物と溶存物質とを分離する操作である．化学的にどの大きさが固形物で，どの大きさから溶存物質になるかの定義はない．河川水などでは 0.22（あるいは 0.45）μm の孔径のフィルターを通過するものを溶存物質とし，通過しないものは固形物としているが，これは操作上の定義である．

沪過には通常分析化学で行う漏斗と沪紙を用いる方法，メンブランフィルターを用いる方法，ガラスフィルターを用いる方法，古くは磁製沪過るつぼ（グーチるつぼ）を用いる方法などがあり，それぞれ目的に応じて使い分ける(図1)．また操作としては保温沪過，冷却沪過など温度により溶解度の異なる物質は保温，冷却して沪過するし，場合により遠心分離して溶液と固形物を分離したり，分離を早め効率を上げるために吸引沪過することもある．この場合は中間にトラップを入れておく必要がある．ここでは分析操作として最もよく用いられる漏斗と沪紙を用いた沪過について述べる．

II 器　　具

漏斗；漏斗台；ビーカー；ガラス棒；ポリスマン（ガラス棒の一端をシリコーンゴムなどで覆ったもの）；沪紙；洗瓶

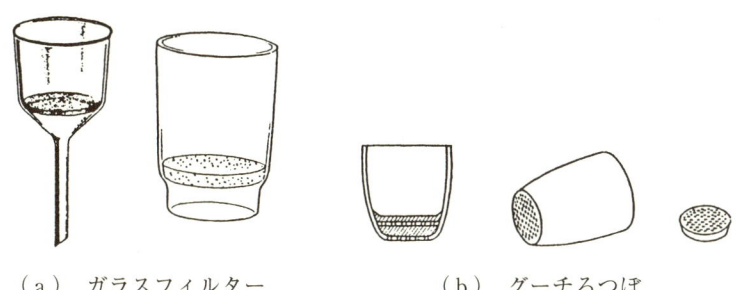

(a) ガラスフィルター　　　　(b) グーチるつぼ

図1　ガラスフィルターとグーチるつぼ（鮫島，1997）[1]

III 操作

① 沪紙の選択：化学分析用の沪紙の中から，目的とする沈殿の沪過に適したものを選ぶ．

② 漏斗の選択：清潔な漏斗で，沪紙がきちんと密着するもの，足の長いものを選ぶ．

③ 沪紙を正しく半分に折り，はじめの折目が重ならないように角度をわずかにずらして再び半分に折り，四分円形にする．ずらす角度は縁を開いて円錐形にしたときの頂角が漏斗の頂角よりわずかに大きくなる程度とする．沪紙が二重になっている部分の外側をわずかにちぎると水でぬらしたとき沪紙が漏斗に密着しやすくなる．

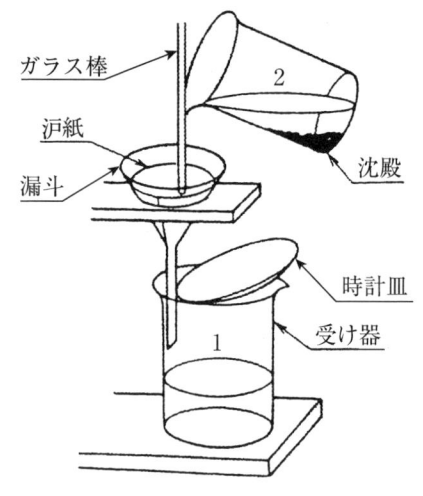

図2 沪紙による沪過

④ 漏斗を漏斗台に置き，沪紙の上部を水で湿らせてから沪紙の上部1/3を軽く押さえ密着させる．下に受け器としてビーカー1を置いておく．

⑤ 沪紙全体を湿らせ，洗浄液（洗液）を注入し，足に液柱を作る．このとき，漏斗の足の部分に気泡ができないようにする．漏斗から流出した液は捨てる．

漏斗の足を受け器のビーカー1の壁につける．漏斗の足の先端がビーカー1の中で液に浸らないように調整する．

⑥ 沪紙が三重になっている部分にガラス棒を立てて，ビーカー2から上澄み液をガラス棒に伝わらせて，沪紙上に徐々に断続的に注ぐ．このとき溶液を沪紙の8分目以上に入れないよう気をつける．最後に気泡が入って"ハネ"ることがあるので注意する．

⑦ 上澄み液が少なくなり，沈殿の一部が沪紙上に流れるようになったらビーカー2の内壁を洗液を用いて洗い，かきまぜて静置し上澄みの沪過を行う．この操作は2～3回繰り返す．

⑧ ビーカー2を傾け，沈殿を沪紙上に洗い落とす．このときポリスマンと洗瓶を有効に利用する．

⑨ ビーカー2の内壁を2～3回洗い沪過し，沈殿を覆う程度に洗液を繰り返し加える．

⑩ 母液に含まれる多量成分が流出しなくなるまで洗液で洗う．

IV 解 説

沪紙は通常直径が11 cmの円形のものを用いるが，定性用と定量用とがあり沈殿の性質により適したものを選ぶ．水酸化鉄(III)や水酸化アルミニウムのように粗いゼリー状のものではNo.5Aを，硫酸バリウムのように細い沈殿はNo.5Cを用いる．表1に沪紙の種類と用途を示す．

1. 沪 過

表1 沪紙の種類と用途

用途		東洋沪紙	ワットマン沪紙	性状
定性用	一般定性用	No.1	No.1	一般の沪過用として製造されたもので，沪過速度は速い．ただし，微細な沈殿を沪別するには不適当である．
	標準定性用	No.2	No.2	紙の厚さはNo.1より厚く，沪過速度も速い．沈殿の保持もよい．定性分析，および工業沪過用標準品．
	細菌用	No.101	No.4	性質はNo.1に近く紙面に凹凸を設け，粘ちょう液，にかわ状液の沪過に適している．
	半硬質定性用	No.131	No.5	No.2よりさらに細かい沈殿の沪過に適している．紙質も硬く，減圧，加圧の沪過にもよく耐え，繊維の離脱が少なく，硫酸バリウムなどの沪過に用いられる．
定量用	簡易定量用	No.3	No.30	繊維を塩酸で処理し，蒸溜水で洗浄したもので紙は厚く，沪過は早い．簡単な定量分析用として学生実験，工業分析に適している．
	硬質沪紙	No.4		化学処理により表面を硬化させたもので紙質は強く，加圧に耐え，耐酸，耐アルカリ性に富み微細な沈殿でも沪別できる．
	迅速定量用	No.5A	No.41, No.541	塩酸およびフッ化水素二重処理を受けたもので，灰分が少なく，沪過迅速で疎大沈殿の沪過に適している．
	一般定量用	No.5B	No.40	処理は迅速定量用に同じ．沪過速度，沈殿の保持，灰分などは沪紙中の中くらいで，迅速定量用では漏れるおそれのあるような沈殿を沪別するのに適している．
	硫酸バリウム用	No.5C	No.42	処理は上と同様であるが，上の沪紙で漏れるおそれのあるような微細な沈殿を沪別するのに適している．
	標準定量用	No.6	No.44	紙質はやや薄く，灰分は上記No.5A，5B，5Cより少なく，沈殿保持性もよく標準分析用に適している．
	最高級定量用	No.7		最も紙質は薄く，紙層も均一で繊維の純度もよく，特に精密な分析用に用いられる．
クロマトグラフィー用		No.50		紙質は精製した繊維の均一組成で標準品である．
		No.51	No.1	紙質は薄く紫外線下で蛍光を発しない．
		No.51A		No.51の中の無機分を完全に除いたもの．生化学精密分析用に適している．
		No.52		定性用No.2と同質で紙面を平滑にしてクロマトグラフィー用として適応させてある．
		No.53		微量の鉄分を嫌うペーパークロマトグラフィー用である．
		No.54	No.54	酸，アルカリに対する抵抗性，湿潤強さが大である．

漏斗は一般にガラス製で沪紙が密着し，長い足が清浄で液柱になるものを用いる．沪紙と漏斗を密着させ足の部分を液柱にすると沪過が早くなる．したがって，漏斗の足の部分に気泡を入れないように注意する．

漏斗の足をビーカーの壁につけ，液が"ハネ"ないようにする．また，漏斗の足は沪液の中に入らないように気をつける．

沈殿をビーカーから完全に沪紙に移すには，ビーカー内の沈殿をポリスマンで集め洗瓶で洗液を吹きつけて漏斗に洗い出す．

沈殿を洗う洗液は通常5％程度の塩化アンモニウム(NH_4Cl)の水溶液か5％程度の硝酸アンモニウム(NH_4NO_3)の水溶液である．これらを用いて，沈殿剤や試料中に含まれるイオンが沪液中に検出されなくなるまで洗う．この沈殿を焼いて秤量する場合などに沈殿剤が残っていたりすると，秤量値が過大になることがある．NH_4ClおよびNH_4NO_3は沈殿を焼くとき分解してしまうので洗液として用いても後に影響はない．また洗液に薄い塩の溶液を用いるのは沈殿がコロイド状になって沪紙を通ってしまうのを防ぐためである．硫化物の沈殿の場合，硫化水素を含む洗液で洗う．これは空気酸化により，硫化物が硫酸塩になって溶け出すのを防ぐためで，沈殿の洗浄には適切な洗液を選ぶことが大切である．

■ 参考文献
1) 阿部光雄編著：分析化学実験，裳華房（1986）．
2) 武者宗一郎，滝山一善：分析化学の基礎技術，共立出版（1979）．

■ 引用文献
[1] 鮫島啓二郎編著：薬学必携4　定量分析化学，朝倉書店（1997）．

透　　析

1. 透析（dialysis）

I　概　　要

　沪過とは，溶液を加圧下に巨視的な流れとして多孔膜を透過させ，膜に設けた孔の大小によるふるい効果によって，透過しない粒子やマクロ分子を膜上に集める分離手法である．これに対して透析では，加圧することなく，膜の孔径を小さくして巨視的な流体（溶媒）の流れが起こらない条件下で，膜のふるい効果を利用して溶質分子を膜を通して移動させる．透析において分離対象とする溶質分子の大きさは，十分の数nm〜100 nm程度であり，分子量で数百〜数万の分子である．分子量が小さな溶媒分子（現実的には水分子）は，基本的に透析膜を自由に透過する．

　膜を通して溶質を一方向に移動させるには駆動力が必要であり，分離すべき溶質自体の濃度差を利用する場合を，拡散透析（diffusion dialysis）あるいは単に透析と呼ぶ．溶質の大きさによっては，透析の代わりに限外沪過や精密沪過法も用いることができるが，圧力をかけて沪過することが適当でない血液などの試料には，専ら透析法が用いられる．膜の材質はセルロースが主体である．

　拡散透析では図1に示すように，試料溶液を透析膜の袋に入れて純水中でかくはんし，膜を透過する物質を除去する．タンパク質や酵素などの高分子物質の分離精製に用いられる．透析の過程を定量的にとらえるには，図2に模式的に示す構成の2室セルを用いて経時変化を追う．

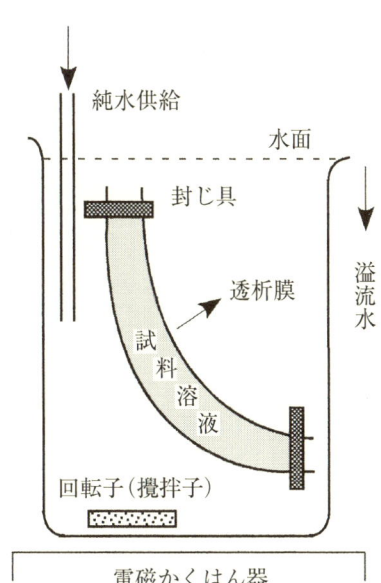

図1　拡散透析の操作概念
試料溶液の袋が不規則に動かないように，おもりや浮きをつけて外部から固定する．

II　器具・試薬

　透析膜：直径5〜20 mm程度のチューブ状の膜を押しつぶし，10 m程度のコイルに巻いて市販されている．袋状，カセット状に仕上げたものもある．分画分子量は多様なものが選択できる．

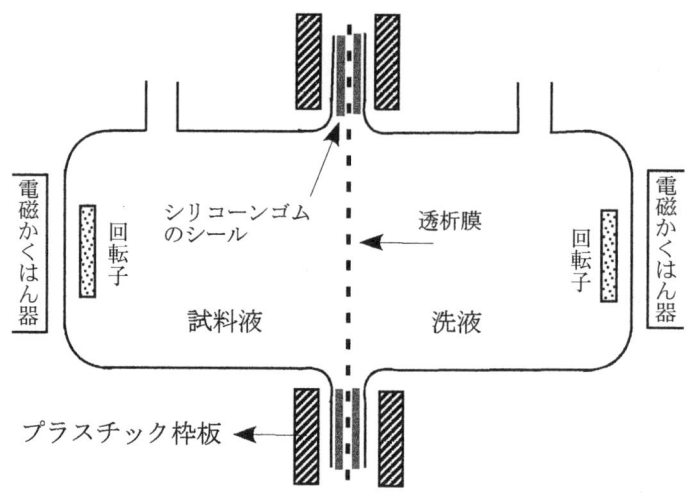

図2 拡散透析の過程を定量的に追う装置の概念
二つのガラス製太鼓型セルを，外側からプラスチックの枠で挟んでねじとナットで固定する．必要に応じ，セル全体を恒温槽に置いて一定温度に保つ．

純水：イオン交換水あるいは逆浸透膜による精製水．

III 操　作

a. 図1の装置によるとき

① 市販カタログから目的に合った透析膜と封じ具を選ぶ．

② 試料溶液を膜チューブに封じ，ビーカーなどにセットする．チューブが槽内を大きく揺動しないよう，適宜チューブを固定する．

③ チューブの外側に洗液（純水あるいはpH緩衝液など）を満たし，かくはんしながら一晩ないしそれ以上，洗液をゆっくり流す．

④ チューブを開封して試料液を取り出す．

b. 図2の装置によるとき

① 溶液を入れない状態で図2の装置を組み上げる．

② 開口部から，洗液を両槽に同量（同レベルまで）加える．

③ 両槽を一定条件下で数時間かくはんし，透析膜を溶液と十分になじませる（平衡化する）．

④ 試料溶液槽から一定体積の溶液を抜き取り，代わりに同体積の試料溶液を加える（拡散透析の開始）．

⑤ 試料溶液槽，洗液槽から経時的にサンプリングし，関係成分の濃度を調べる．

IV 解　説

入手状態の膜には防腐剤や製造工程に由来する重金属類などが含まれている．これ

らを除くために，使用に先立って純水やEDTA溶液などによる所定の洗浄操作を行う．

　チューブ状の膜を適当な長さに切り取り，片端を付属の封じ器具（クローサー）で閉じて袋状にする．試料溶液を入れた後に他端を同様に閉じる．図1で，流水を用いる代わりに数時間ごとにビーカー中の水を交換してもよい．

■ **参考文献**
1) 中垣正幸監修：膜処理技術（普及版），pp.116-119, フジ・テクノシステム（1998）．
2) 科学技術振興機構　技術者能力開発情報部門　Webラーニングプラザ　化学　化学工学基礎―膜分離コース
　　http://weblearningplaza.jst.go.jp/

2. 電気透析（electrodialysis, ED）

I 概　　要

　電位勾配を駆動力として行われる透析を電気透析と呼ぶ（前節参照）．電気透析では，その目的のために作られた荷電膜（イオン交換膜）を必ず用いる．

　陽イオン交換膜は陽イオンのみを透過させ，陰イオン交換膜は逆に陰イオンのみを透過させる．したがって図3のような構成の電解槽に直流電流を流すと，イオン交換膜で囲まれた溶液室1については，通した電気量に相当する化学量の脱塩が起こる．溶液室2については逆に塩の濃縮が起こる．イオン交換膜を透過する物質は，イオンの他には水分子やアルコールなどごく小さい分子に限られるので，溶液室の試料は基本的に塩の除去・濃縮，イオン交換のみを受けることになる．

　陽極室および陰極室では電気分解が起こるので，電解反応が試料に影響を与えないように注意して極室に用いる溶液を設定する必要がある．図3では各室のすべてに食塩水を用いており，陽極室では塩素が発生する．実験室で有毒な塩素が生じることは

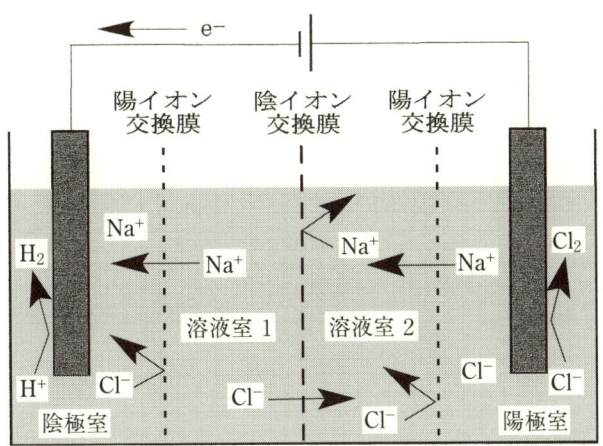

図3　電気透析の操作概念

避けなければならないので，実際には陽極室，陰極室はともに硫酸ナトリウム溶液を用い，電極には白金めっき板を用いることが多い．このとき陽極では酸素が，陰極では水素が発生する．また電解に伴い極室の水素イオン濃度が変化するので，これが起こらないように，両極液を互いに循環させる．

II 器具・試薬

電気透析装置：装置を設計するには専門的な知識が必要である．実用装置の多くは大規模なプラントであり，実験室用の装置は旭化成（株）から発売されている卓上電気透析装置（商品名：マイクロ・アシライザー）のみである．

イオン交換膜：多様な特性のものが膜メーカーから入手可能である．実験室で装置に合わせて膜をモジュール化して使用する．

陽極液，陰極液：一般的には硫酸ナトリウム水溶液を用いる．

III 操作

電気透析では，膜透過させるべきイオンの量（電気量）がそのまま通電量となり，これが装置運転に当たっての印加電圧や電流を決める．電気透析の利用は脱塩，塩回収，特定イオンの濃縮など多様なので，操作条件はそれぞれの目的に従い，イオンの種類や濃度，膜の種類，装置仕様（膜面積）によって異なる．市販装置には，代表的な使用目的に合わせて技術資料が添えてあるので，それを参考にして操作する．

IV 解説

膜を透過できるイオンは分子量が数百程度までの小イオンであり，膜によってある程度の分子量分画の能力がある．しかし膜透過性の予測は単純でなく，同荷電のイオンについても有機・無機の違い，分子量の違いによって異なる．また試料中に界面活性剤や染料，多価金属イオンなどがあると，膜が不可逆的に劣化する場合が多い．操作条件は，上の諸要件の他，試料の塩濃度や温度にも影響されるので，電気透析膜に関する技術資料をあらかじめ参照・検討して操作条件を設定することが重要である．

■ 参考文献

1) 中垣正幸監修：膜処理技術（普及版），pp. 125-128，フジ・テクノシステム（1998）．
2) 科学技術振興機構　技術者能力開発情報部門　Webラーニングプラザ　化学　化学工学基礎―膜分離コース
   http://weblearningplaza.jst.go.jp/
3) 電気透析装置アシライザー技術資料集，旭化成（株）（1999）．
4) 旭化成（株）膜ウェブサイト
   http://www.asahi-kasei.co.jp/membrane/

沈　殿

1. 沈殿生成（precipitation）

I　概　要

　　分析化学実験で用いられている沈殿生成操作の目的は，主に重量分析と沈殿分離である．重量分析は現在でも最も正確度が高い定量分析方法であるが，次第に用いられなくなってきている．沈殿分離法は化学プロセスの中で重要なものの一つであり，単に分離だけではなく精製プロセスでもあるということを理解していなければならない．ここでは重量分析[1]あるいは沈殿分離と均質沈殿法[1]，共沈分離法[2]の操作について述べる．

II　器具・試薬

　　器具：ビーカー，ガラス棒，水浴，駒込ピペットなど．
　　沈殿試薬（表1）：
　・硫化水素：定性分析，定量分析ともに多くの元素の分離に用いられている．いずれの場合も低いpHで沈殿するものを取り除いてから沈殿させる．

表1　沈殿剤の例

試　薬	pH	物質名
硫化水素	1以下（強酸性）	Cu, Ag, Hg, Pb, Bi, Cd, Lu, Rh, Pd, Os, As, Au, Pt, Sn, Sb, Ge, Se, Te, Mo, Tl, In, V, W
	2〜3（弱酸性）	Zn
	4〜6	Co, Ni, Tl
	7以上	Mn, Fe
アンモニア水	—	Al, Fe(III), Cr(III), Tl, Ga, In, Zr, Ti, U, Be, Nb, Ta, 希土類元素
水酸化ナトリウム	—	Fe(III), Cr(III), Zr, Ti, 希土類元素
オキシン	—	
酢酸-酢酸ナトリウム水溶液	2〜6	Ag, Al, Cd, Co, Cu, Fe, Hg, Hf, In, Mo, Nb, Ni, Pd, Ta, Th, Ti, U, W, Zn, Zr
アンモニア水溶液	—	Al, Be, Cd, Cu, Fe, Ga, Hf, Hg, La, Mg, Mn, Nb, Sc, Ta, Th, Ti, U, Y, Zn, Zr
水酸化ナトリウム水溶液	—	Cd, Cu, Mg, Zn

・アンモニア水：塩化アンモニウム共存下でアンモニア水によって水酸化物を沈殿する元素は多い．PO_4^{3-}，AsO_4^{3-}，VO_3^- が共存するとこれらの塩の形で沈殿する．共沈するものが多いので再沈殿した方がよい．

・水酸化ナトリウム：Al，Mo，V は沈殿しないのでこれらからの分離に使用できる．共沈するものが多いので再沈殿した方がよい．

・オキシン（8-ヒドロキシキノリン）：水には難溶である．酢酸あるいはアセトン溶液にして用いる．

クペロン（$C_6H_5-N(NO)-ONH_4$）やジエチルジチオカーバメート（DDTC）も同様に多くの金属イオンと塩または錯体の沈殿を生成する．

ここで紹介した沈殿剤はどちらかというと選択性のない沈殿剤であるが，Ni とジメチルグリオキシムの組み合わせのように限られた金属イオンとしか反応しない沈殿剤もある[1]．

III 操　作

1) 沈殿生成[2]　　重量分析を含め沈殿生成反応で分離を行う場合は不純物を含まず，沪過が行いやすい結晶を作らなければいけない．このためには相対過飽和度が小さい状態で沈殿の結晶核を生成させる必要がある．この条件を達成するためには以下のように操作するとよい．

① 試料溶液および沈殿試薬溶液の液温を高く保ち，溶解度を高くする．

② 局所的な過飽和状態を防ぐために濃度が低い沈殿剤溶液をできるだけ少量ずつ加える．

2) 沈殿の熟成[2]　　沸騰させないような状態で1〜3時間くらい緩やかに加熱して沈殿を熟成させる．例えば湯浴上でビーカーの底を蒸気で加熱すると75〜85℃に液温を保つことができる．この操作で細かいものが溶解し，大きな粒子上に析出すると同時に沈殿から不純物が放出される．室温でも数日程度放置すると熟成が進む．

3) 沈殿の洗浄[1,2]　　沪過や遠心分離した沈殿は洗浄を行わなければならない．洗浄は，解膠（かいこう）を防ぐために 0.01〜0.1 mol L^{-1} 程度の揮発性電解質溶液で洗浄する．塩化アンモニウムや硝酸アンモニウム水溶液がよく用いられている．洗浄は少量の洗液を少しずつ用いた方が効率がよい．

4) 均質沈殿法[2]　　沈殿物質と直接反応せず，沈殿剤を徐々に放出するような物質を用いて均一溶液中から沈殿させる方法で，尿素の熱分解による水酸化物イオンの生成をはじめとして，硫酸ジエチル，リン酸トリメチル，シュウ酸エチルの分解反応による硫酸イオン，リン酸イオン，シュウ酸イオンの発生などが用いられている．

5) 共沈殿（担体沈殿法）[2,3]　　沈殿の汚染現象を利用して微量成分を水酸化物や硫化物の沈殿に共沈殿させる方法で，各種機器分析法の前濃縮法として広く用いられている．

■ **参考文献**
1) 平野四蔵：工業分析化学実験（上），共立出版 (1959)．
2) 鎌田 仁：分析化学Ⅰ，コロナ社 (1965)．
3) T. Nakamura, H. Oka, M. Ishii, J. Sato：*Analyst*, **119**, 1397-1401 (1994)．

抽 出

1. 液液抽出 (liquid-liquid extraction)

I 概　　要

　混ざり合わない2種類の液相間に溶質が分配する現象を利用した分離法であり，液液分配あるいは溶媒抽出とも呼ばれる．無機・有機・生体関連物質などさまざまな物質を対象に，溶液化学的な基礎研究から工業的応用まで膨大な研究が行われている．その集積された知見や構築された概念は，2相間分配を利用した分離分析法の基礎としても有用である．目的物質の性質（疎水的／親水的，非電解質／電解質，陽イオン／陰イオンなど）に応じて，抽出剤や溶媒が選択され抽出条件が設定される．また抽出効率と分離効率を高めるためのさまざまな方法，技術がある．

II 装置・器具・試薬

　振とう機；遠心分離機；抽出容器；イオン会合抽出剤；キレート抽出剤；有機リン酸系抽出剤；有機溶媒

　代表的な抽出容器を図1に示す．

　分液漏斗：図1のスキーブ型以外に，球型や円筒型などいろいろな形のものがあり，容量も50 mLから2 L程度までが市販されている．また振とう機で振るための専用の取り付け具もある．

　キャップ付き遠心分離管：振とう機を用いて一度に多数の試料を抽出するのに適している．容量は10〜50 mLが一般的で，遠心分離によって迅速な相分離ができる．

III 操　　作

1) 分液漏斗

　① 上部から水溶液，有機溶媒の順に入れ，すり合わせの栓をする．栓を回して本

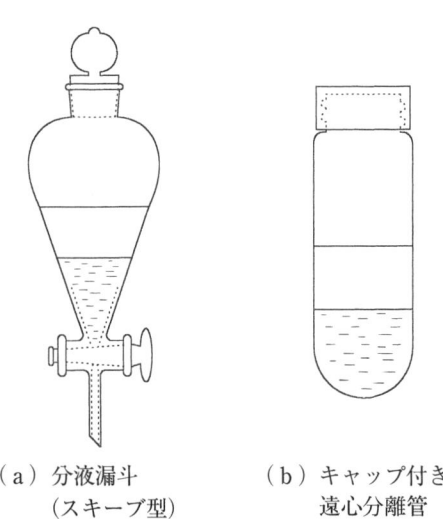

（a）分液漏斗　　　（b）キャップ付き
　　（スキーブ型）　　　遠心分離管

図1　抽出容器（井村，1997）[1]

体上部の空気抜きの穴と栓の孔が180°の方向になるようにし適度に密栓する.

② 図2のように,転倒させてすり合わせ栓と二方コックを両手で押さえて,上下にふりまぜる.

③ 揮発性の高い溶媒の使用あるいは発熱が起こると,内圧がかかり液漏れの原因となるので,振とう途中(特に初期)で,転倒させた状態で注意深く二方コックを操作して内圧を抜く.

④ 所定の時間振とう後,スタンドに直立させて放置し,2相がそれぞれ透明になって完全に相分離するのを待つ.

⑤ 上部の栓を回して空気孔を穴に合わせた後,二方コックを静かに開いて下層の溶液を流し出す.大部分の溶液が流出したところでコックを注意深く操作して,その内孔が上層の液で満たされたところでコックを閉じる.

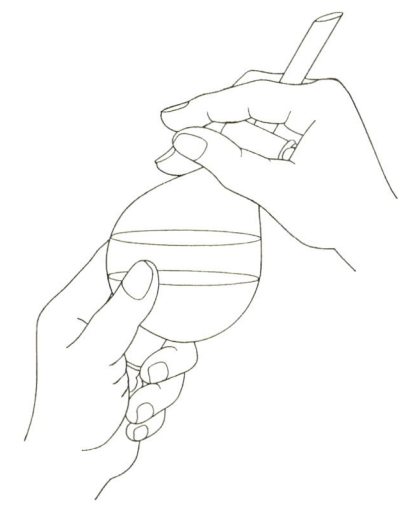

図2 分液漏斗のふりまぜ方法(木羽, 1975)[2]

下のコックを注意深く操作することによって下層の溶液のみを流し出すことができ,相洗浄や逆抽出を適切に行えば,分離した目的物質を比較的簡単に全量回収することができる.

2) キャップ付き遠心分離管

① 全液量が遠心分離管容量の半分程度かそれ以下となるように両相を入れ密栓する.

② 振とう機を用いて300〜350回/min程度で所定の時間振とうする.

③ 振とう後,3000〜3500回転/minで2〜3分間遠心分離する.

④ 目的物質を含む液相からピペットを用いて所定量を採取し,体積比より全量を算出する.なお,溶媒の相互溶解によってそれぞれの相の体積が変化する場合には,あらかじめ溶媒を互いに飽和させておく必要がある.

⑤ ピペットを用いて下層の溶液を採取するには,ピペットの先端が上の液層を通過する間,先端から溶液が入ってこないようにゴム製の安全ピペッター(p.5「ピペット」参照)を操作して空気を送り込むとよい.また,図3のような器具を用いると上層の溶液によるピペットの汚染を防ぐことができる.先端をやや肉厚にした駒込ピペットにスポイトをつけ,ゆっくりと空気を出しながら上層の液を通過させ,先端が下層に入ったら,スポイトを外す.そうすると図3のように下層の液のみが

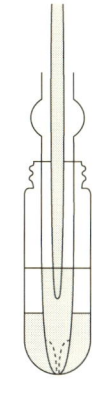

図3 下層取り出し用ピペット(井村, 1997)[1]

中に入ってくるので，そのままピペットで吸い上げることができる．

Ⅳ 解　説

　溶質は水溶液中で水和しており，これを水とは混ざり合わない有機溶媒に溶かすためには，一般に水和している水分子を外してやらなければならない．また，溶質がイオンの場合には，有機相の電気的な中性を保つため対イオンが必要となる．このために溶質の種類に応じて抽出剤と溶媒を選択する必要がある．例えば，陰陽の有機イオンや錯イオンには反対の電荷を持ったイオン会合抽出剤（オニウム類，アルキルスルホン酸塩など）が，金属陽イオンには弱酸で二座配位子であるキレート抽出剤（β-ジケトン，8-ヒドロキシキノリン，ジチオカルバミン酸誘導体など）がよく用いられる．また溶質を溶媒和する溶媒としてエーテル，ケトン，エステル，アルコール類などが使用される．詳しくは文献[1,2]を参照されたい．

　抽出分離効率を高める方法として逆抽出と相洗浄がある．逆抽出は有機相に抽出された物質をもう一度水相に抽出する操作で，ストリッピングともいわれる．普通は，その物質がまったく抽出されない条件で完全に逆抽出できるはずであるが，まれに抽出によって状態（例えば金属の酸化数）が変化し，まったく逆抽出できない場合もあるので注意を要する．相洗浄は目的物質とともに抽出された少量の不純物を除くのに用いられる．抽出した有機相を取り出し，別の新しい水相とふりまぜて不純物を水相に逆抽出する．ただし，目的物質の分配が十分に高くないとその損失が起こるので注意が必要である．

■ 参考文献
1) 井村久則，鈴木孝治，保母敏行：基礎化学コース　分析化学Ⅰ，p.77，丸善（1996）．
2) 田中元治，赤岩英夫：溶媒抽出化学，裳華房（2000）．

■ 引用文献
[1] 井村久則：ぶんせき，620（1997）．
[2] 木羽敏泰：ぶんせき，210（1975）．

2. 固相抽出（solid phase extraction, SPE）

Ⅰ 概　要

　液相中あるいは気相中の目的成分を固相捕集剤に接触，相互作用させ，選択的に分離，精製，濃縮する方法である．固相としてはガスクロマトグラフィー（GC）用あるいは液体クロマトグラフィー（LC）用充塡剤が使われる．吸着，分配，イオン交換，配位子交換等の保持機構が利用される．

　固相抽出は液液抽出に代わる手法として広く用いられている．両者を比較すると表1のようになる．共存物の影響が少ないなどの理由から，これからも広く使われてい

表1 液液抽出と固相抽出の比較

液液抽出	固相抽出
① エマルションを形成しやすい	エマルションを形成しない
② 有害な有機溶媒を大量に用いるため環境衛生上問題がある	使用する有機溶媒は極めて少量である
③ 水溶性の高い物質に対しては適用が難しい	水溶性の高い物質でも容易に適用できる
④ 操作が煩雑で時間がかかる	簡便で迅速に処理できる
⑤ 熟練を要する	誰でも簡単に扱える

くものと考えられる．

II 器具・試薬

固相抽出用カートリッジ：各種充填剤を入れたディスポーザブルのプラスチック製ミニカラム（図4にミニカラムの形状とその操作例を示す）．
試料採取，注入用シリンジ；洗浄用溶媒；脱着用溶媒；吸引装置

III 操作

一般的な操作の手順を図4に示す．
① 固相のコンディショニング用溶媒を流し，目的成分の捕集の準備をする．適切な溶媒を組み合わせて使用することもある．
② 試料を流す．ここでは液体を想定しているが，気体試料の場合も考えられる．
③ 不要成分を流し去るため，洗浄用溶媒を流す．
④ 必要に応じ，（真空に）吸引，脱溶媒する．
⑤ 捕集した目的成分を溶離するため，溶媒を流し，容器に採取する．

IV 解説

図5に操作法の種類を示した．もちろん自然落下方式も可能であるが，時間がかかる方法となる．固相抽出にはカートリッジを使う方法，抽出剤を含むディスクとした

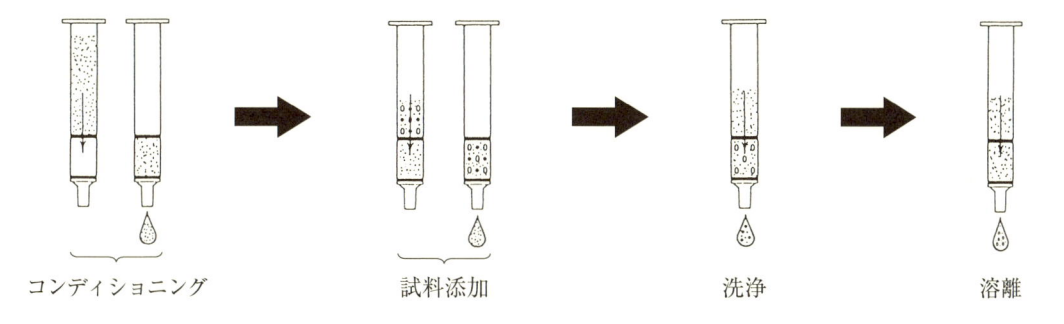

図4 基本的な固相抽出操作

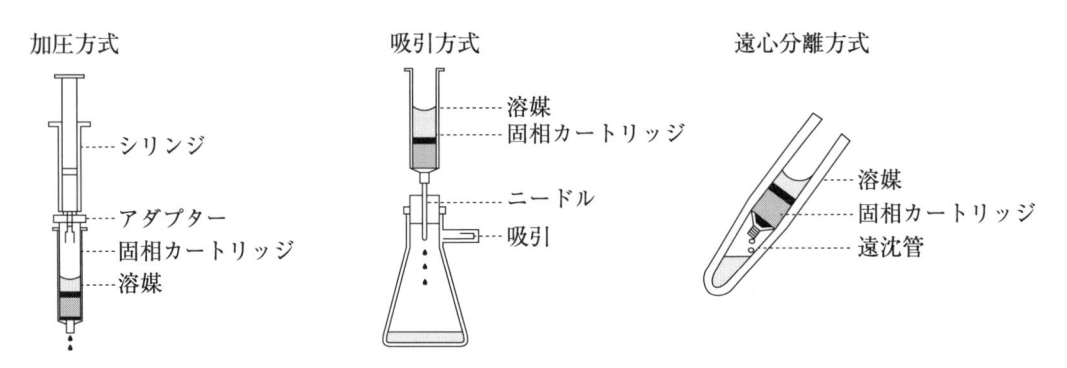

図5 操作法のいろいろ（ジーエルサイエンス（株）ウェブサイトより）

固相（メンブランディスク）を使う方法，溶融シリカファイバーの上に固定相液体を担持（化学結合）したものを使う方法（SPME）などがある．前二者の操作法は基本的に同じである．カートリッジは自作することもできるが，市販品も多く，入手も容易である．図6にメンブラン抽出法の例を示す．SPME は solid-phase microextraction の略で，日本語では固相マイクロ抽出と呼ばれる（p. 29「固相マイクロ抽出」参照）．

カートリッジの充塡剤には，前述のように吸着，分配，イオン交換，配位子交換等の保持機構を持ったものが利用できる．それぞれの場合に活性化処理法，洗浄法などが異なるので文献例，カタログ等を参考に条件設定する．

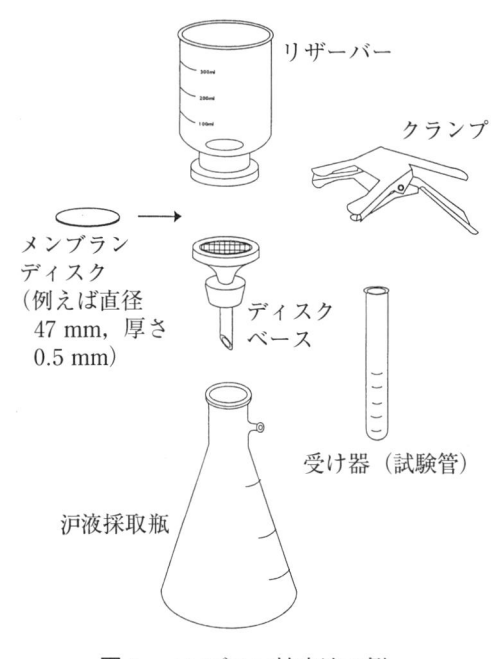

図6 メンブラン抽出法の例

3. 固相抽出-加熱脱離（solid-phase extraction-heating desorption）

I 概　　要

揮発性の有機物質を，吸着剤を充塡した捕集管に吸着・濃縮した後，ガスクロマトグラフ（GC）あるいはガスクロマトグラフ／質量（GC/MS）分析計に接続し，キャリヤーガスを流しながら捕集管全体を短時間に加熱して目的物質を揮発させ，GC カラムに導入する．目的物質によって，常温で吸着捕集する場合と，液体窒素やドライアイス-エタノールなどの寒剤を用いて低温で凝縮捕集する場合とがある．

表2 脱離法の種類と特性(シグマ・アルドリッチ・ジャパン，2001)[1]

脱離法の種類	利点	弱点
フィルター捕集溶媒脱離	流通抵抗が少ない 特別な装置を必要としない 液体として試料をGCに導入できる 抽出液は複数回の分析に利用できる	低沸点物質の捕集が困難 低沸点物質の損失がある（ヘッドスペースに存在） 脱離溶媒の妨害 捕集物質の全量導入ができない
加熱脱離	捕集した目的物質の全量をGCに導入できる 溶媒の妨害，溶媒不純物の影響がない オンラインでの脱離，分析が可能で自動化が容易である	捕集管サイズが加熱装置によって制限される 脱離困難な物質がある 吸着剤の触媒作用による分解 残留した水の悪影響，妨害

II 器具・試薬

捕集管：吸着剤として，グラファイトカーボンブラック，カーボンモレキュラーシーブ，ポーラスポリマー（フェニレンオキシド系樹脂，スチレン-ジビニルベンゼン樹脂，アクリル系樹脂など）などを充塡する．

吸引ポンプ；パージ＆トラップ装置；捕集管加熱装置

III 操作

① 吸引ポンプを操作し，捕集管に大気試料を導入する．必要に応じてマスフローメーターなどにより流量をモニターする．

② GCに接続できる専用の加熱装置にセットし，分析する．

IV 解説

大気中の有機化合物あるいは水中の揮発性有機化合物（VOC）を対象とする前分離・濃縮法である．後者の場合には，窒素やヘリウムなどを水試料に吹き込んで溶解しているVOCを追い出し，吸着剤を充塡した捕集管に通してVOCを捕集濃縮する（p.37「パージ＆トラップ」参照）．捕集管からの目的物質の脱離法に，加熱脱離と溶媒脱離がある．それらの比較を表2に示す．加熱脱離法では捕集した目的物質の全量をGCに導入できることから，より高感度な分析が期待される．

■ 引用文献
[1] スペルコ試料調製製品カタログ2001-2002，シグマ・アルドリッチ・ジャパン(2001).

4. ソックスレー抽出 (Soxhlet extraction)

I 概要

溶媒によって固体試料中の目的成分を浸出（液固抽出）する方法の一つであり，ソ

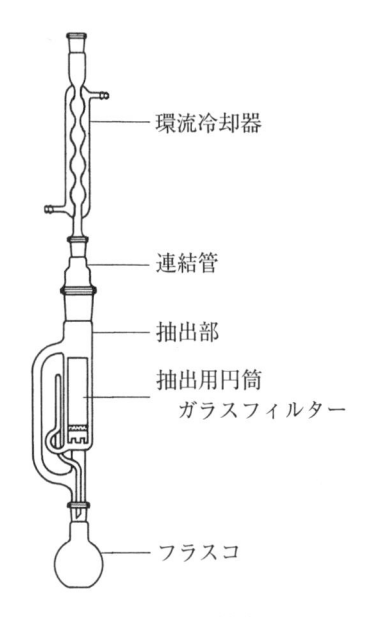

図7 ソックスレー抽出器
(柴田科学器械工業，1994)[1]

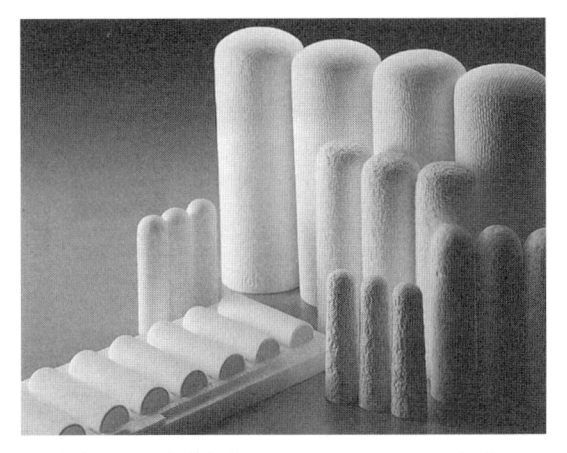

図8 円筒沪紙（アドバンテック，2002)[2]

ソックスレー抽出器(図7)とよばれる溶媒の蒸発/凝縮を利用して連続的に抽出する装置が用いられる．フラスコ容量として 25 mL～2 L 程度までのものが市販されている．有機化合物の抽出に使われることが多いが，無機塩の抽出分離にも利用される．最近では環境分析における試料処理法として用いられることが多く，加熱プログラムのついた自動抽出装置も数多く市販されている．

II 器具・試薬

ソックスレー抽出器（図7）；マントルヒーター；円筒沪紙（図8）；有機溶媒

III 操作

① 乾燥した試料を粉砕あるいは切断により細片とする．
② その試料を円筒沪紙（あるいは円筒ガラスフィルター）に入れ，上から少量のガラス繊維（あるいは石英繊維）で覆い，装置の抽出管内にセットする．
③ 抽出溶媒をフラスコに半分程度とり，マントルヒーターにセットする．冷却器に水を流し，加熱を始め，溶媒を穏やかに沸騰させる．目的に応じて，フラスコに沸石やガラス毛管を入れてもよい．
④ 所定の時間抽出したら，加熱を止め放冷する．

IV 解説

ソックスレー抽出器内では，溶媒フラスコから蒸発した溶媒蒸気は，環流冷却器で凝縮されて液体となり，抽出管内に置かれた円筒沪紙中の固体試料上に落ち，目的成

分を溶解しながら抽出管内に溜まる．その液面がサイホンの高さに達すると液全体が試料を通過して，フラスコ内に落ちる．これが繰り返されることによって抽出物が徐々にフラスコ内に濃縮される．

　抽出溶媒の選択に当たっては，目的物質の溶解度が重要であり，溶媒-溶質間の特異的な相互作用の有無，溶媒の溶解パラメーターなどが目安となる．また，溶媒の沸点，目的物質の溶媒からの回収方法なども考慮する必要がある．

■ 参考文献
1) 篠田耕三：溶液と溶解度，p. 243，丸善（1974）．

■ 引用文献
[1] 柴田科学総合カタログNo.1700，柴田科学器械工業（1994）．
[2] アドバンテック総合カタログ 2003/2004，アドバンテック（2002）．

5. 固相マイクロ抽出（solid-phase microextraction, SPME）

I 概　　要
　ガスクロマトグラフィー用試料採取に広く使われ，液体クロマトグラフィー用にも適用可能な手法として固相マイクロ抽出がある．溶融シリカファイバーに固定相を担持した形状の捕集・濃縮端を持つ道具，いわゆるファイバーサンプラーの使用法を概説する．

II 器具・機器・試薬
　ファイバーサンプラー（図9）；バイアル（セプタム付き）；ガスクロマトグラフ；液体クロマトグラフ（流路に変更を加えた，または試料導入機構を接続した装置）

III 操　　作
　図10，図11に市販固相マイクロ抽出器例とその使用法例を示した．

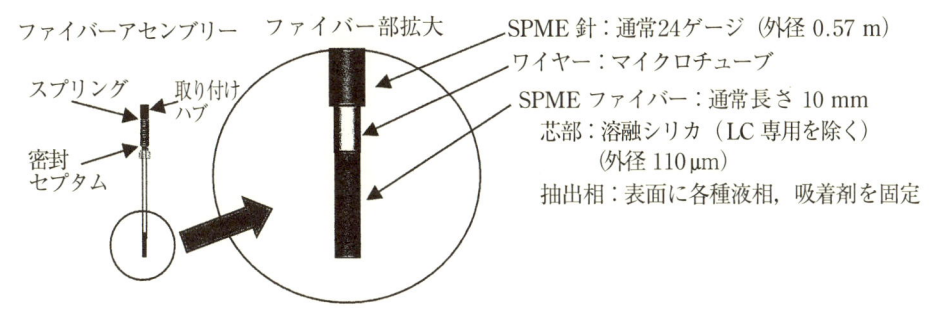

図9　ファイバーサンプラーの構造例

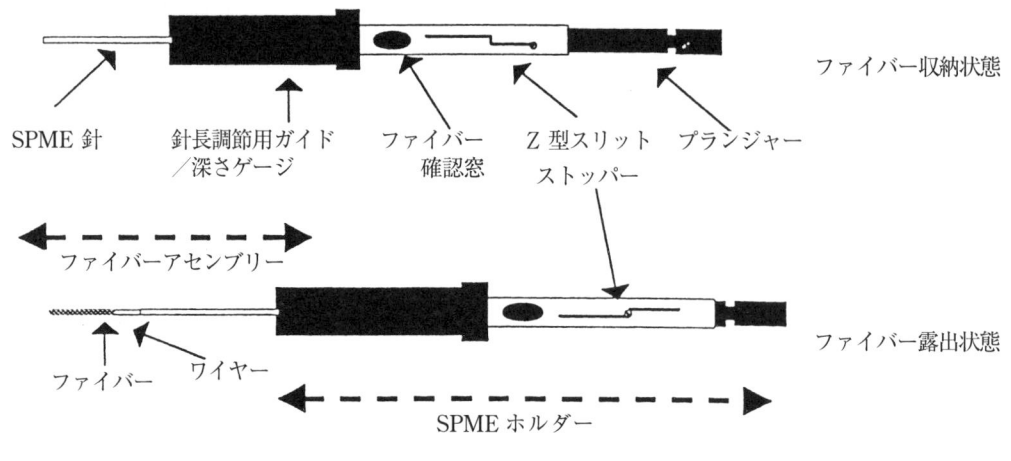

図10 市販固相マイクロ抽出器例

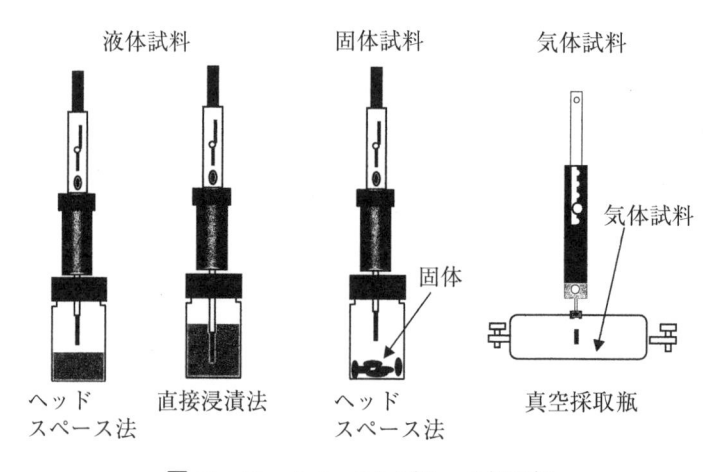

図11 ファイバーサンプラーの使用例

a. GCで使う場合

① ファイバーをGC試料導入口に入れて,脱着温度より十分高い温度で処理し,汚れを脱着・清浄化する.

② 試料をバイアルに入れ,所定の温度として数十分間保持する.

③ バイアルに針を差し込み,バイアルの試料ヘッドスペースまたは試料液中に針内からファイバーを出して,目的成分捕集を開始する.平衡になるまで待つ*.

④ 平衡になったら,ファイバーを針中に収めて引き出し,加熱・脱着温度に保ったGC試料導入口に差し込み,ファイバーを押し出して,捕集成分を脱着・注入する.

⑤ ガスクロマトグラフィーによる分離検出をする.

---

* ヘッドスペース試料採取の場合,試料中に食塩を飽和させると,塩析効果でヘッドスペース中の成分濃度を高くできる.

表3 ファイバーの種類と特性

ファイバー名	膜厚(μm)	吸着剤併用	極性	用途例
PDMS[*1]	7, 30, 100	—	低	疎水性物質
PDMS/DVB[*2]	65(GC), 60(LC)	ポーラスポリマー	中/低	低級アミン
StableFlex PDMS/DVB	65	ポーラスポリマー	中/低	低分子，中〜高極性物
Polyacrylate	85	—	中	中沸点極生物
Carboxen/PDMS[*3]	75	炭素系	低/低	低沸点物質，ガス
StableFlex DVB/Carboxen/PDMS	50/30	炭素系/ポリマー	低/中/低	水中の異臭
Carbowax/DVB[*4]	65	ポーラスポリマー	高/中	中沸点溶剤
StableFlex Carbowax/DVB	50	ポーラスポリマー	高/中	中沸点溶剤
Carbowax/TPR[*5]	50	ポーラスポリマー	高/高	界面活性剤

*1 PDMS：ポリジメチルシロキサン(メチルシリコン)
*2 DVB：スチレンジビニルベンゼンポーラスポリマー
*3 Carboxen：カーボンモレキュラーシーブ吸着剤
*4 Carbowax：ポリエチレングリコール
*5 TPR：HPLC（高速液体クロマトグラフィー）用テンプレート樹脂

b. LC で使う場合

① ファイバーを使う試料導入機構を用意する．
② ファイバーを溶媒で洗浄する．
③ 試料をバイアルに入れ，所定の温度として数十分間保持する．
④ バイアルに針を差し込み，ファイバーを試料液中に出して，目的成分捕集を開始する．平衡になるまで待つ（前頁の脚注を参照）．
⑤ 平衡になったら，ファイバーを針中に収め，引き出し，LC 試料導入機構に差し込み，ファイバーを押し出して，溶媒を導き，捕集成分を脱離，カラムに導く．
⑥ 液体クロマトグラフィーによる分離検出をする．

IV 解　説

SPME は，複雑，高価な装置を必要としない，ほとんどの既設 GC，HPLC（p. 177 参照）へ適応が可能，抽出溶媒を必要としない，ファイバーの特性を変えることで選択的な抽出が行える，液体，固体，気体試料への適用可能，浸漬法とヘッドスペースからのサンプリングの選択が可能，抽出した全量がカラムに導入できる，高再現性が得られる，ファイバーを繰り返し使用することが可能，自動化が簡単に行えるなどの特徴を持つ．市販ファイバーの種類と特性を表3に示した．

a. GC で使用の場合

① GC 気化室ファイバー挿入位置として，最も温度の高い位置を標準試料で確認し，その位置を使用する．
② 脱離温度はファイバーの耐熱最高温度を超えず，試料分解のない範囲で最も高い温度とする．
③ カラム先端濃縮が困難なガス物質は気化室体積を減少させて行う．

④ 注入モードは全量注入モードとし，早い脱離ではスプリットレスモードが適当で，脱離時間は通常 2～5 分程度とする．

b. LC で使用の場合

① 脱離法の種類はスタティック法（溶媒添加）あるいは HPLC 移動相によるダイナミック法が使える．

② 脱離時間はスタティック法で 2 分程度である．

6. 超臨界流体抽出（supercritical fluid extraction, SFE）

I 概　要

物質は臨界温度（T_c）以上になると加圧しても液体状態とはならずに高い流動性を維持する．T_c においてその状態に達する最低圧力を臨界圧力（P_c）といい，また，温度と圧力がともに T_c と P_c を超えた状態を超臨界流体と呼ぶ（図 12）．二酸化炭素は $T_c=31.7°C$, $P_c=72.9$ atm（1 atm = 101325 Pa）であり，容易に超臨界状態が得られ，また化学的に安定で安価，無害，不燃性と扱いやすいことから最もよく用いられる．一般には，液化二酸化炭素ボンベから二酸化炭素（液）が供給，高圧ポンプで加圧され，加熱した抽出容器に送られて静的あるいは動的な抽出が行われる．超臨界二酸化炭素（SF-CO_2）に抽出された目的物質は，リストリクターなどの背圧制御装置を過ぎると常圧となり，二酸化炭素から容易に分離回収される．二酸化炭素を用いた超臨界流体抽出（SFE）は，コーヒー豆からの脱カフェイン，ホップの抽出，たばこからのニコチンの抽出などにおいて実用化されている．

II 機器・試薬

液化二酸化炭素ボンベ；モディファイヤー溶媒（メタノール，アセトンなど）；高圧ポンプ；高圧バルブ；抽出容器（圧力，温度センサー付き）；背圧制御装置（リストリクター）；回収容器

超臨界流体抽出装置は，ISCO 社製 SFX 220，日本分光製 SFE-Get など，数社から市販されている．基本的な構成を図 13 に示す．

III 操　作

詳細は各装置の使用説明書を参照することとして，ここではシリンジポンプを使用したときの基本操作手順を示す．

① 系に漏れのないことを確認する．

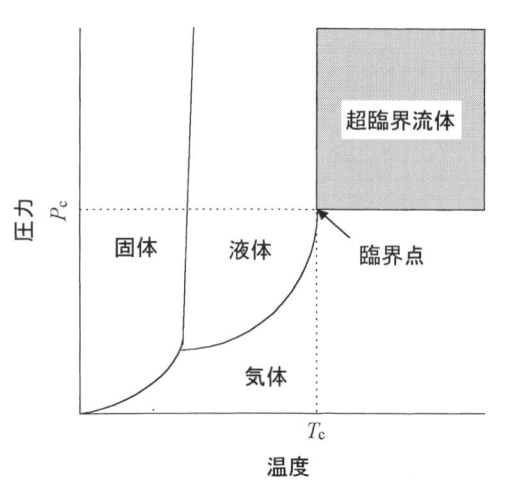

図 12 超臨界状態を示した相図

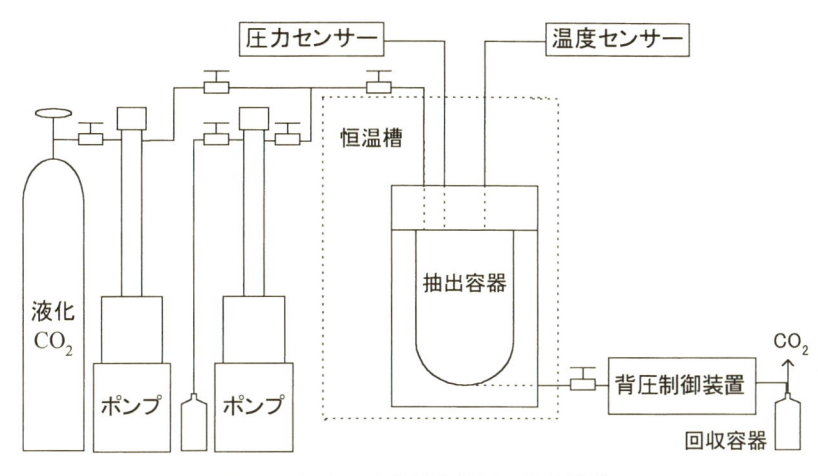

図13 超臨界流体抽出装置の基本構成

② モディファイヤー溶媒添加用のポンプにメタノールなどのモディファイヤーを満たす．
③ 液化 CO_2 ボンベのバルブを開け，ポンプに CO_2 を入れる．
④ 回収容器にトラップ用溶媒などをとり，リストリクターにセットする．
⑤ 抽出容器に試料をとり（必要ならモディファイヤーを入れ），セットする．
⑥ 抽出容器の出口バルブを閉じ，導入バルブを開ける．
⑦ ポンプから定圧で CO_2 を送る．
⑧ 静的抽出の場合には送液を止め，一定時間，定圧を保つ．
⑨ 動的抽出の場合には，必要ならモディファイヤーを所定の流量で CO_2 に添加し，抽出容器の出口バルブを開ける．
⑩ 抽出が終わったらポンプを止め，液化 CO_2 ボンベのバルブを閉める．
⑪ 回収容器を外し目的物質を回収する．

IV 解説

　超臨界流体は気体と液体の中間的な性質を持ち，粘性率は気体に近く，拡散係数は液体の100倍，また液体に近い密度で表面張力ゼロなどの特徴を有する．これらの性質は，特に固体試料から目的物質を抽出するのに有利に働く．また，抽出後に圧力を下げることによって気体状態とし，容易に抽出物を単離できる．超臨界流体への溶質の溶解度は圧力および温度によって変化する．二酸化炭素は無極性分子であることから，SF-CO_2 の溶解パラメーター（凝集エネルギー密度）は低いが，圧力を変えると密度が変化するので，その値を変えることができる．例えば，45℃で100〜300 atm まで変化させると，溶解パラメーター（δ）は 7.7〜15.6 MPa$^{1/2}$ まで変化し，後者の値はオクタンに近い．この性質を利用すれば，目的溶質に対する抽出の選択性を高めることができる．
　SF-CO_2 の極性を高めるために，少量（5%程度まで）のメタノール，エタノール，

イソプロパノールやアセトンなどをモディファイヤーとして加えると，極性を持った物質の溶解度を高めることができ，有用な手法となっている．

■ **参考文献**
1) 梅澤喜夫，澤田嗣郎，中村　洋監修：最新の分離・精製・検出法，p. 105, エヌ・ティー・エス(1997).

ヘッドスペース抽出

1. ヘッドスペース（静的）抽出（static head space extraction, HSE）

I 概　　要

　固体，液体または固溶体中に含まれる揮発性成分を，気-液（固）分配の原理を用いて取り出すガス抽出法の一つである．主にガスクロマトグラフィー（GC）のための試料処理・導入に用いられる．試料容器の気相部分をヘッドスペース（HS）という．気相部分が揮発性成分で飽和した時点で，平衡を乱さないようにガスタイトシリンジで少量採取することで，試料中に含まれる対象成分のおおよその濃度を求めることができる．この方法は平衡ヘッドスペース法とも呼ばれる．

　GCの試料処理・導入用に自動化した装置が市販されており，再現性のよい導入や大量試料導入を行う工夫などがされている．

II 装置・器具

　ガスタイトシリンジ；ガラス容器；セプタム（密栓）；アルミシール；かしめ器具（ハンドプレス，クランパーなどの総称）；恒温槽

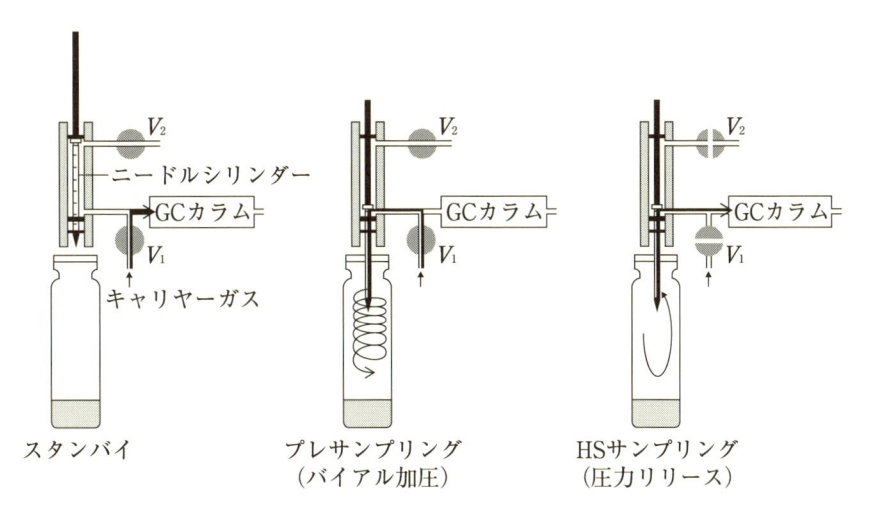

図1　市販のヘッドスペース装置の例（圧力バランス・ヘッドスペースサンプリング法）

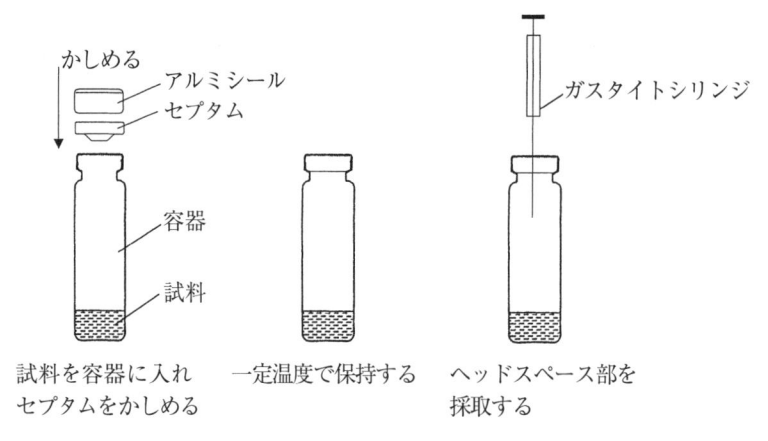

図2 ヘッドスペース抽出の操作

GCの試料導入用に自動化した装置の例を図1に示す．試料容器の温度を一定に保ち，分配平衡が成り立つまで一定時間保持した後，気相の一定量をカラムに導入する．平衡に達する時間を短縮するために試料容器を振とうする仕組みを備えた装置もある．

III 操　　作

試料をガラス容器に入れ，かしめ器具でセプタムを密栓し，ヘッドスペースのガス成分を採取する実験操作の手順例を図2に示す*．

① 試料容器を有機溶媒で洗浄後，蒸留水で洗浄する．
② 同様にセプタムを十分に洗浄する．
③ 試料容器を100℃程度の乾燥器に入れ乾燥する．
④ セプタムの材質に応じて乾燥する温度を決め，乾燥器で乾燥する．
⑤ 温度が下がったら有機物で汚染されないようケースに入れ保管する．
⑥ 試料を試料容器に入れ，セプタムで密栓し，アルミシールをかしめる．
⑦ 容器を恒温槽に入れ，一定温度で30分〜1時間程度静置する．
⑧ 容器の気相部分をガスタイトシリンジで採取する．このとき，試料容器を振り動かさない．
⑨ ガスタイトシリンジで採取した試料をGCに注入する．

IV 解　　説

本抽出法はGCに気体試料を導入する手法の一つで，液体または固体試料に含まれる揮発性成分を定量的にGCに導入するために用いられる．揮発性成分を含むマトリックスが単純な場合には，気相中の目的とする成分の含有量からもとの試料中の含有

＊ 微量成分の分析や容器・セプタムからの汚染が問題にならない試料では①〜⑤は省略してよい．

量を求めることができる．複雑なマトリックスからなる試料では，目的成分を試料に添加して検量線を求め，切片から対象成分の濃度を求める（標準添加法）．操作上の留意点を以下に示す．

① 揮発性成分定量を目的とする方法なので，試料を容器に入れる際は，近くに溶剤などの有機物による汚染源がない場所で行う．

② 密栓できていないと気相に移行した成分が外部に漏れ出してしまうので，アルミシールをかしめた後セプタムが動かないことを確認する．

③ 試料を密閉容器内に入れ，容器を一定温度にして容器内で気液平衡が成り立つまで静置し，容器内の平衡状態を崩さないよう少量の試料をガスタイトシリンジで取り出し，GC に注入する．試料容器内の気相体積に対して採取量を多くとると，採取時に試料から気相への補給が多くなり，再現性が悪くなる．

④ 試料容器の温度を上げると気相部分の濃度が上がるが，シリンジで採取したときにシリンジ内で凝縮するのであまり温度を上げないよう注意する．試料採取時にはシリンジの針先が試料に触れないようにするなどの注意も必要である．

⑤ 液相に対する溶解度が高く気相への分配が少ない成分は，液相に塩を添加することで溶解度を下げ，温度を上げずに気相へ移行する量を増やすことができる．

⑥ 飲料や固体を含む試料では静置してもなかなか平衡に達しないので，かくはんや振とうすると時間を短縮できる．

⑦ 吸着や汚染を防ぐためにセプタムにはテフロンを裏打ちしたものを用いるとよい．

なお，1 回目，2 回目，3 回目と同量採取-注入を繰り返すと組成が変化する．

■ **参考文献**
1) （社）日本分析化学会ガスクロマトグラフィー研究懇談会編：キャピラリーガスクロマトグラフィー，pp. 66-78，朝倉書店（1997）．

2. パージ＆トラップ (purge & trap, PT)

I 概　　要

液体試料や固体試料中に含まれる揮発性成分を GC に導入する方法で，主に微量成分の高感度分析に用いられる．固体試料や液体試料中に含まれる揮発性成分を容器に入れ，不活性ガスを，容器内に連続して流して追い出す（パージ）．揮発性成分を含んだ不活性ガスを，吸着剤を充填した捕集管（濃縮管）に通し，集める（トラップ）．この組み合わせをパージ＆トラップという．捕集管に集めた試料は加熱して追い出し，キャリヤーガスによりガスクロマトグラフに導入する．

捕集管には，捕集後の加熱回収に適した多孔質の高分子や吸着剤（市販品名：TENAX など）を充填する（表1）．試料が固体で揮発性成分の凝縮による試料採取

表1 吸着剤の種類の例

系統	名称(商品名)	種類	最高使用温度(℃)	表面積 ($m^2\,g^{-1}$)	用途
炭素系	Carbosieve S III	カーボンモレキュラーシーブ	500	800	高揮発性・汎用
	Carbopack B	グラファイト	300	100	中揮発性・汎用
	Carbotrap C	グラファイト	300	10	中揮発性・汎用
高分子系	TENAX TA	ポーラスポリマー	350	35	中揮発性・汎用
	Porapak Q	ポーラスポリマー	250	550	汎用・芳香族以外

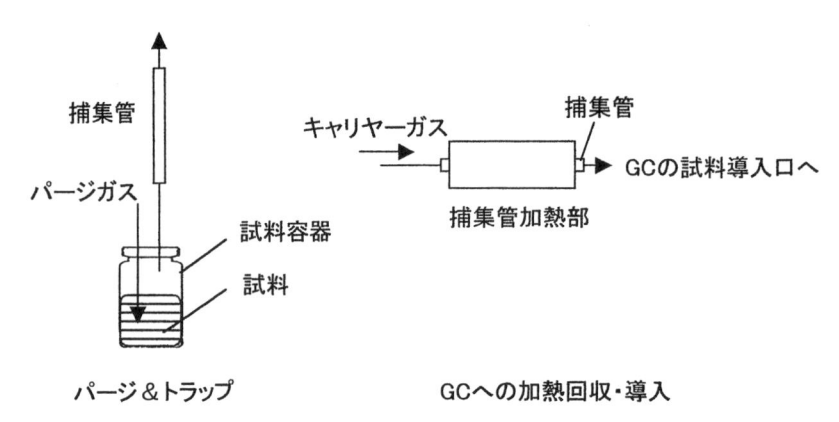

図3 パージ&トラップ操作とGCへの導入

系での閉塞がない場合には，捕集管に石英ウールやけいそう土担体などを充填し，低温下で凝縮して捕集することもある．パージして対象成分を試料から追い出す操作では100%追い出せないことが多い．しかし，試料容器の温度とパージガスの流量を一定に保ち，パージガスを通気する時間を一定にすることで繰り返し精度のよい追い出しが行え，定量は十分に行える．

パージ部とトラップ部，GCへの導入部を自動化した装置が市販されている．

II 装置・器具

ガラス容器；セプタム（密栓）；かしめ器具；恒温槽（必要に応じて）；パージ用ガス供給部；捕集管；捕集管加熱部（GCへの試料導入部）

パージ&トラップの実施時と捕集管からGCへの導入時の例を図3に，市販の自動化された装置の一例を図4に示す．

III 操作

試料をガラス容器に入れ，かしめ器具でセプタムを密栓する操作はヘッドスペース法と同様である*．

---

* 大気中に存在する揮発性成分による汚染を防ぐには，有機溶剤などを近くに置いていない，換気のよい部屋で試料を取り扱うなどの注意が必要である．部屋の汚染は，空気を試料容器に採取して測定することで評価が行える．

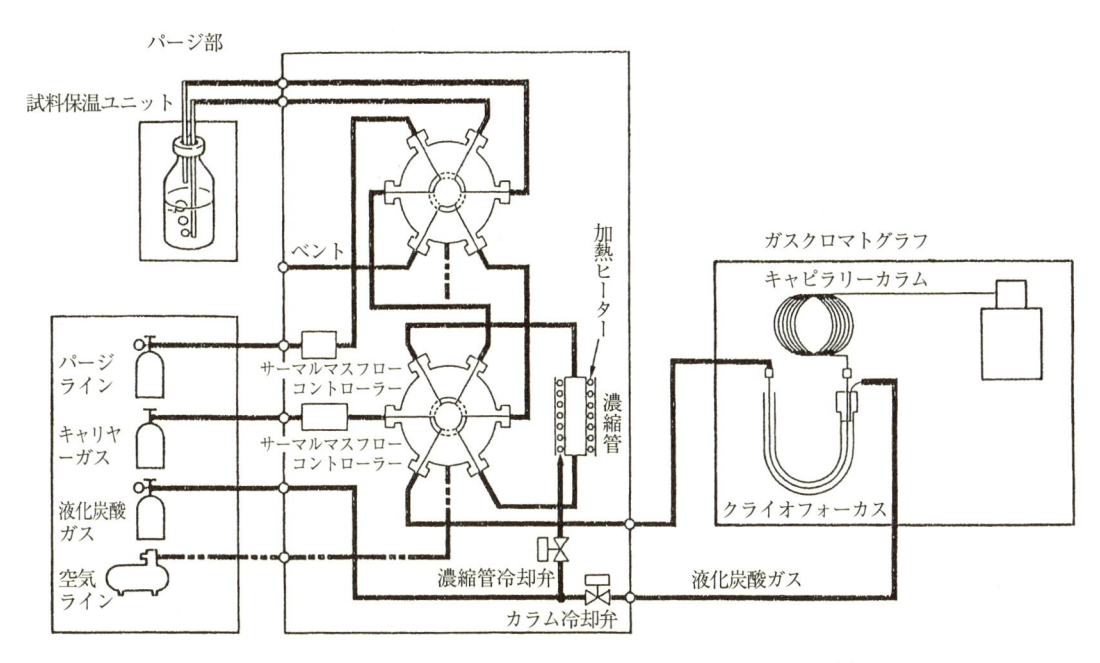

図4 市販のパージ&トラップシステムの例（保母, 1996）[1]

① 試料容器を有機溶媒で洗浄後，蒸留水で洗浄する．
② 同様にセプタムを十分に洗浄する．
③ 試料容器を100°C程度の乾燥器に入れ乾燥する．
④ セプタムの材質に応じて乾燥する温度を決め乾燥器で乾燥する．
⑤ 温度が下がったら有機物で汚染されないようケースに入れ保管する．
⑥ 捕集管はあらかじめ加熱しながら高純度窒素ガスを通気し，汚染物質を除去しておく．流量はおおよそ数十 mL min^{-1}，温度は TENAX で300°C程度，洗浄時間は数時間が適当である．加熱を止めて室温に下がるまで高純度窒素は流し続ける．温度が下がったら密栓し保管する．
⑦ 試料を試料容器に入れ，セプタムで密栓する．試料を容器に入れる際には容器を振り動かしたり，試料を泡立てたりしないこと．
⑧ 容器を恒温槽に入れ，一定温度になるまで静置する（必要に応じて使用する）．
⑨ 洗浄した捕集管を容器に取り付け，パージガスを容器に一定流量で一定時間導入し，試料成分を捕集管に捕集する．
⑩ 試料を採取した捕集管を加熱回収装置に取り付け，キャリヤーガスを流して回収される試料成分を GC に注入する．

IV 解　説

本抽出法は GC に気体試料を導入する手法の一つであり，液体または固体試料に含まれる揮発性成分を定量的に GC に導入するために用いられる．主に，水試料中に微量存在する揮発性有機物の分析に用いられる．固体試料などを扱う場合には，気相部

分を不活性ガスで追い出すことから，ダイナミックヘッドスペース法とも呼ばれる．

主な注意事項は以下の通りである．

① 揮発性成分定量を目的とする方法なので，試料を容器に入れる際は，近くに溶剤などの有機物による汚染源がない場所で行う．

② 密栓できていないと，気相に移行した成分が外部に漏れ出してしまうので，かしめた後セプタムが動かないことを確認する．

③ 捕集管は洗浄後，あらかじめブランクを測定して汚染がないことを確認しておく．

④ 高感度分析なので，取り扱い時に外部からの汚染が入らないよう注意する．

⑤ 水試料で検量線を作成するときには，まずブランク水を作成する．ブランク水の作成には，数時間沸騰させる，窒素ガスを吹き込んで揮発性成分を追い出すなどの操作を行う．

⑥ パージ&トラップでも，ヘッドスペース抽出と同様に試料への溶解度を下げたり解離を抑制することは有効である．

⑦ なお，捕集管に流せるガス量は吸着剤の種類，使用温度，対象成分の違いにより異なる．すなわち，パージガスに運ばれてきて捕集管に捕集されるが，捕集管内で対象成分の出口に向かっての移動（クロマトグラフ的挙動）が起こる．そこで，ある体積（破過容量と呼ぶ）以上のガスを捕集管に流すと，徐々に逃げていってしまい，定量できなくなる．破過容量は捕集管をGCカラムと考えて各対象成分の分離実験を行うことにより求めることができる．

■ 参考文献
1) （社）日本分析化学会ガスクロマトグラフィー研究懇談会編：キャピラリーガスクロマトグラフィー，pp. 66-78，朝倉書店（1997）．

■ 引用文献
[1] 保母敏行監修：高純度化技術大系第1巻　分析技術，p. 878，フジ・テクノシステム（1996）．

滴 定 法

1. 容量分析用標準物質の乾燥 (drying of standard materials for volumetric analysis)

I 概　　要
　容量分析用標準液の標定に用いる標準物質は，所定の乾燥条件によって乾燥してから使用することが大切である．以下に，JIS K 8005 に規定されている容量分析用標準物質 11 品目についてその乾燥条件を紹介する．

II 器　　具
　平形はかり瓶；白金るつぼ；白金耳付きるつぼばさみ；デシケーター；電気炉；乾燥器

III 操　　作
　乾燥温度が 500～600℃の場合には，約 5 g を白金るつぼにとり，200℃以下の場合には必要量を平形はかり瓶にとり，平らにする．なお，平形はかり瓶は，入れた試薬の層の厚みが 5 mm 以下になるような大きさのものを用いる．また，デシケーターの乾燥剤は JIS Z 0701 に規定するシリカゲル A 形 1 種を用い，加熱後のデシケーター中の放冷時間は 30～60 分とする．
　各標準物質の乾燥条件を表 1 に示す．

2. 標準液の標定 (standardization of standard solutions for volumetric analysis)

I 概　　要
　滴定溶液の濃度を正しく定めることを標定という．濃度の確定した標準物質を用い，その質量をもとに滴定溶液を調製した場合には，そのまま標準液となる．しかし，通常は高純度試薬をイオン交換水に溶解し，滴定溶液を調製する．この場合には，標準物質を用いて標定しなくてはならない．標定時には，実際の分析試料を滴定するときとできるだけ同一条件（溶液の温度，指示薬の量，滴定の速度など）で操作する．

表1 乾燥条件（JIS K 8005：1999 より改変）

品　目	条　件
亜鉛	塩酸(1+3)，水，エタノール(99.5%)，ジエチルエーテルで順次洗い，直ちにデシケーター（シリカゲル）に入れて，約12時間保つ．
アミド硫酸	めのう乳鉢で軽く砕いた後，減圧デシケーターに入れ，デシケーターの内圧を2.0 kPa以下にして約48時間保つ．
塩化ナトリウム	600°Cで約60分間加熱した後，デシケーターに入れて放冷する．
三酸化二ヒ素	105°Cで約120分間加熱した後，デシケーターに入れて放冷する．
シュウ酸ナトリウム	200°Cで約60分間加熱した後，デシケーターに入れて放冷する．
炭酸ナトリウム	600°Cで約60分間加熱した後，デシケーターに入れて放冷する．
銅	塩酸(1+3)，水，エタノール(99.5%)，ジエチルエーテルで順次洗い，直ちにデシケーターに入れて，約12時間保つ．
二クロム酸カリウム	めのう乳鉢で軽く砕いたものを，150°Cで約60分間加熱した後，デシケーターに入れて放冷する．
フタル酸水素カリウム	めのう乳鉢で軽く砕いたものを，120°Cで約60分間加熱した後，デシケーターに入れて放冷する．
フッ化ナトリウム	500°Cで約60分間加熱した後，デシケーターに入れて放冷する．
ヨウ素酸カリウム	めのう乳鉢で軽く砕いたものを，130°Cで約120分間加熱した後，デシケーターに入れて放冷する．

II　標定値の決定

　標定値は，同一組成の測定試料を用い滴定溶液と標準液について，それぞれ7回滴定を行い，以下の式より定める．

$$P = P_0 \frac{\sum_{i=1}^{7} W_i / 7}{\sum_{i=1}^{7} W_{oi} / 7}$$

ここで，

　　P　：滴定溶液の濃度（mol L^{-1}）
　　P_0　：標準液の濃度（mol L^{-1}）
　　W_i　：滴定溶液を用いた場合における測定試料1 mol当たりの滴定相当量（mL）
　　W_{oi}　：標準液を用いた場合における測定試料1 mol当たりの滴定相当量（mL）

III　容量分析用標準物質とそれを用いた標定方法

a.　中和滴定用標準物質

1)　アミド硫酸

　① 乾燥した標準物質または高純度試薬を1.4〜1.6 g，0.01 mgの桁まで量り取り，300 mLの滴定用ビーカー（コニカルビーカーなど）に入れる．
　② 二酸化炭素を含まない水100 mLを加えて溶かす．
　③ 液面に窒素を流しながら0.5 mol L^{-1}水酸化ナトリウム水溶液で滴定を行う．
　④ ガラス電極を用いて電位差法により終点を求める．

2) 炭酸ナトリウム

① 乾燥した標準物質または高純度試薬を 1.0〜1.2 g，0.01 mg の桁まで量り取り，300 mL の滴定用ビーカーに入れる．

② 水 80 mL を加えて溶かす．

③ ビーカーに蓋をし，液をかきまぜながら蓋の中央の穴から予想滴定量の 90% に相当する量（約 34〜41 g）の 0.5 mol L^{-1} 塩酸を滴下する．

④ 蓋に冷却管を取り付け，3 分間煮沸し，室温まで冷却後，冷却管と蓋の内面を水で洗浄し，冷却管と蓋を取り外す．

⑤ 0.5 mol L^{-1} 塩酸で滴定を行う．

⑥ ガラス電極を用いて電位差法により終点を求める．

3) フタル酸水素カリウム

① 乾燥した標準物質または高純度試薬を 0.8〜1.0 g，0.01 mg の桁まで量り取り，300 mL の滴定用ビーカーに入れる．

② 二酸化炭素を含まない水 100 mL を加えて溶かす．

③ 液面に窒素を流しながら 0.1 mol L^{-1} 水酸化ナトリウム水溶液で滴定を行う．

④ ガラス電極を用いて電位差法により終点を求める．

b. 酸化還元滴定用標準物質

1) 三酸化二ヒ素

① 乾燥した標準物質または高純度試薬を 0.19〜0.21 g，0.01 mg の桁まで量り取り，300 mL の滴定用ビーカーに入れる．

② 水酸化ナトリウム水溶液（100 g L^{-1}）10 mL を加えた後，温めて溶かしビーカーの内壁を水 10 mL で洗い，再び温めて完全に溶かす．

③ 塩酸（2+1，塩酸 2 容に対してイオン交換水 1 容を混合したもの）12 mL を加えた後，水を加えて 100 mL とする．

④ 2.5 mmol L^{-1} ヨウ素酸カリウム溶液を 1 滴加えた後，0.02 mol L^{-1} 過マンガン酸カリウム溶液で滴定を行う．

⑤ 白金電極を用いて電位差法により終点を求める．

⑥ 2.5 mmol L^{-1} ヨウ素酸カリウム溶液は，0.5 mol L^{-1} ヨウ素酸カリウム溶液 5 mL を溶存酸素を含まない水で 100 mL に希釈したものを用いる．

2) シュウ酸ナトリウム

① 乾燥した標準物質または高純度試薬を 0.28〜0.30 g，0.01 mg の桁まで量り取り，300 mL の滴定用ビーカーに入れる．

② 硫酸（1+19）100 mL を加えて溶かす．

③ 液温を 27+/−3℃に保ち，ゆっくりかきまぜながら 0.02 mol L^{-1} 過マンガン酸カリウム溶液を予想滴定量の 95% に相当する量（約 40〜42 g）を約 1 分間かけて加える．

④ 液の紅色が消えてから温めて，55〜60℃に保ちながら引き続き，0.02 mol L^{-1}

過マンガン酸カリウム溶液で滴定を行う．
　⑤　白金電極を用いて電位差法により終点を求める．

3)　二クロム酸カリウム
　①　乾燥した標準物質または高純度試薬を 0.19〜0.21 g，0.01 mg の桁まで量り取り，300 mL の三角フラスコに入れる．
　②　三角フラスコの首部は，電極，窒素導入管など滴定に必要な器具が挿入できる程度の内径で，共通すり合わせのものとする．
　③　溶存酸素を含まない水 150 mL を加えて溶かす．
　④　液面に酸素を含まない窒素を流し，フラスコ内の空気を置換した後，直ちにヨウ化カリウム 3.00±0.05 g と硫酸（1+5）6 mL を手早く加え，栓をして緩やかにかきまぜた後，暗所に約 10 分間放置する．
　⑤　0.1 mol L^{-1} チオ硫酸ナトリウムで滴定を行う．
　⑥　液の色が黄色になってからは液面に酸素を含まない窒素を流しながら行う．
　⑦　白金電極を用いて電位差法により終点を求める．

4)　ヨウ素酸カリウム
　①　乾燥した標準物質または高純度試薬を 0.14〜0.16 g，0.01 mg の桁まで量り取り，300 mL の滴定用ビーカーに入れる．
　②　溶存酸素を含まない水 150 mL を加えて溶かす．
　③　液面に酸素を含まない窒素を流し，フラスコ内の空気を置換した後，直ちにヨウ化カリウム 3.00±0.05 g と硫酸（1+5）6 mL を手早く加え，栓をして緩やかにかきまぜた後，暗所に約 10 分間放置する．
　⑤　0.1 mol L^{-1} チオ硫酸ナトリウムで滴定を行う．
　⑥　液の色が黄色になってからは液面に酸素を含まない窒素を流しながら行う．
　⑦　白金電極を用いて電位差法により終点を求める．

c.　沈殿滴定用標準物質
1)　塩化ナトリウム
　①　乾燥した標準物質または高純度試薬を 0.23〜0.25 g，0.01 mg の桁まで量り取り，300 mL の滴定用ビーカーに入れる．
　②　水 100 mL を加えて溶かす．
　③　0.1 mol L^{-1} 硝酸銀水溶液で滴定を行う．
　④　銀電極を用いて電位差法により終点を求める．

d.　その他
　これ以外に，酸化還元滴定用標準物質としての金属銅と，キレート滴定用標準物質としての金属亜鉛，硝酸ナトリウム滴定用標準物質としてのフッ化ナトリウムがある．

■ 参考文献
1) JIS K 8005：1999（容量分析用標準物質）．

3. 中和滴定（neutralization titration）

I 概　要

　中和滴定とは，中和反応を利用した滴定分析法をいう．中和反応とは，酸1個と塩基1個が反応して塩1個と水1個が生じる反応である．

　　　　　A（酸）＋B（塩基）───→C（塩）＋D（水）

つまり，1価の酸と塩基の場合には，1 mol の酸と 1 mol の塩基が反応して 1 mol の塩と 1 mol の水が生じる．この反応を利用して，既知濃度の酸（塩基）を基準にして未知濃度の塩基（酸）を定量する．定量しようとする物質が酸性（塩基性）の場合には，既知濃度の塩基性（酸性）物質を滴下し，当量点（中和点）までに消費した塩基性（酸性）物質の量より，酸性（塩基性）物質の濃度を求める．

　当量点の確認は pH 計などの機器を用いる場合と pH 指示薬（表2）を用いる方法がある．以下では，中和滴定法による工場排水中のアンモニウムイオンの定量方法を記載する．前処理（蒸留）を行って抽出したアンモニアを一定量の硫酸（25 mmol L^{-1}）中に吸収させた溶液について，50 mmol L^{-1} 水酸化ナトリウム溶液で，残った硫酸を滴定してアンモニウムイオンを定量する．

II 機器・試薬

　pH 計（測定溶液中の pH 値を測定するもの．p. 126「pH 計」参照）；ビュレット；ビーカー

　試薬：
　・硫酸（25 mmol L^{-1}）：硫酸（JIS K 8951）1.4 mL をあらかじめ水 100 mL を入れたビーカーに加えてよくかきまぜ，水を加えて 1 L とする．
　・メチルレッド–ブロモクレゾールグリーン混合溶液：メチルレッド（JIS K 8896）20 mg とブロモクレゾールグリーン（JIS K 8840）0.10 g をエタノール（JIS K 8102）100 mL に溶かす．
　・水酸化ナトリウム溶液（50 mmol L^{-1}）：イオン交換水約 30 mL をポリエチレン瓶にとり，冷却しながら水酸化ナトリウム（JIS K 8576）35 g を溶かし，密栓して4～5日間放置する．上澄み液 2.5 mL をポリエチレン製の気密容器にとり，炭酸を含まない水 1 L に溶かし，二酸化炭素を遮断して保存する．

表2　pH 指示薬と変色領域

pH 指示薬	変色領域(pH)
チモールブルー	赤　1.2～ 2.8　黄
メチルオレンジ	赤　3.1～ 4.4　黄
メチルレッド	赤　4.2～ 6.2　黄
ブロモチモールブルー	黄　6.0～ 7.6　青
フェノールフタレイン	無　8.2～10.0　黄

III　水酸化ナトリウム溶液の標定

① アミド硫酸（JIS K 8005）を減圧乾燥後，約 1 g を 0.1 mg の桁まで量り取り，200 mL に溶解する．

② 20 mL 分取し，50 mmol L^{-1} 水酸ナトリウム溶液で滴定する．

③ 以下の式で 50 mmol L^{-1} 水酸化ナトリウム溶液のファクター（f：標定値／表示値）を算出する．

$$f = a \times \frac{b}{100} \times \frac{20}{200} \times \frac{1}{x \times 0.004855}$$

ここで，

a：アミド硫酸の採取量（g）

b：アミド硫酸の純度（%）

x：滴定に要した 50 mmol L^{-1} 水酸化ナトリウム溶液（mL）

0.004855：50 mmol L^{-1} 水酸化ナトリウム溶液 1 mL のアミド硫酸相当量（g）

IV　分析操作

① 処理（蒸留）を行って抽出したアンモニアを一定量の硫酸（25 mmol L^{-1}）中に吸収させる．

② メチルレッド–ブロモクレゾールグリーン混合溶液を 5 滴加える．

③ 溶液の全量を用いて，50 mmol L^{-1} 水酸化ナトリウム溶液で滴定する．

④ 溶液が灰紫色（pH 4.8）のときを終点とする．

⑤ pH 計で終点を求める場合には，p. 53「電気滴定」を参照のこと．

⑥ 別に正確に 50 mL の硫酸（25 mmol L^{-1}）をとり，50 mmol L^{-1} 水酸化ナトリウム溶液で同様に終点まで滴定する．

⑦ 以下の式によって試料中のアンモニウムイオンの濃度（mg NH$_4^+$）を算出する．

$$A = (b - a) \times f \times \frac{1000}{V} \times 0.902$$

ここで，

A：アンモニウムイオンの濃度（mg NH$_4^+$）

b：硫酸（25 mmol L^{-1}）50 mL に相当する 50 mmol L^{-1} 水酸化ナトリウム溶液（mL）

a：滴定に要した 50 mmol L^{-1} 水酸化ナトリウム溶液（mL）

f：50 mmol L^{-1} 水酸化ナトリウム溶液のファクター

V：試料（mL）

0.902：50 mmol L^{-1} 水酸化ナトリウム溶液 1 mL のアンモニウムイオン相当量（mg）

■ **参考文献**
1) JIS K 0102：1998（工場排水試験方法）．

4. 酸化還元滴定 (oxidation-reduction titration)

I 概　　要

　酸化還元滴定とは，酸化還元反応を利用した滴定分析法をいう．定量する物質が酸化剤の場合には，既知濃度の還元剤を滴下し，当量点までに必要とする還元剤の量によって酸化剤の濃度が求められる．また，逆に還元剤の場合には，既知濃度の酸化剤を用いる．滴定の当量点の確認には，電位差計により酸化還元電位を測定して求める方法と，デンプンなどの指示薬を用いる方法がある．

　工場排水中のヨウ素（ヨウ化物）イオンの定量法としての酸化還元滴定を記載する．ヨウ素イオンをpH 1.3～2.0とし，次亜塩素酸で酸化し，ヨウ素酸イオンとする．pH 3～7とし，過剰の次亜塩素酸をギ酸ナトリウムで分解した後，ヨウ化カリウムを加える．遊離したヨウ素をチオ硫酸ナトリウム溶液で滴定し，ヨウ素（ヨウ化物）イオンとして定量する．

II 機器・試薬

　電位差計；ビュレット；ビーカー；共栓三角フラスコ
　試薬：
　・塩酸（1+1）：塩酸（JIS K 8180）を用いて調製する．
　・塩酸（1+11）：塩酸（JIS K 8180）を用いて調製する．
　・次亜塩素酸ナトリウム溶液（有効塩素 35 g L^{-1}）：次亜塩素酸ナトリウム溶液の有効塩素を定量し，有効塩素が 35 g L^{-1} となるように水で薄める．使用時に調製する．
　・ギ酸ナトリウム溶液（400 g L^{-1}）：ギ酸ナトリウム（JIS K 8276）40 g をイオン交換水に溶かし 100 mL とする．
　・ヨウ化カリウム（JIS K 8913）
　・メチルオレンジ溶液：メチルオレンジ（JIS K 8893）0.1 g を熱水 100 mL に溶かす．
　・デンプン溶液（10 g L^{-1}）：デンプン（溶性）（JIS K 8659）1 g をイオン交換水約 10 mL と混ぜ，熱水 100 mL 中によくかきまぜながら加え，1分間煮沸の後，放冷する．このデンプン溶液は使用時に調製する．
　・10 mmol L^{-1} チオ硫酸ナトリウム溶液：チオ硫酸ナトリウム五水和物（JIS K 8637）2.6 g および炭酸ナトリウム（JIS K 8625）0.02 g をイオン交換水に溶かし 1 L とする．

III 次亜塩素酸ナトリウム溶液（有効塩素 35 g L^{-1}）の標定

① 次亜塩素酸ナトリウム溶液（有効塩素 7～12％）10 mL を 200 mL にイオン交換水で希釈し，10 mL 分取する．
② 100 mL にイオン交換水で希釈した後，ヨウ化カリウム 1～2 g および酢酸（1＋1）6 mL を加えて密栓し，暗所に 5 分間放置する．
③ 50 mmol L^{-1} チオ硫酸ナトリウム溶液で滴定する．
④ 溶液の色が薄くなったら，デンプン溶液を 1 mL 加える．
⑤ 生じたヨウ化デンプンの青い色が消えるまで滴定する．
⑥ 電位差計で終点を求める場合には，p.53「電気滴定」を参照のこと．
⑦ 別にブランク試験として，水 10 mL をとり，②～⑤の操作を行い滴定値を補正する．
⑧ 以下の式によって有効塩素量（N）を算出する．

$$N = (a-b) \times f \times \frac{200}{10} \times \frac{1000}{V} \times 0.001773$$

ここで，
　N：有効塩素量（g L^{-1}）
　a：滴定に要した 50 mmol L^{-1} チオ硫酸ナトリウム溶液（mL）
　b：ブランク試験に要した 50 mmol L^{-1} チオ硫酸ナトリウム溶液（mL）
　f：50 mmol L^{-1} チオ硫酸ナトリウム溶液のファクター
　0.001773：50 mmol L^{-1} チオ硫酸ナトリウム溶液 1 mL の有効塩素相当量（g）
　V：次亜塩素酸ナトリウム溶液（有効塩素 7～12％）（mL）

IV 分析操作

① 試料（ヨウ素イオン 0.1～5 mg）を 300 mL の共栓三角フラスコにとる．
② メチルオレンジ溶液（1 g L^{-1}）を 1，2 滴加える．
③ 溶液の色が微赤になるまで塩酸（1＋11）を滴下した後，50 mL までイオン交換水で希釈する．
④ 次亜塩素酸ナトリウム（有効塩素 35 g L^{-1}）1 mL を加える．
⑤ 塩酸（1＋11）を加えて pH 1.3～2.0 とし，沸騰水溶液中に 5 分間浸す．
⑥ ギ酸ナトリウム溶液（400 g L^{-1}）5 mL を加え，過剰の次亜塩素酸を分解させるために再び沸騰水溶液中に 5 分間浸す．
⑦ 放冷後，ヨウ化カリウム 1 g と塩酸（1＋1）6 mL を加える．
⑧ 密栓してふりまぜ，暗所に 5 分間放置する．
⑨ 遊離したヨウ素を 10 mmol L^{-1} チオ硫酸ナトリウム溶液で滴定する．
⑩ 溶液の色が薄くなったら，デンプン溶液を 1 mL 加える．
⑪ 生じたヨウ化デンプンの青い色が消えるまで滴定する．
⑫ 電位差計で終点を求める場合には，p.53「電気滴定」を参照のこと．

⑬ 別にブランク試験として，水 10 mL をとり，同じ操作を行い滴定値を補正する．

⑭ 以下の式によってヨウ化物イオンの濃度を算出する．

$$C = (a-b) \times f \times \frac{1000}{V} \times 0.2115$$

ここで

C：ヨウ化物イオン濃度（mgIL^{-1}）

a：滴定に要した 10 mmol L^{-1} チオ硫酸ナトリウム溶液（mL）

b：ブランク試験に要した 10 mmol L^{-1} チオ硫酸ナトリウム溶液（mL）

f：50 mmol L^{-1} チオ硫酸ナトリウム溶液のファクター

0.2115：10 mmol L^{-1} チオ硫酸ナトリウム溶液 1 mL のヨウ化物イオン相当量（mg）

V：試料（mL）

■ 参考文献
1) JIS K 0102：1998（工場排水試験方法）．

5. 沈殿滴定（precipitation titration）

I 概　　要

沈殿滴定とは，滴定試薬と目的成分とによる沈殿反応により，目的成分（主に塩化物イオンなどの陰イオン）を定量する方法である．沈殿生成反応は，迅速でもなく，指示薬の種類も限定されているために，利用範囲は狭い．測定溶液の pH など，滴定条件を整えて滴定する必要がある．主な沈殿滴定法を表 3 に示す．以下に塩化物イオンの定量方法[2]について記述する．

II 器具・試薬

ビュレット；ビーカー

試薬：

・炭酸ナトリウム溶液：炭酸ナトリウム（JIS K 8625）50 g にイオン交換水を加えて 1 L とする．

・硝酸溶液：硝酸（JIS K 8541）にイオン交換水を加えて（1＋65）とする．

・デキストリン溶液：デキストリン（JIS K 8646）2 g にイオン交換水を加えて 100 mL とする．

・フルオレセインナトリウム溶液：フルオレセインナトリウム（JIS K 8830）0.2 g にイオン交換水を加えて 100 mL とする（沈殿指示薬）．

・硝酸銀滴定溶液（40 mmol L^{-1}）：硝酸銀（JIS K 8550）6.8 g をイオン交換水に

表3 主な沈殿滴定法（日本化学会編，1977）[1]

定量成分	滴定試薬	沈殿の組成	滴定条件(指示薬〔pH〕)	備考
Cl^-	$AgNO_3$	$AgCl$	CrO_4^{2-}〔6～10〕	Mohr 法
Cl^-, Br^-, I^-	$AgNO_3$	AgX	フルオレセイン〔7～10〕	Fajans 法
Cl^-, Br^-, I^-	$AgNO_3$	AgX	ジクロロフルオレセイン〔4～10〕	
Br^-, I^-	$AgNO_3$	AgX	エオシン〔2～10〕	
Cl^-, Br^-, I^-	$Hg(NO_3)_2$	HgX_2	ジフェニルカルバジド〔1.5～2.0〕ジフェニルカルバゾン〔3.2～3.3〕	
SCN^-	$AgNO_3$	$AgSCN$	エオシン〔2〕	
SCN^-	$Hg(NO_3)_2$	$Hg(SCN)_2$	ジフェニルカルバジド〔1.5～2.0〕	
F^-	$Th(NO_3)_4$	ThF_4	ジフェニルカルバゾン〔3.2～3.3〕	
SO_4^{2-}	$Ba(CH_3COO)_2$	$BaSO_4$	アルセナゾIII〔>3.0〕	4倍量イソプロピルアルコール添加
K	$NaB(C_6H_5)_4$	$KB(C_6H_5)_4$	チタンイエロー	ゼフィラミン逆滴定
Ag	Cl^-	$AgCl$	メチルバイオレット〔酸性〕	
Ag	Br^-	$AgBr$	ローダミン 6 G〔HNO_3酸性〕	Volhard 法
Ag	KSCN	$AgSCN$	Fe^{3+}〔HNO_3酸性〕	
Hg(II)	NaCl	$HgCl_2$	ブロモフェノールブルー〔1〕	Volhard 法
Hg(II)	KSCN	$Hg(SCN)_2$	Fe^{3+}〔HNO_3酸性〕	
Pb(II)	K_2CrO_4	$PbCrO_4$	オルソクロム T〔0.02 N 酸性～中性〕	

溶かして1Lとし，着色ガラス瓶に保存する．

III 硝酸銀滴定溶液の標定

標準物質から作製した塩化ナトリウム標準液を用いて標定し，硝酸銀滴定溶液のファクターを求める．ファクターは最低3回測定し，その平均値より定める．

IV 分析操作

① 試料 50 mL（含有塩化物イオン 20 mg 以下）をビーカーにとる．
② 炭酸ナトリウム（50 g L^{-1}）または硝酸（1+65）を用いて pH 約 7 とする．
③ デキストリン溶液（20 g L^{-1}）5 mL およびフルオレセインナトリウム溶液（2 g L^{-1}）を 1～2 滴加えてよくかきまぜる．
④ 硝酸銀標準液（40 mmol L^{-1}）で滴定する．
⑤ 終点付近ではゆっくり滴定する．
⑥ 黄緑の蛍光が消失してわずかに赤くなったときを終点とする．
⑦ 以下の式より試料中の塩化物イオンの濃度を算出する．

$$C = a \times f \times \frac{1000}{V} \times 1.418$$

ここで，

C：塩化物イオン濃度（mgCl$^-$ L^{-1}）
a：滴定に要した 40 mmol L^{-1} 硝酸銀溶液（mL）

f：40 mmol L^{-1}硝酸銀溶液のファクター
V：試料（mL）
1.418：40 mmol L^{-1}硝酸銀溶液1 mLの塩化物イオン相当量

■ 参考文献
1) 日本化学会編：新実験化学講座9 分析化学II，丸善（1977）．
2) JIS K 0102：1998（工場排水試験方法）．

6. キレート滴定（chelatometric titration）

I 概　要

EDTA（エチレンジアミン四酢酸）などのキレート試薬と金属イオンとが定量的にキレート化合物を生成する反応を利用して，金属イオンを定量する方法である．以下にキレート滴定法による工場排水中のCa定量方法[1]を記述する．

II 器具・試薬

ビュレット；ビーカー

試薬：

・水酸化カリウム溶液：水酸化カリウム（JIS K 8574）250 gをイオン交換水に溶かして100 mLとする．ポリエチレン瓶に保存する．

・シアン化カリウム溶液（100 g L^{-1}）：シアン化カリウム（JIS K 8443）10 gをイオン交換水に溶かして100 mLとする．ポリエチレン瓶に保存する．

・塩化ヒドロキシルアンモニウム溶液（100 g L^{-1}）：塩化ヒドロキシルアンモニウム（JIS K 8201）10 gをイオン交換水に溶かして100 mLとする．

・HNSS試薬：2-ヒドロキシ-1-(2-ヒドロキシ-4-スルホ-1-ナフチルアゾ)-3-ナフトエ酸（JIS K 8776）0.5 gをメタノール（JIS K 8891）100 mLに溶かし，塩化ヒドロキシルアンモニウム（JIS K 8201）0.5 gを加える．着色ガラス瓶に保存する．

・10 mmol L^{-1}EDTA溶液：エチレンジアミン四酢酸二水素二ナトリウム二水和物を80℃で5時間加熱し，デシケーター中で放冷する．3.722 gとり，少量のイオン交換水に溶かした後，イオン交換水を加えて1 Lとする．この溶液1 mLは，Ca 0.4008 mgに相当する．

III 分析操作

① 試料（Ca 5 mg以下）をビーカーにとり，イオン交換水を加えて約50 mLとする．

② 水酸化カリウム溶液4 mLを加えて，よくかきまぜる．

③ シアン化カリウム溶液（100 g L^{-1}）0.5 mL および塩化ヒドロキシルアンモニウム溶液（100 g L^{-1}）0.5 mL を加えてかきまぜる．

④ 指示薬として HNSS 試薬を 5, 6 滴加え，10 mmol L^{-1} EDTA 溶液で，溶液の色が赤紫から青になるまで滴定する．

⑤ 以下の式によって試料中のカルシウム濃度を算出する．

表 4　個々の金属イオンのキレート滴定（日本化学会編，1977）[2]

金属	滴定法	滴定条件（緩衝剤〔pH など〕）	指示薬	終点の変色	備考
Al	逆(Zn)	ヘキサミン〔5〕	XO	黄～赤紫	EDTA を加え加熱し反応完了後 Zn で逆滴定する
Ba, Sr	直	NH$_3$〔11〕	PC	紅～無	終点近くで等量のメタノールを添加する
Bi	直	HNO$_3$〔1～3〕	XO	赤～黄	微量の Bi は 10^{-4} mol L^{-1} EDTA で滴定できる
Ca	直	KOH〔12～13〕	NN	赤～青	Mg 共存下の Ca を滴定できる
Cd	直	NH$_3$-NH$_4$Cl〔10〕	BT	赤～青	アルカリ土類は同時に定量される
Co(II)	直	NH$_3$〔8〕	MX	黄～赤紫	NH$_3$ は必要最小限に留める
Cr(III)	逆(Mn^{2+})	NH$_3$-NH$_4$Cl〔9～11〕	BT	青～赤	アスコルビン酸添加
Cu	直	酢酸-酢酸ナトリウム〔>2.5〕	PAN	赤紫～黄	メタノールを 20% 添加
Fe(III)	直	p-クロロアニリン〔2.5〕	サリチル酸	淡赤～黄	終点近くではゆっくり滴定する
Hg(II)	直	ヘキサミン〔6〕	XO	赤紫～黄	酸性領域ではハロゲン化物イオンが妨害する
Mg	直	NH$_3$-NH$_4$Cl〔10〕	BT	赤～青	pH は正しく 10 とする
Mn(II)	直	NH$_3$-NH$_4$Cl〔8～10, 7～80°C〕	BT	赤～青	アスコルビン酸添加
Ni	直	酢酸-酢酸ナトリウム〔3～4, 100°C〕	Cu-PAN	赤紫～黄	終点近くでゆっくり滴定
Pb	直	NH$_3$-NH$_4$Cl〔8～10〕	BT	赤～青	40°C，酒石酸添加
	直	ヘキサミン〔5～6〕	XO	赤紫～黄	Fe, Ni, Cu は指示薬の変色を妨害する
Sn(IV)	逆(Th)	酢酸アンモニウム〔2.5～3.5〕	XO	黄～赤	
Th	直	HNO$_3$〔2.5～3.5〕	XO	赤紫～黄	
Ti	逆(Bi)	酢酸〔1～2, <20°C〕	XO	黄～赤	H$_2$O$_2$ 添加
U(VI)	逆(Th)	酢酸-酢酸ナトリウム〔2～3〕	XO	緑～赤	アスコルビン酸添加，100°C
V(IV)	直	酢酸-酢酸ナトリウム〔>3.5〕	Cu-PAN	赤紫～緑	アスコルビン酸添加，100°C
Zn	直	ヘキサミン〔5～5.5〕	XO	赤紫～黄	最も容易に滴定できる
	直	NH$_3$-NH$_4$Cl〔10〕	BT	赤～青	
Zr(Hf)	直	1N HNO$_3$〔90°C〕	XO	赤～黄	多くの共存イオンは滴定にかからない
希土類	直	ヘキサミン〔4.5～6〕	XO	赤～黄	アスコルビン酸添加

$$C = a \times \frac{1000}{V} \times 0.4008$$

ここで，
　C：カルシウム濃度（mgCa L^{-1}）
　a：滴定に要した 10 mmol L^{-1} EDTA 溶液（mL）
　V：試料（mL）
　0.4008：10 mmol L^{-1} EDTA 溶液 1 mL のカルシウム相当量（mg）
表 4 に主な金属イオンについてのキレート滴定条件を示す．

■ **参考文献**
1) JIS K 0102：1998（工場排水試験方法 50.1　カルシウム）．
2) 日本化学会編：新実験化学講座 9　分析化学 II，p.195，丸善（1977）．

7. 電気滴定（electrometric titration）

I 概　　要

　電気滴定とは，電気的な手法を用いて中和滴定や酸化還元滴定などの終点を検出する方法をいう．電気滴定には，電位差滴定方法，電流滴定方法，電量滴定方法がある．電位差滴定方法とは，指示電位差を終点検出に用いる方法で，電流滴定方法とは，指示電流を終点検出に用いる方法である．電量滴定方法とは，滴定剤を電解発生させ，それに要する電気量（電位差または電流）から目的成分の量を求める方法である．

II 機　　器

　電位差滴定装置；電流滴定装置；電量滴定装置

III 操　　作

a. 電位差滴定方法（中和滴定や酸化還元滴定に使用される）
① 指示電位差または pH を Y 軸，滴定用溶液の体積を X 軸とする．
② それぞれの測定値を X-Y 図に描き，滴定曲線を作成する．
③ 終点付近の曲線の形を明瞭に描く．
④ 終点決定方法として，変曲点法または交点法を用いる．
・変曲点法とは，滴定曲線の変曲点の横軸の値を終点とする．
・交点法とは，図 1 のように滴定曲線に 45 度の傾きの 2 接線を引き，これらから等距離にある平行な線と滴定曲線との交点に対応する横軸の読みを終点とする．

b. 電流滴定方法
① 指示電流を Y 軸，滴定用溶液の体積を X 軸とする．

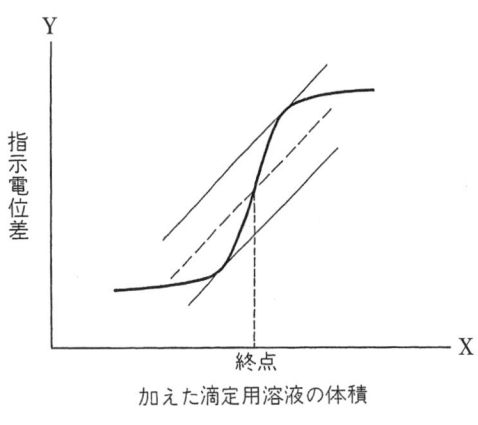

図1 交点法による終点決定方法

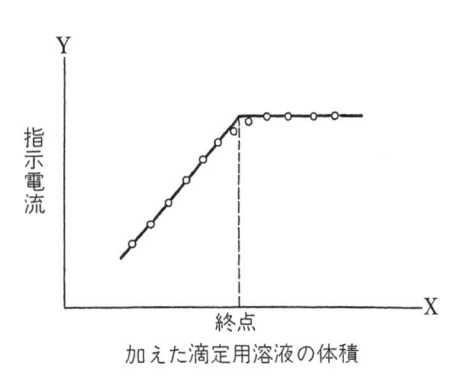

図2 電流滴定法による終点決定法

② それぞれの測定値をX-Y図に描き，滴定曲線を作成する．
③ 終点付近の曲線の形を明瞭に描く．
④ 滴定曲線は，通常二つの直線部分を含む曲線からなる．
⑤ 図2のように，直線部分をそれぞれ補外して交点を求め，その横軸の読みを終点とする．

c. 電量滴定方法

① 指示電位差もしくは，指示電流をY軸，滴定剤添加装置に供給した電気量またはそれから求めた滴定剤の量をX軸とする．
② それぞれの測定値をX-Y図に描き，滴定曲線を作成する．
③ 終点付近の曲線の形を明瞭に描く．
④ 電位差滴定方法では，電位差滴定方法の終点決定方法，電流滴定方法では電流滴定方法の終点決定方法を用いる．

■ 参考文献
1) JIS K 0113：1997（電位差・電流・電量・カールフィッシャー滴定方法通則）．

8. 非水溶媒滴定 (nonaqueous titration)

I 概　要

溶媒に水溶液を使用しないで滴定を行うことを総称して非水溶媒滴定という．その代表例として，カールフィッシャー滴定法がある．カールフィッシャー滴定法は，1935年Karl Fischerによって発表された非水溶液中での酸化還元滴定の一種である．カールフィッシャー試薬溶液は，ヨウ素，二酸化硫黄，ピリジン，メタノールなどの有機溶媒の混合溶液であり，水との反応は以下とされている．

$$H_2O + I_2 + SO_2 + 3C_5H_5N \longrightarrow 2C_5H_5N \cdot HI + C_5H_5N \cdot SO_3$$
$$C_5H_5N \cdot SO_3 + ROH \longrightarrow C_5H_5N \cdot OSO_2OR$$

メタノール，クロロホルムなど有機溶媒中の水分測定に用いる．

II 装置・試薬

通常図3のような，容量滴定装置[1]を用いる．

メタノール：水分が0.05%以下のメタノール（JIS K 8891）を使用する．

ピリジン：水分が0.05%以下のピリジン（JIS K 8777）を使用する．

滴定溶媒：メタノールを通常用いる．試料に応じて他の滴定溶媒を用いてもよい．

カールフィッシャー試薬溶液：ヨウ素（JIS K 8920）85 gをメタノール 670 mLに溶解し，ピリジンを270 mL加えて混合溶解してから氷冷する．この混合溶液に，その温度が20℃を超えないように注意しながら乾燥した二酸化硫黄を通じ，その増量が65 gに達したとき，二酸化硫黄を通じるのをやめ，カールフィッシャー試薬溶液とする．この試薬の標定は，調製後24時間後に行う．

III カールフィッシャー試薬溶液の標定

① メタノールを25～50 mLとり，これにカールフィッシャー試薬溶液を終点まで

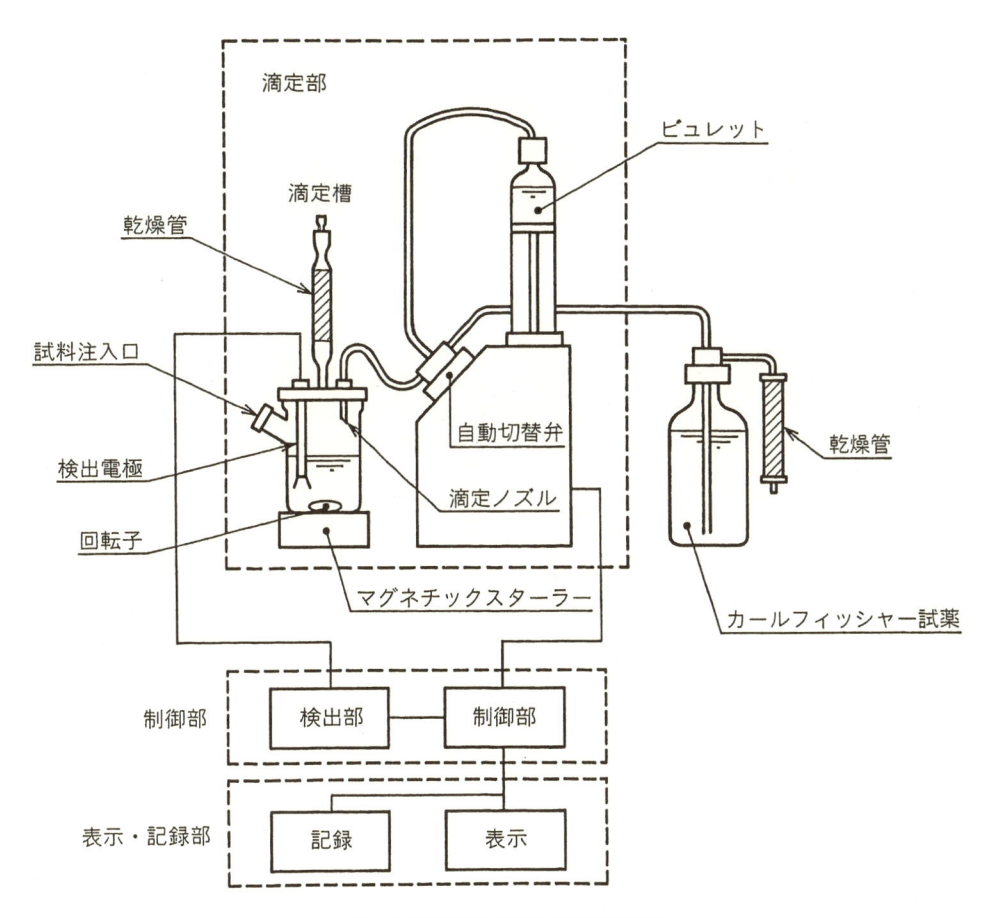

図3 容量滴定方法自動滴定装置

正確に添加しておく．

② この液に，酒石酸ナトリウム二水和物約 150 mg を 0.1 mg の単位まで正確に測定し，加える．直ちにカールフィッシャー試薬溶液を用いて滴定する．

③ 質量 m の水に対する滴定に要したカールフィッシャー試薬溶液の体積を V とすると，$F = m\,V^{-1}$ をカールフィッシャー試薬溶液の力価（溶液 1 mL 中に含まれる水分の mg 数）といい，以下の式で求める．

$$F = \frac{m \times \dfrac{36.0}{230.1}}{Va}$$

ここで，

F：力価（mg mL^{-1}）
m：採取した酒石酸ナトリウム二水和物の質量（mg）
Va：終点までに要したカールフィッシャー試薬溶液の体積（mL）

IV 分析操作

① 試料に適した滴定溶媒を滴定槽に入れる．カールフィッシャー試薬溶液で終点まで滴定する．この操作は，滴定溶媒中や滴定槽中に残っている水分による誤差をなくすためなので，これに消費されたカールフィッシャー試薬溶液の体積は，計算に用いない．

② 試料を正しく量り取り滴定槽に加え，かくはんしながら，カールフィッシャー試薬溶液で終点まで滴定する．

③ 試料中の水分量を以下の式で求める．

$$W = \frac{F \times V_c}{m_s} \times 100$$

ここで，

W：水分の百分率
V_c：終点までに要したカールフィッシャー試薬溶液の体積（mL）
m_s：試料の質量（mg）

■ 参考文献

1) JIS K 0113：1997（電位差・電流・電量・カールフィッシャー滴定方法通則）．

容 器 の 洗 浄

1. 容器の洗浄（cleaning of glassware）

I 概　　要
　容量分析に限らず，定量分析を行う場合には，使用する容器の洗浄を行わなければならない．ここでは，容量分析で用いる，ビーカー，ホールピペット，ビュレット，メスフラスコの洗浄法について記載する．まず，使用後速やかに容器内残留物を決められた場所に廃棄する．そして，多量の水道水で洗浄し，以下の洗浄操作を行う．

II 洗浄操作
1) ビーカー
　① 洗剤（クレンザーなど）を少量つけ，ブラッシングし，水道水でクレンザーを洗い落とす．
　② 洗浄瓶に入れたイオン交換水ですすぎ，よく水を切る．
　③ 乾燥棚などに置き，次回の測定に備える．

2) ホールピペット
　① ピペット用洗浄液の入った槽につけ置く，またはピペットを超音波洗浄器内で洗浄する．
　② よく水洗後，洗浄瓶に入れたイオン交換水ですすぎ，よく水を切る．
　③ 吸口を下にして保存し，次回の測定に備える．

3) ビュレット
　① ビュレット台につけたまま，コックを開け滴定溶液をすべて出す．
　② 上から洗浄瓶に入れたイオン交換水を数回注ぐ．
　③ よく水を切った後，コックを上にして開放し，ビュレット台に取り付け，次回の測定に備える．

4) メスフラスコ
　① メスフラスコ内に，イオン交換水を1/3程度入れ，蓋をしてよく振る．
　② ①を3回程度行う．
　③ イオン交換水を入口まで満たした後，蓋をして保存し，次回の測定に備える．

III 注意事項

　これらのガラス器具がきれいに洗えたかどうかを，イオン交換水洗浄後，器具表面のぬれの均一性で判断することができる．

　① 汚れが著しい場合には，トリトンX，クロム酸混液，クリーン99水溶液などに浸す．クロム酸混液は，酸化クロム(VI)を濃硫酸に溶解させたものである．6価クロムの橙色から3価クロムの緑色に変化した場合は，洗浄力が弱くなっているので，新しいものに作り変える．このとき，微量の6価クロムが存在するので，6価クロム処理を行う必要がある．

　② 有機溶媒を使用した場合には，まず決められた場所に大部分を廃棄する．その後，エーテル，メタノール，アセトンなどで容器についた有機溶媒を溶かし，水道水を注いだ後，洗浄操作を行う．

試 料 採 取

1. 大気試料（air sample）－ガス状物質（gaseous matter）

I 概　　要

　大気試料には，大別して2種類がある．すなわち，ガス状物質と粒子状物質であり，その取り扱いは大きく異なるため，本章においても分けて論ずる．ガス状物質にも，二酸化硫黄，二酸化窒素などの無機ガスとベンゼンやダイオキシンなどの有機物質があり，それぞれ対応が異なる．一般に，大気環境中の物質濃度は，発生源での発生強度以外にも，地理的条件，気象条件などの影響を強く受け，大きく変動していることを常に念頭に置く必要がある．その時点での試料は二度と入手できないと考えて，事前に十分な準備が不可欠である．ガス状物質の測定には，自動測定機を用いる方法と試料を捕集し前処理等を施した後に分析する方法とがある．前者の自動測定機の試料採取には，試料を測定機まで導くサンプリングラインの材質，保守に留意する必要がある．また，多くの測定機の場合，その吸引流量は結果に大きく影響するので，その精度維持には十分な配慮が必要である．一般的に使用される面積流量計は精度維持が難しいので，特に注意が必要である．

II 操　　作
1）ガス状試料の採取

　① 目的物質の性状，特性，観測目的の明確化，試料採取頻度の決定：環境試料は大きく変動している場合があり，十分な配慮のもとに試料採取を行わないと思わぬ過誤を生じる可能性が高い．また，変動の周期などはさまざまな要因により生じているため，測定の目的により，試料採取の間隔および採取位置などを十分に考慮しておく必要がある．

　② 採取方法，採取容器の選択：採取方法には，容器捕集，液体捕集，固相吸着，拡散デニューダ，拡散スクラバーなどの方法がある（図1，図2）．容器捕集には，ガラス瓶，金属容器（キャニスター），捕集バッグ（合成樹脂製など）などが用いられる（図3）．採取するガスの特性によってどの容器を用いるか決定する必要がある．吸着しやすい物質の採取には当然であるが，管壁などに吸着しにくい材質を選択する必要がある．また，テフロンなどは反応性が低く容器として優れているが，新しいも

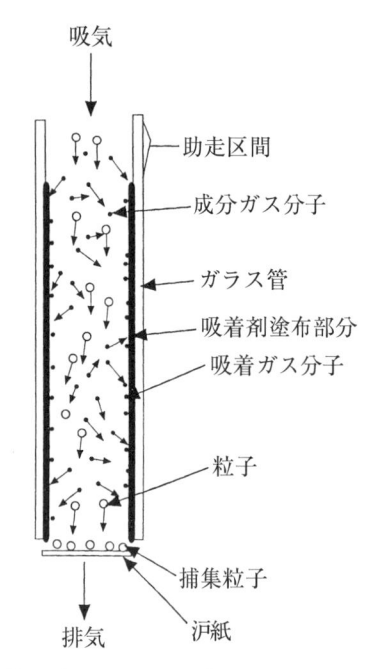

図1 拡散デニューダ法によるガス，粒子の分別捕集の原理（田中，1998）[1]

ガラス管内壁に捕集対象ガスに適した吸着剤を塗布し，層流条件で大気を通気させる．ガスは拡散係数が大きく，吸着剤に捕集される．一方，拡散係数が小さい粒子はそのまま通過し，後段のフィルター上に捕集される．

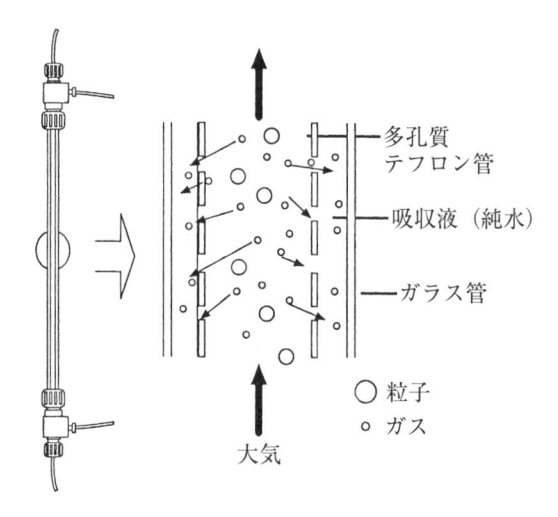

図2 多孔質テフロン管を用いた拡散スクラバーの概略図（田中，1998）[1]

多孔質膜の内側に大気を層流で流すと，拡散係数の大きいガスは多孔質膜へと拡散し，さらに水溶性ガスはその膜を透過して吸収液に捕集される．

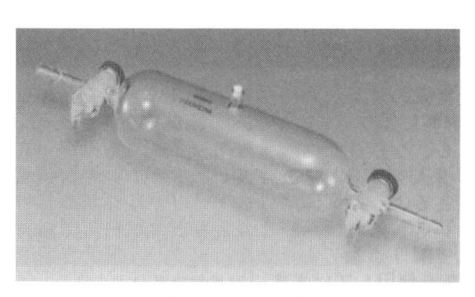

(a) 真空採取瓶 　　(b) キャニスター

図3 捕集容器の例

のは吸着しやすい場合もあるのであらかじめ予備洗浄等で活性を抑えておくことも重要である．代表的な環境汚染物質の捕集法などを表1に示す．

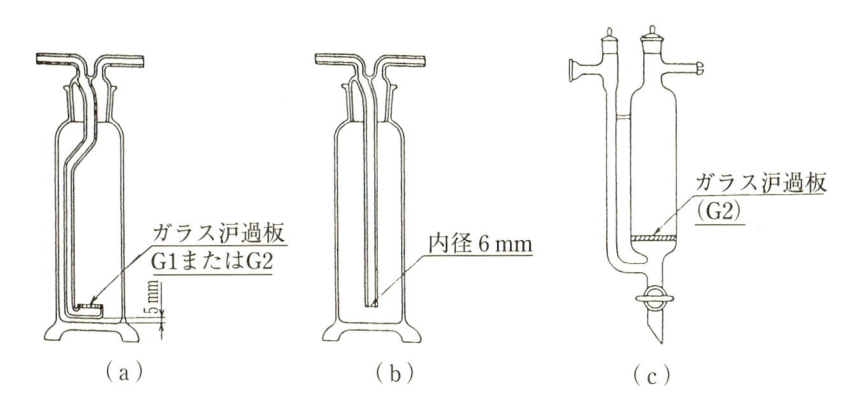

図4 吸収瓶の例（酒井ら，1995）[2]

③ 捕集準備，溶液調製，容器の洗浄等：液体捕集に使用する捕集液は，各測定方法に応じ準備するが，調製および保存時の汚染および変質には注意が必要である．捕集に使用する容器は，洗浄が必要であるが，溶剤による洗浄，ゼロエアーなど清浄な空気による洗浄，加熱による焼出しなど，あるいはその複合による前処理を行う．減圧捕集の場合は，洗浄後行うが，減圧に伴い新たなガスの脱離などがある可能性があるので，清浄空気による洗浄と減圧を繰り返しておくことが望ましい．近年，極低濃度のフロン類などの有機汚染物質の捕集には，キャニスターと呼ばれる金属容器が使用されるが，この洗浄は専門の業者に依頼した方が間違いがない．なお，捕集容器は繰り返し使用されることが多く，メモリー効果による影響があるので，特に高濃度の物質の採取に使用した場合は洗浄に十分な配慮が必要である．

④ 試料採取：試料採取は一般的に下記のように各器材を配置して行う．また，試料採取時の気象要因などもできる限り記録しておく（気温，気圧は標準状態への換算に必須である）他，周囲の状況などもできる限り記録しておきたい．ディジタルカメラなどを活用するとよい．

・液体捕集
　　　試料大気 ─→ フィルター ─→ 捕集液 ─→ ポンプ ─→ 流量計
・容器捕集
　　　試料大気 ─→ ポンプ ─→ （流量計）─→ 容器
　　　試料大気 ─→ （流量制御装置：オリフィスなど）─→ 容器（あらかじめ真空にしておく）
・固相吸着（p.24「固相抽出」およびp.26「固相抽出-加熱脱離」参照）
　　　試料大気 ─→ フィルター ─→ 固相吸着剤 ─→ ポンプ ─→ 流量計
・自動測定機
　　　試料大気 ─→ フィルター ─→ 測定機

⑤ 流量管理：一部の濃度測定法を用いた自動測定機以外では，試料採取時の流量管理は精度維持のために重要である．定流量装置を用いることが望ましい．多く利用

表1 各種大気成分の

成分	捕集法	測定法	時間分解能
二酸化硫黄	溶液捕集	溶液導電率法	1時間
	直接捕集	紫外線蛍光法	1秒～1分
	溶液捕集	電量法	1秒～1分
	直接捕集	炎光光度法	1分
	溶液捕集	パラロザニリン法	1時間
	気固捕集	二酸化鉛法	1カ月
窒素酸化物	溶液捕集	ザルツマン法	1時間
	直接捕集	化学発光法	数秒～1分
	溶液捕集	ザルツマン法	1時間
	気液捕集	分子拡散法	1時間～1カ月
一酸化炭素	直接捕集	非分散赤外吸収法	1分
	直接捕集	ガス相関法	
	溶液捕集	定電位電解法	1分
オキシダント	溶液捕集	中性ヨウ化カリウム法	1分
（オゾン）	直接捕集	化学発光法	数秒
（オゾン）	直接捕集	紫外線吸収法	15秒
ベンゼン	容器捕集	ガスクロマトグラフィー／質量分析法	
トリクロロエチレン	容器捕集	ガスクロマトグラフィー／質量分析法	
テトラクロロエチレン	容器捕集	ガスクロマトグラフィー／質量分析法	
ジクロロメタン	容器捕集	ガスクロマトグラフィー／質量分析法	
ダイオキシン類	気固捕集	高分解能ガスクロマトグラフィー／質量分析法	
粒子状物質	沪過捕集	重量法(ハイボリューム法)	1日
	沪過捕集	重量法(ローボリューム法)	数日～1カ月
	直接捕集	光散乱法	1分～1時間
	沪過捕集	β線吸収法	1時間
	衝突捕集	ピエゾバランス法	1時間

される面積流量計は一般に管理が十分でないと思わぬ誤差を招くことになるので注意する．面積流量計は通常加圧状態で校正されているので，挿入位置に注意する（ポンプの前には入れないこと）．

⑥ フィルター：大気中のエーロゾル等の除去に用いるフィルターは，採取ガスとフィルターとの反応，フィルター上に捕集された物質との反応によるアーティファクトの原因となるので，選択には注意が必要である（表2）．

⑦ 保　存：基本的には，採取後直ちに分析することが望ましいが，やむを得ない場合には，冷暗所に保存することになる．しかし，試料はある意味で生き物であり，細心の注意を払っても鮮度は落ちることを覚悟する必要がある．また，高温高湿状態で容器に採取した試料は低温にすることにより結露する可能性があるので注意が必要である．

■ 参考文献
1)　環境庁企画調整局研究調整課環境測定分析法編集委員会編：観測測定分析法注解（全3巻），（社）

捕集法・測定法一覧

測定範囲	備考
$0\sim0.05$ ppm	環境基準
$0\sim0.1$ ppm	環境基準
$0\sim0.1$ ppm	
$0\sim0.1$ ppm	
$0.005\sim0.1$ ppm	
$0.0002\,SO_3\,mg\,d^{-1}\,cm^{-2}$	相対濃度法
$0\sim0.1$ ppm	環境基準
$0\sim0.1$ ppm	
$0.005\sim0.2$ ppm	
	相対濃度法
$0\sim10$ ppm	環境基準
$0\sim1$ ppm	
1 ppm$\sim$	
$0.01\sim0.2$ ppm	環境基準
$0\sim0.2$ ppm	
$0\sim0.5$ ppm	
$0.003\,mg\,m^{-3}$ 以下(年平均値)	環境基準:キャニスターまたは捕集管
$0.2\,mg\,m^{-3}$ 以下(年平均値)	環境基準:キャニスターまたは捕集管
$0.2\,mg\,m^{-3}$ 以下(年平均値)	環境基準:キャニスターまたは捕集管
$0.15\,mg\,m^{-3}$ 以下(年平均値)	環境基準:キャニスターまたは捕集管
$0.6\,pg\text{-}TEQ\,m^{-3}$ 以下	環境基準:ポリウレタンフォームエアサンプラー
	環境基準
$0\sim1\,mg\,m^{-3}$	環境基準:相対濃度法
$0\sim1\,mg\,m^{-3}$	環境基準
$0\sim1\,mg\,m^{-3}$	環境基準

　日本環境測定分析協会(発行:丸善)(1984).
2)　切刀正行,藤森一男,中野　武:ぶんせき,222-230(2001).

■ 引用文献
[1]　田中　茂:ぶんせき,59-60(1998).
[2]　酒井　馨,坂田　衞,高田芳矩:環境分析のための機器分析(第5版),p.77,(社)日本環境測定分析協会(1995).

2. 大気試料(air sample)―粒子状物質(particulate matter)

I 概　要

　大気中の粒子状物質は,さまざまな物質から構成されており,そのサイズも広範囲に分布している.一般に,その粒径分布は二山型(バイモダル)をしており,粒径2 μm以上の粒子を粗大粒子,2 μm以下を微小粒子と呼ぶ.粗大粒子は,一般に物理的な破砕などにより生成したもの,微小粒子は燃焼などにより生成した極微小粒子が

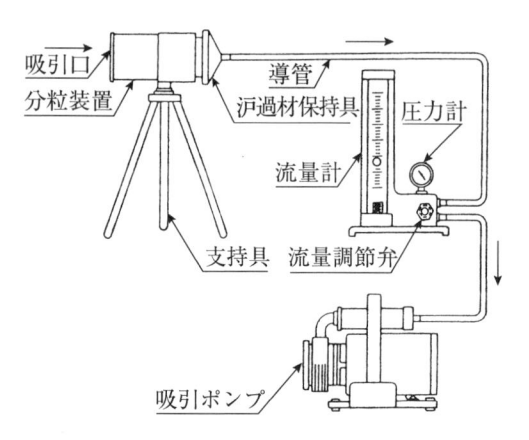

図5 ローボリュームエアサンプラーの構成例 (JIS Z 8814)[1]

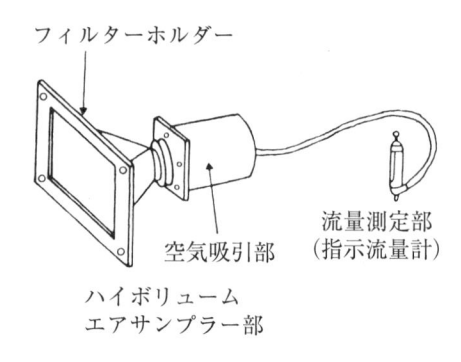

図6 ハイボリュームエアサンプラー（酒井ら，1995）[2]

凝縮するなどして生成したものが多い．また，固体だけでなく，液滴（ミスト）も含まれる．試料採取に当たっては，粒子全体の濃度を測定するのか，粒子中の元素や物質を分析するのかにより，留意点が大きく異なる．また，要求される時間分解能によっても，サンプリング法が異なる．さらに，粒径別に分割して捕集する場合など，目的によって機器，方法，捕集材などが大きく異なる点に注意する．

II 操　作

① 目的物質の性状，特性，観測目的の明確化，試料採取頻度の決定：基本的には，ガス状物質と同様であるが，粒子状物質はさまざまな元素，物質から構成される不均一系であることに留意する．活性の高い物質も含まれている可能性があり，捕集した試料内での反応，捕集した試料と周囲あるいは通過するガスとの反応など，さまざまなアーティファクトの可能性が高いことを考慮する．また，一般にガス状物質と異なり瞬時値は得られないことが多く，捕集時間内の平均像となるが，実際にはかなり変動していることにも留意しておく．

② 採取方法，捕集材の選択：採取方法，捕集材（沪過材）の選択に当たっては，測定目的として，元素あるいは有機物などの成分分析の有無，時間分解能，粒径別捕集の有無などを明確にしておく必要がある．一般的には，吸引流量と総吸引量とにより，ローボリューム，ミドルボリューム，ハイボリュームエアサンプラー（図5，図6）があり，目的により選択する．環境問題では，空気力学的粒径 10 μm 以下の粒子を浮遊粒子状物質（suspended particulate matter, SPM）として環境基準が定められているので，適応する分粒装置を併用する必要がある．捕集材として用いられる沪紙には，さまざまな種類があるので，目的に応じた選択が必要である．例えば，石英繊維沪紙は不純物が少なく，元素分析を行う目的には好ましいが，極めてもろく，サンプラーやシール材に付着してしまい，総重量測定の際に誤差となりやすい．一方，ガラス繊維沪紙は取り扱いやすいが，アルカリ性で酸性ガスを吸着しやすいなどの問

題がある．このため，目的によっては複数の沪紙を併用することも考慮したい．一般に使用されるフィルターの特性などを表2に示す．

③ 捕集準備，沪紙の洗浄等：粒子状物質は一般的には，沪紙による沪過捕集が基本であり，濃度は重量法によることが多い．したがって，使用する沪紙は，清浄な環境において各測定法に基づくコンディショニングを施す．環境基準では，温度20℃，相対湿度50％の環境で恒量とした後，0.01 mgの感度を有するてんびんで，0.1 mgまで精秤する．煙道などに用いる沪紙は，規定の温度での焼出しが必要である．もちろん，成分分析に用いる沪紙は，目的に応じた沪紙の選択と，場合によってはクリーンアップが必要である．

④ 試料捕集
・分粒器なし
　　試料大気 ⟶ 捕集材（フィルター等） ⟶ 流量制御装置 ⟶ ポンプ
・分粒器付き
　　試料大気 ⟶ 分粒装置 ⟶ 捕集材（フィルター等） ⟶ 定流量装置 ⟶ ポンプ

各エレメントの配置に注意．

⑤ 採取時の管理（流量管理については p.61 参照）：分粒器を用いる場合は，特に厳密な流量管理が必要である．フィルター上への捕集状況，天候（温度・湿度）などによりサンプリング系内の圧力は時々刻々変化しているので，面積流量計などでは正確な流量管理ができない．定流量装置が必須である．

粒子状物質の捕集時の捕集試料上におけるアーティファクトは避けられないので，可能な限り捕集面と試料採取時の外部環境との差を少なくすることが必要である（捕集時の気象要因等については，p.61 参照）．

⑥ 保　存：環境基準の測定法では，捕集した沪紙は温度20℃，相対湿度50％の条件で24時間以上放置した後，③に述べた条件で精秤する．環境基準把握のための試料はこの指針に従うが，粒子状物質中の元素や成分の分析が目的の場合には，アーティファクトにより試料が変質するおそれが大きいので，冷暗所で保存する．しかし，保存は極力避け，早急に前処理を施すことが望ましい．

■ 参考文献
1) 環境庁企画調整局研究調整課環境測定分析法編集委員会編：観測測定分析法注解（全3巻），（社）日本環境測定分析協会（発行：丸善）(1984)．
2) 切刀正行，藤森一男，中野　武：ぶんせき，222-230 (2001)．

■ 引用文献
[1] JIS Z 8814：1994(ロウボリウム　エアサンプラ)．
[2] 酒井　馨，坂田　衛，高田芳矩：環境分析のための機器分析(第5版)，p.69,（社）日本環境測定分析協会(1995)．

表2 浮遊粒子状物質捕集用

材 質	品名(メーカー)	孔径 (μm)	初期圧損[*1] (mmH_2O)
ガラス繊維	GR 100 R(東洋)		220
	GFV 010(日本ポール)	1.0	550
	T 60 A 20(Palleflex)		120
	TX 40 H 120 WW(Palleflex)		300
	PG-60(東洋)		250
石英繊維	2500 QAT-UP(Palleflex)		240
	QR 100(東洋)		280
ニトロセルロース	3 M 11403(Sartorius)	1.2	760
	A 300(東洋)	3.0	600
ナイロン	ポジダイン NPZ(日本ポール)	3.0	790
	ウルチポア(日本ポール)	3.0	760
ポリカーボネート	ニュクリポアー(NMS)	0.015〜12	
フッ素樹脂	AF 07 P(住友電工)		220
	WP-100(住友電工)		890
	T 300(東洋)	3.0	620
	PF 040(東洋)	4.0	160

* 1 ローボリュームエアサンプラーにセットして 20 L min^{-1} で吸引したときの初期圧損値.
* 2 47 mmϕ 10 枚の平均値.

3. 海水 (seawater)

I 概 要

　海洋は物理，化学過程，および生態系が複雑に関与しており，かつ各要素の時間的，空間的スケールは実に多様である．時間的スケールを見ても，微生物が関与する素過程は一般に数時間〜数日であり，一方海水の動きは数時間〜数千年と極めて長い．したがって，試料の採取に当たっては，観測の目的を明確にしなければ，貴重な試料が無駄になりかねない．また，海洋を含む水環境は従来考えられていた以上に，変化が激しい局面もあり，試料採取頻度および位置的な細かさへの配慮が重要である．また，陸水を含む水試料はさまざまな生態系を取り込むことから，その保存には一層の配慮が不可欠である．いずれにしても，すべての試料採取にいえることであるが，試料採取は迅速に，また極力保存，前処理を施さない方が好ましいことはいうまでもない．

II 操 作

　① 目的物質の性状，特性の把握，観測目的の明確化，試料採取頻度の決定：試料採取に当たって必要な目的などの基本的な検討事項は共通のものが多いので，p. 59

フィルターの特性一覧

初期圧損*1 (kPa)	吸湿性	質量*2 (mg)	成分分析	備考
29	○	0.1698	Zn, Fe	軽元素の分析には不適
73	○	0.1455	Ti, Zn の含有量多い	軽元素の分析には不適
16	○	0.0604		軽元素の分析には不適, TFE コーティング
40	○	0.0871	Zn の含有量多い, Fe	軽元素の分析には不適
33	○	0.1192	Fe, Zn	軽元素の分析には不適, PTFE バインダー
32	○	0.1405		繊維がはがれやすい
37	○	0.1337		繊維がはがれやすい
101	△	0.0698	S	もろく割れやすい
80	△	0.0777		もろく割れやすい
105	○	0.1101	Cl, Ti	
101	○	0.1085	Cl, Ti	
	○			
29	○	0.0690		薄く帯電しやすい
119	○	0.0467		薄く帯電しやすい
83	○	0.0472		薄く帯電しやすい
21	○	0.8047	Zn	

を参照．沿岸域と外洋では，特に微量元素，各種成分など大きく異なる点が多いので，およその濃度を見積もり，使用する捕集器材の材質，クリーンアップ法，器材の保存法を選択する．外洋においては，一部の元素および汚染物質の濃度は極めて低濃度であり，船上で試料の取り扱いには十分な注意が必要である．海水試料の採取には，一般に船舶を利用することになるが，限られたインフラを有効に使うためにも事前準備は十分にしておきたい．

② 採取方法，捕集材の選択：採水には，バンドーン（図7(a)），ゴーフロー（図7(b)）などの容器採水法とポンプを用いる方法がある．また，海水の基本項目（水温，電導度，pH，塩分など）の測定装置（CTD など）と採水器を組み合わせたオクトパス（図8）などが，海洋調査には広く使用されている．しかしながら，容器を用いた採水の場合は，持ち帰ることのできる海水量は限られているので，現場で濃縮捕集する場合も増えている．この場合には，捕集材の選択はもちろん，採水管の材質などにも十分な配慮が必要である．特に海水による腐食への配慮は欠かせない．

③ 捕集準備，容器の洗浄等：要求される検出感度は厳しくなる一方であり，容器あるいは捕集材の洗浄と保存は極めて重要である．実際に捕集に使用する器材と同様に取り扱うトラベルブランクなどを用意することも必要である．現場まで器材を運ぶ際の梱包（梱包材を含め）にも注意を払いたい．

④ 試料採取：バケツ採水や容器に直接海水を採取する場合は，採水する水で 2, 3

(a) バンドーン採水器　　(b) ゴーフロー採水器

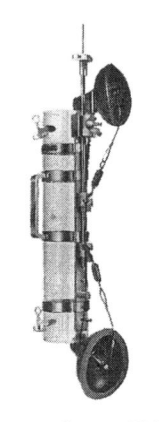

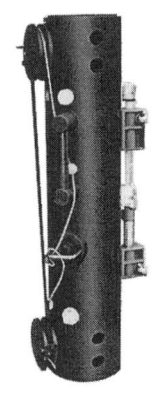

図7　採水装置の例

図8　オクトパスの例
上部に複数本の採水装置，下部に水質センサー，クロロフィルセンサーなどを備え，アーマードケーブルを通じてリアルタイムに水質を観測でき，船上からの指示により任意の深度で採水が可能．

回すすいだ上で採水する．保存容器いっぱいまで試料水を入れ，保存する場合は直ちに低温保存する．保存のための固定液などを注入する場合は，保存容器いっぱいまで採水し，注入量相当分を捨て，固定液などを添加して，直ちに十分かくはんした後，低温保存する．

　バンドーン，ゴーフローなどの採水器は採水位置までは開放系で容器内部は常に現場海水に接しているので，共洗いは必要ないが，高濃度が予想される層を通過した場合は，しばらく放置し，海水が十分に置換されてから採水する．採水器を船上へ回収した後の試料分配・保存は，前述の事項を遵守しながら迅速に行う．

　ポンプを用いた採水の場合は，海水取り入れ口から採水場所までの距離を考慮し，十分に採水海水との置換を確認した後に行う．

　極低濃度の元素分析は，船上での操作は何らかの影響が不可避であるため，海水中でサンプリングから分析までを一貫して行う特殊な装置を用いる必要がある．

　捕集時の海洋基礎項目はできる限り多項目を測定しておきたい．現在はセンサーを用いた多項目水質計測器が多数市販されているので，利用すると便利である．また，採水位置の海水状況を記録しておくことは，後日問題などが発生した場合に大きな参考となる．ディジタルカメラなどの活用も考慮するとよい（気がついた点を音声記録として記録するとさらによい）．

　⑤ 保　存：すべての試料に共通することであるが，保存は極力行わず，現場においてある程度までの処理をしておくことが望ましい．保存をする場合には，表3に従い，分析目的に応じて処理を施すこと．

表3 試料水の保存条件

測定項目	保存条件	試料容器
BOD, COD, TOC, TOD, SS 界面活性剤	0～10℃暗所	G, P
NH_4^+-N, NO_3^--N, 有機窒素, 全窒素	HCl または H_2SO_4 で pH 2, 0～10℃暗所 あるいは 0～10℃暗所(短日時)	G, P
NO_2^--N	クロロホルム 1 mL/試料水 1 L, 0～10℃暗所, あるいは 0～10℃暗所(短日時)	G, P
PO_4^{3-}-P, 溶存リン化合物	採水後, 速やかに沪過し, クロロホルム 5 mL/試料水 1 L, 0～10℃ または暗所, あるいは 0～10℃暗所(1～2 日)	G, P
全リン, リン化合物	H_2SO_4 または HNO_3 で pH 2, あるいはクロロホルム 5 mL/試料水 1 L, 0～10℃または暗所	G, P
ヘキサン抽出物質	HCl(1+1) で pH 4 以下	G
フェノール類	H_3PO_4 で pH 約 4, $CuSO_4$·$5H_2O$ 1 g/試料 1 L, 0～10℃暗所	G
シアン	NaOH 添加 pH 12, 0～10℃暗所 残留塩素を含むときはアスコルビン酸で還元した後に NaOH を添加	P, G
重金属	HCl で pH 1, ただし Hg は HNO_3 を添加 Cr(VI)：中性で 0～10℃暗所 As：前処理を要しないときは HCl で pH 1	G, P G G, P
細菌	0～5℃暗所, 9 時間以内	G
農薬(パラチオン, EPN, EDDP など)	HCl で弱酸性	G

G：ガラス瓶, P：プラスチック容器.

■ 参考文献
1) 半谷高久, 小倉紀雄：水質調査法（第3版）, p. 335, 丸善 (1995).
2) 日本分析化学会北海道支部編：水の分析（第4版）, p. 493, 化学同人 (1996).
3) 切刀正行：計測と制御, **40**, 268-273(2001).

4. 河川・湖沼水 (river water・lake and marsh water)

I 概　　要

　河川水は同一河川であってもその流域によって水質が大きく異なることが多い．特に都市域を流れる河川は，人為的な影響を強く受けており，自然活動の要因とさまざまな人為活動の要因が複雑に絡み合って，時々刻々変化している．したがって，河川水の調査を実施するに当たっては，調査の目的を明確にすることが肝要である．場合によっては，事前調査による概況を把握しておくことも必要となる．湖沼水は，一般的に河川水ほどの変化はないが，多くの湖沼が大なり小なり人為的な影響を受けてい

る上に，人為的な制御を受けている湖沼も多くなっているため，河川水同様に調査の目的の明確化，再確認が必要である．

II 操　　作

① 目的物質の性状，特性の把握，観測目的の明確化，試料採取頻度の決定：試料採取に当たって必要な目的などの検討事項は p.59 を参照．河川水は，気象要因や季節要因により大きな変動があり，そこに人為活動による変動が付加されている．一般的に，降雨直後は避ける場合が多いが，目的によっては降雨後（例えば，ゴルフ場からの農薬や廃棄物処理場・投棄場所からの汚染水の流出など）に採水する必要がある．採水地点の選択も重要である．すなわち，河川幅，流速，人工水路の有無，河口付近では海水の影響（深度，時間も加味）などの他，採水するための足場の確保も重要なポイントである（一般的には流心部がよいが危険な場所は避けなければならない）．

湖沼においては，採水場所（湖心，流出口，流入口）も重要な要因である．位置の確認は従来目視で行ったが，現在は GPS などにより正確な位置情報が得られるので，再現性の上でも活用したい（河川においても同様である）．また，湖沼では季節により成層が発達するなど循環状況にも配慮が必要である．

② 採取方法，捕集材の選択：採水には，バケツやバンドーンなどの容器採水法とポンプを用いる方法がある．採水が容易な場所では，保存容器に直接採水することも多い．また，ダイオキシンなど極低濃度な化学物質は現場で濃縮捕集する必要がある場合も出てきている．

③ 捕集準備，容器の洗浄等：要求される検出感度は厳しくなる一方であり，容器あるいは捕集材の洗浄と保存は極めて重要である．実際に捕集に使用する器材と同様に取り扱うトラベルブランクなどを用意することも必要である．現場まで器材を運ぶ際の梱包（梱包材を含め）にも注意を払いたい．

④ 試料採取：バケツ採水や容器に直接採取する場合は，採水する水で 2, 3 回すすいだ上で採水する．いったん保存容器いっぱいまで試料水を入れ，保存する場合は直ちに低温保存する．保存のための固定液などを注入する場合は，採水後に不要分だけ捨て固定液などを入れ，直ちに十分かくはんした後，低温保存する．

ポンプを用いた採水の場合は，試料水取り入れ口から採水場所までの距離を考慮し，十分に試料水の置換を確認した後に行う．

捕集時の水質基礎項目はできる限り多項目を測定しておきたい．現在はセンサーを用いた多項目水質計測器が多数市販されているので，利用すると便利である．また，採水位置状況を記録しておくことは，後日問題などが発生した場合に大きな参考となる．ディジタルカメラなどの活用も考慮するとよい（気がついた点を音声記録と同時に記録しておくとさらによい）．

⑤ 保　　存：すべて試料に共通することであるが，保存は極力行わず現場においてある程度までの処理をしておくことが望ましい．保存をする場合には，表3に従い，

分析目的に応じて処理を施すこと．

■ **参考文献**
1) 半谷高久，小倉紀雄：水質調査法（第3版），p.335，丸善（1995）．
2) 日本分析化学会北海道支部編：水の分析（第4版），p.493，化学同人（1996）．

5. 土壌（soil）

I 概　　要

　土壌・地下水汚染が環境問題としてとらえられ始めたのは比較的最近であり，土壌汚染対策法が成立したのは2002年5月である．土壌・地下水汚染は，地盤を構成する土壌・地下水および土壌間隙中の土壌ガスの汚染を総称したものとされている．土壌への汚染物質の侵入は，工場敷地内での漏出や，水路からの浸透，排気ガス中の汚染物質の乾性・湿性沈着，廃棄物処理場や地下タンクからの漏出などさまざまな経路が考えられ，その物質も多岐にわたっている．したがって，実態把握を含め，汚染調査法なども今後取り上げられる機会が増えるものと予想される．

II 操　　作

　1）調査の流れ　　土壌・地下水汚染調査は，その動機により3種に分類されており，それぞれその手順が示されている．すなわち，地下水汚染契機型（地下水の汚染が発覚したが，その汚染源がわからない場合），汚染発見型（ある敷地内で土壌・地下水の汚染が発覚した場合），現状把握型（ある敷地内における土壌・地下水の汚染の有無を把握しようとする場合）である．地下水汚染契機型においては広域調査を行うことによりまず汚染源の絞り込みを行った上で，次の調査に移行する．汚染発見型および現状把握型においては，調査目的の明確化の上で，次の調査に移行する．

　2）資料等調査　　資料等調査では，地形・水文地質構造，地下水汚染状況，汚染物質の利用状況，土地・地下水の利用状況，過去の事業活動などの基本的な情報収集，アンケート調査，聞き取り調査，現地調査を行い，土壌・地下水汚染発生の可能性を評価するとともに，汚染物質の移動に関する仮説を作成する．

　3）概況調査　　各汚染発生の可能性，汚染物質の移動に関する仮説を，表層土壌濃度，表層土壌ガス濃度，地下水濃度の測定値に基づいて検証し，対象地における汚染の発生およびその可能性の有無を判断するため，あるいは発覚している汚染の汚染源の平面的な位置を絞り込むために行う．

　① 表層土壌調査：表層土壌は，地表面を被覆しているコンクリートやアスファルトなどを剥離し，その下の土壌を移植ゴテ，スコップ，ダブルスコップ，ハンドオーガーなどを用いて採取するか，簡易式環境ボーリングマシンやバックホウで採取する．

　指針では，概ね1000 m^2 につき1地点で5地点混合方式により採取する方法が示さ

れており，この方法が基本となるが，各エリアにおける土壌汚染の可能性，土壌汚染の発生源となる施設の位置，汚染物質の移動経路などの特性を考慮して調査地点を決めることが重要である．

土壌の採取深さに関しても，地表面 15 cm 程度の表層土壌の採取が基本であるが，盛土前の旧地表面，地下タンク，地下ピット，地下配管など地表面以外からの汚染物質の侵入の可能性が認められる場合など，対象地の状況に応じた設定が必要である．

② 表層土壌ガス調査：揮発性有機化合物を対象とした概況調査では，表層土壌ガス調査を実施し，対象地における土壌汚染発生の可能性を判断するとともに，汚染が発生している可能性がある場合には，平面的な表層土壌ガス濃度分布を把握する．表層土壌ガス調査では，受動的ガスサンプリングと能動的ガスサンプリングがあり，それぞれ次のような方法がある．受動的サンプリングは，活性炭のような強い吸着剤を一定期間地中に埋設し，回収後室内分析する方法を用い，長期間の平均的な値を測定することを目的とし，フィンガープリント法とゴアソーバー法があり，検出器には質量分析法が用いられる．一方，能動的サンプリングは，鉄棒やボーリングバーなどを用い孔径 2～3 cm 程度，深さ 1 m 程度の調査孔に集まるガスをポンプで吸引し，測定する方法であり，直接分析法としては検知管法，ガスモニター法，現場ガスクロマトグラフ法が用いられ，捕集法としてヘキサン固定法，バッグ採取法，固相吸着法などによりサンプリングした後ガスクロマトグラフ法により分析する．

指針では，スクリーニングを目的とする場合のメッシュの大きさは，低感度法では 5 m 以下，中感度法では 20 m 程度，高感度法では 50 m 程度とされている．スクリーニング調査で相対的に高い表層土壌ガス濃度が認められた地点付近では，段階的にメッシュを細かく設定していきながら調査を行い，土壌汚染発生の可能性のある範囲やホットスポットを絞り込む．

4) 詳細調査 概況調査により表層土壌で汚染が判明した範囲および対象物質が浸透したおそれのある範囲等において，ボーリング調査を行い，土壌（地下水が採水できる場合には地下水を含む）について深度別に試料を採取・測定する．

① 調査地点の配置：概ね 1000 m² (25×25～50 m) につき 1 地点の密度で表層調査を実施する．ただし，事前調査により汚染のおそれのある場所が推定された場合，その場所を中心に密度を高め，さらに試料採取深度も検討しながら，調査を行う．

・概ね 1000 m² につき 1 地点で実施する場合：
① 採取方法は，基本的に図 9 に示す 5 地点混合方式を用いる．1 箇所につき，中心 1 地点および周囲四方位の 5～10 m までの間からそれぞれ 1 地点ず

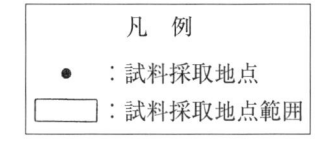

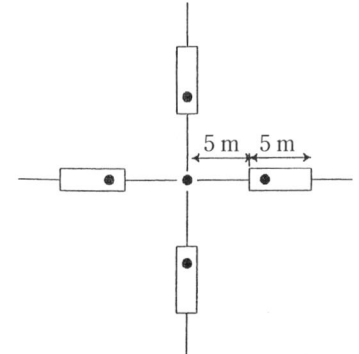

図9 5地点混合方式の参考例
(環境庁，1999)[2]

つ，合わせて5地点で採取する．ただし，施設の存在等により5地点の間隔が十分とれない場合には，その間隔を狭めて5地点から採取する．②5地点の土壌試料採取量は原則として100g以上とする．③サンプリング深度は，原則として地表面下15cmまでとするが，対象において盛土等を行っている場合や重金属等を含む廃棄物を埋め立てられたこと等が資料等調査で明らかな場合は，これらの結果を踏まえて設定する．④測定用試料の作成は，5地点で採取した5個の試料をそれぞれ風乾し，中小礫，木片等を除き，土塊，団粒を粗砕後，非金属製の2mmの目のふるいを通過させる．これによって得た5個の試料をそれぞれ同量ずつ十分混合し，試料が多い場合は縮分（JIS K 0060）を行い測定用の検体とする．なお，礫，木片等を多く含む土壌はその含有量を記録し，合わせて土性（粒径の異なる個々の土壌粒子の占める割合）の判定を行うとともに，土色（肉眼またはマンセル色票系等による）についても判定し，記録する．

・密度を高めて（25×25m未満）実施する場合：①土壌試料は混合せず，設定した1地点で採取する．②土壌試料の採取量は原則として500g以上とする．③サンプリング深度は前述と同様．④測定用試料の作成は，混合部分を除いて前述参照．

■ 参考文献
1) 環境庁：土壌・地下水汚染に係る調査・対策指針について（1999）．
2) 環境庁：土壌・地下水汚染に係る調査・対策指針運用基準について（1999）．
3) G.U.Fortunati, C.Banfi, M.Paturenzi：*Fresenius' J. Anal. Chem.*, **348**, 86-100(1994).

6. 食品（food）

I 概　　要

　食品中の汚染物や添加物等の分析は，得られた数値が法律に基づく取り締まりの根拠として使用される例が多い．したがって試料採取を含む試験法が法律（食品衛生法「食品，添加物等の規格基準」，公定試験法）や厚生労働省通知（通知法）により定められている場合は，それに従って行う．これらを取りまとめたものとして，食品添加物の規格基準については「食品添加物公定書」，食品中の食品添加物や汚染物の分析法としては「食品衛生検査指針」，「食品中の食品添加物分析法」がある．また日本薬学会編『衛生試験法・注解』，日本油化学会編『基準油脂分析試験法』，日本食品科学工学会編『新・食品分析法』なども広く標準試験法として使用される．この他，ビタミンの中には空気や光，金属との接触，また食品中に含まれる酵素により分解するものがあり，また農薬の中にも酵素により分解するものがあり，均一化操作中に分解が起こらないことを，標準品を添加して確認した方がよい．詳しくはそれぞれの公定試験法や標準試験法を参照されたい．

II 操　作

a. 加工食品

　食品検体からの試料の採取は可能な限り多く，かつ偏らない箇所から行うのが望ましい．通常可食部のみを試験対象とする．採取した試料は，細切，混合，さらにミキサーやホモジナイザーなどを用いて均一化する．この際，少量の水，あるいは最初の抽出溶媒を加えてもよい．

b. 農作物

　野菜類，特に葉菜類は水分の蒸発が著しい場合があるので，保存には水分の変化がないように密封して冷蔵庫あるいはフリーザーに貯蔵する．分析時に水分を測定し，生鮮時の水分を付記することも行われる．

　食用に供しないへた，つる，果梗，種子（種核）などを除いた可食部を試験に用いるが，水洗，剝皮，煮炊き，焼く，炒るなどの調理時に行う処理は，特に規定のあるもの以外は一切行わない．

　穀類，豆類および種実類は，420 μm の標準網ふるいを通るように粉砕する．果実，野菜は，検体約 1 kg を精密に量り，必要に応じて適量の水を量って加え，細切，混合，さらにミキサーやホモジナイザーなどを用いて均一化する．抹茶以外の茶は 100°C の水に浸し，室温で 5 分間放置した後，沪過する．

c. 食肉類

　肝臓および腎臓はそのまま，また筋肉と脂肪については，それぞれ他の部位をできる限り取り除く．食鳥卵は，殻を取り除く．可食部について 300〜500 g となるよう採取したものを 1 検体とする．採取した試料は，細切，混合，さらにミキサーやホモジナイザーなどを用いて均一化する．

d. 魚介類

　小魚類（体長約 20 cm 未満の魚）は，無作為に 10 匹を，中魚類（体長約 20 cm 以上 60 cm 未満の魚）は 5 匹，大魚類（体長約 60 cm 以上の魚）は 3 匹を選ぶ．その可食部（背，腹，尾部）から小魚類は約 30〜50 g ずつ，中魚類は約 60〜100 g ずつ，大魚類は約 100〜150 g ずつ採取したものを 1 検体とする．貝類および甲殻類は，可食部について 300〜500 g となるよう採取したものを 1 検体とする．

　採取した試料は，細切，混合，さらにミキサーやホモジナイザーなどを用いて均一化する．

■ 参考文献

1) 食品衛生研究会編：平成 14 年版食品衛生小六法，新日本法規出版（2001）．
2) 食品中の食品添加物分析法 2000（第 2 版），(社) 日本食品衛生協会（2000）．
3) 厚生省生活衛生局監修：食品衛生検査指針，(社) 日本食品衛生協会（1991）．追補 I（1993），追補 II（1996）．
4) 日本薬学会編：衛生試験法・注解 2000，金原出版（2000）．

7. 生体試料 (biological sample)—尿 (urine)

I 概 要

　尿は，患者に苦痛を与えず無侵襲で容易に多量に繰り返し採取でき，体内の過剰な物質や不要な代謝物が濃縮されて排泄されるため，尿中成分の変動から，腎疾患だけでなく各種代謝疾患の診断や治療効果の判定に重要な情報が得られる．しかし，尿成分は，食事や生理的変動の影響を受けて変動する範囲が広く，排泄経路による汚染や変化を受けやすいので，採尿の時間や保存にも注意が必要である．

II 操 作

　1) 尿の採取　採取時期により，随時尿，早朝尿，昼間尿と夜間尿，時間尿，24時間尿などが用いられる．

　① 随時尿は，初診患者をふるい分けるために実施される基本的検査に用いられる．通常，食後2時間以上経て，激しい運動をしないときに，最初の尿を捨て中間尿を採取する．

　② 起床直後の早朝第一尿は，pHが酸性に傾き，成分が濃縮されており，成分の保存がよいので最もよく用いられる．

　③ 心・腎疾患などでは，午前8時〜午後8時までの昼間尿と午後8時〜午前8時までの夜間尿とを別々に採取して，尿量や成分を比較する．

　④ 化学成分の定量には，24時間尿を用いる．午前8時に完全に排尿させ，翌朝8時までのすべての尿を，1〜3L入りの蓋付き蓄尿瓶やプラスチック袋に採取する．

　⑤ 腎機能を精査する目的で，特定の体内診断薬を投与し，一定時間後の尿を採取

表4　尿の防腐法

種　類	使用量	検査目的	備　考
トルエン キシレン	2〜10 mL/24時間尿	タンパク，糖，クレアチニンなど多くの化学検査	尿表面に薄膜ができ，空気を遮断する．ときどき混和する
ホルマリン(37%ホルムアルデヒド)	0.5 mL/100 mL	尿円柱や血球などの細胞学的検査	防腐力は強いが還元性があるので糖やウロビリノゲンの検査を妨害する
濃塩酸	10 mL/24時間尿	カテコールアミン，VMA，アミノ酸，ステロイド	尿pHを1〜3に維持する
炭酸ナトリウム 石油エーテル	5 g 10 mL/24時間尿	ポルフィリン ウロビリノゲン	ウロビリノゲンは酸性ではウロビリンに変化する．石油エーテルは空気を遮断する
チモール	0.1 g/100 mL	酸性ムコ多糖	尿表面に薄膜ができるようにする．17-ケトステロイドの測定を妨害する

してクリアランスを求めることもある．

2) 尿の保存　尿には細菌が繁殖しやすく，尿成分が変化するので，24時間蓄尿や長期保存では防腐剤を添加して採尿する．防腐剤は分析を妨害しないように目的に応じて選ぶ（表4）．冷蔵庫保存でも24～36時間は安定であるが，尿酸塩などが沈殿して細胞学的検査ができなくなる．

8. 生体試料 (biological sample) 一血液 (blood)

I 概　要

血液は，血球成分と液性成分からなり，これらの血球成分の量的変化や機能，液性成分濃度の変動を調べることにより，疾患の診断や病態の解析に役立つ．採血部位から毛細管血，静脈血，動脈血があり，検査目的に応じて全血，血漿，血清が用いられる．また，血液成分の多くは日内変動があり，食事や運動などによっても変動するので，通常，早朝空腹時に採血する．

II 操　作

1) 毛細管採血　血球計数，ヘモグロビン測定，ヘマトクリット測定，ビリルビン測定，血糖測定などに用いられるが，主に乳幼児が対象になる．

① 耳朶，指頭側腹部あるいは足底を摩擦か温めて血行をよくし，70％アルコール綿（消毒用アルコール綿）で消毒し，小刀，注射針またはランセットで2～3mm穿刺する．

② 最初の血滴を拭いとり，次の滴をヘマトクリット用あるいは太めの毛細管に流入させる．毛細管は束にして底にゴム栓を入れた試験管に入れて遠心し，血球層の上部の管を切断して血清を採取する．

2) 静脈採血　すべての検査に用いられる．手肢の表在静脈，通常，肘正中皮静脈を穿刺する．幼児では大腿静脈や外頸静脈から採血することもある．

① 上肢の肘窩を採血台にのせ，穿刺部位よりも5～10cm上方の腕を駆血帯で最低血圧に相当する圧になるように縛る（2分間以上圧迫すると血液組成が変化する）．被採血者に親指を中にして手を固く握ってもらい，静脈の怒張を確認し，穿刺部位の皮膚を消毒用アルコール綿で消毒する．

② 注射針を注射筒に接続し，動作を確認して内部の空気を完全に押し出す（最近は専用の真空採血管を用いることが多い）．針の切り口が上になるようにして，穿刺部位よりやや下方から15～30℃の角度ですばやく穿刺し，ゆっくりと針先を進め，静脈壁に当たる抵抗を感じたらすばやく刺す．血液の流入が確認できれば，針先を固定し，ゆっくりとピストンを引いて採血する．

③ 必要量の採血ができたら駆血帯を解除し，消毒用アルコール綿で注射針の刺入部を押さえながら注射器をすばやく引き抜く．真空採血管を用いる場合は，試験管内

表5 抗凝固剤

種　類	使用量	検査目的	備　考
ヘパリン	0.1～0.2 mg mL^{-1}	血球計数，ヘモグロビン，ヘマトクリット，血液ガスなど	抗トロンビン作用
NaF	10 mg mL^{-1}	血糖	エノラーゼを阻害
3.2%クエン酸Na	血液9容に1容 血液4容に1容	血液凝固・線溶系検査 赤血球沈降速度	血液と等張
EDTA 2 Na/2 K	1 mg mL^{-1}	血球計数などすべての血液学的検査	Ca^{2+}とキレート，血小板の保存がよい

の陰圧がなくなるのを待って引き抜く．抜き終えたら，消毒用アルコール綿を当てたまま腕を肘関節で強く曲げさせるか，指で押さえて止血させる．

3）採血後の処理　溶血すると検査に影響する．また，抗凝固剤が検査に影響することがあるので全血，血漿あるいは血清を間違えないようにする（表5）．

① 注射針にキャップをかぶせて注射筒から外し，試験管の管壁に沿って静かに注入する．

② 血漿：軽く5～6回傾倒して抗凝固剤と混和し，2000 rpmで約10分間遠心すると血漿が得られる．

③ 血清：抗凝固剤を加えず室温に20～30分放置すると血液が凝固するので，細いガラス棒で血餅を管壁から剥離させ遠心すると血清が得られる．血清分離剤入り試験管では，凝固後そのまま遠心すると血清と血餅の間に分離剤の隔壁ができて血清分離が容易になる．

4）除タンパク法　それぞれの定量法に適した方法を用いる．

① タングステン酸法：血液1容に7容の水を加えて溶血させた後，1容の10 g dL^{-1} $Na_2WO_4 \cdot 2H_2O$液を加え混合し，1容の1/3 mol L^{-1} H_2SO_4を振とうしながら徐々に加え，5分放置後に遠心する．尿素，クレアチニン，尿酸，アンモニアなどの定量に用いられる．

② トリクロロ酢酸法：5～10 g dL^{-1}トリクロロ酢酸9容に血液1容を徐々に加えて混和し，10分放置後に遠心する．カルシウムやリン酸の定量に適する．

③ 水酸化亜鉛法：55 mmol L^{-1} $Ba(OH)_2$液10容に血清1容を加え混和し，1分以内に77 mmol L^{-1} $ZnSO_4$液10容を加え混和し，5分放置後に遠心する．血糖の測定などに用いられる．

④ 過塩素酸法：0.3～0.6 mol L^{-1} $HClO_4$液9容中に血液1容を徐々に加えて混和し，10分放置後に遠心する．等モルのKOHを加えて低温放置し沈殿する$KClO_4$を遠心除去する．アンモニアや赤血球中間代謝物などが酵素を用いて測定できる．

9. 生体試料 (biological sample)—組織 (tissues)

I 概　　要

　組織に生じる器質的あるいは機能的変化を直接観察できるので，臨床的意義，特に病変が良性か悪性かを決定する意義が大きい．外科手術あるいは病理解剖で採取する臓器や組織片，針生検法や内視鏡直視下生検法などで採取される材料が用いられる．また，細胞診検査は，遊離細胞だけでなく，積極的に細胞を採取する手技が開発されて広範な領域に応用されている．しかし，採取された材料が病変部でなければ診断的な意味がない．採取操作，標本の作製や保存は目的に応じて多様である．

II 操　　作

　組織の採取法には，試験切除と手術による方法がある．
　1) 試験切除材料　　診断または病態の変化を検査するために，組織の小片を試験的に採取するもので，いくつかの採取法がある．
　① 切除生検：病巣が比較的小さい場合，病巣全体を摘出して検査する．腫瘍の場合，その全体を被膜とともに摘出する．
　② 切開生検：病巣の一部，腫瘍の場合は被膜あるいは腫瘍を切開してその一部を採取する．
　③ 試験搔爬：鋭利なさじで組織を搔爬する方法で，子宮内膜の採取に利用される．
　④ 鋏切生検：切除鉗子で組織表面から採取する方法で，内視鏡と組み合わせて，気管支，食道，胃，十二指腸，大腸，膵管，胆管，膀胱，子宮内膜などから採取す

表6　固定液と固定法

種　類	原理と使用例
アルデヒド類	アルデヒド基を介して分子間や分子内架橋を形成させてタンパクを不働化する．10％あるいは20％ホルマリン中1～48時間，4～8％パラホルムアルデヒド中4℃で1～24時間，1.5～4％グルタルアルデヒド中4℃で1～24時間
アルコール	組織の脱水とタンパクの沈殿による．抗原性の保持はよいが，組織の収縮や物質の拡散が起こる．エタノール：40％ホルマリン液：蒸留水(8/1/1)，エタノール：クロロホルム：酢酸液(6/3/1)，室温あるいは4℃で2時間まで
オスミウム酸	不飽和脂肪酸，タンパクのSH基，アミノ基，水酸基，アルデヒド基などを酸化的に縮合する．電子顕微鏡用にグルタルアルデヒド固定後に用いる．4℃で1～2時間
ピクリン酸	タンパクのアミノ酸側鎖間のイオン結合を形成する．免疫染色にアルデヒド類による固定とともに用いられる．室温で1～2時間
マイクロ波固定	マイクロ波による固定作用と固定液の浸透を加速させる．上記固定液を加えて電子レンジで15～20秒照射する
凍結乾燥法	組織を急速冷却し，減圧下で乾燥させ，包埋する
凍結置換法	組織を急速冷却し，アセトンやエタノールで脱水して包埋する

⑤ 針生検：肝，腎，リンパ節，前立腺などの実質臓器を穿刺して，組織片を採取する．

⑥ 捺印細胞診：試験切除によって得られた組織片の割面に，スライドガラスを圧着させて細胞の捺印された標本を作製する．

2) 手術材料 手術的に組織を摘出するもので，通常は固定液中で保存した後に標本を作製して観察する．電子顕微鏡，蛍光抗体法や酵素抗体法，遺伝子検査，培養やフローサイトメトリーなどで観察するときは保存法が異なる．術中迅速診断では，病変が炎症か腫瘍か，腫瘍であれば良性か悪性か，組織への浸潤の有無などを決定するために，手術中に病巣の一部を採取して迅速に凍結切片を作製して診断することも行われる．

3) 固 定 自家融解を回避し，構造を保存するために行う操作であり，浸漬固定が一般的であるが，環流・注入・蒸気・マイクロ波固定などがある．固定液の選択と固定時間が重要である（表6）．

10. 生体試料 (biological sample)―その他の体液 (other fluids)

I 概　要

胸水や腹水，関節液などの穿刺液は，腔壁の循環障害，栄養障害，炎症，がん浸潤などがあると多量に貯留する．脳脊髄液は，脳室とクモ膜下腔にあり，脳脊髄の機械的衝撃に対して保護しており，中枢神経系の代謝物の除去を行っている．また，血液-髄液関門により，髄液から血液への物質移行は容易であるが，血液から髄液への移行は制限されている．各種神経疾患，特に髄膜炎の診断に重要である．胃液，膵液，胆汁などの消化液は，分泌刺激試験とともに採取され，胃機能，膵機能，肝機能の検査に重要である．しかし，これらの検査は，患者への負担が非常に大きいことから実施の頻度は高くない．

II 操　作

穿刺液は，穿刺部位に穿刺針を刺して採取する．髄液の採取法には，腰椎穿刺（第三と第四腰椎の間腔），後頭下穿刺（第二頸椎棘状突起の上方）と脳室穿刺がある．消化液は口からゾンデ（管）を挿入して採取する．

a. 消化液の採取法

1) 胃液の採取 胃管は，外径4～5 mmのゴム管で，先端に小孔のある金属球がついたRehfuss管あるいは先端を閉じ側方に小孔がついたLevine式胃管を用いる．上端は三方活栓を介して20 mLの注射筒に接続する．

① 前夜夕食後から飲食せず，早朝空腹時に実施する．

② 温水で温めた胃管を被験者の口から嚥下運動を利用して押し込み，歯列から

55〜60 cm で胃底部に到達したら，空腹時胃液をすべて採取し，その後 10 分間隔で 3〜6 回，とれるだけ採取する（基礎分泌）．

③ テトラガストリン（$4\,\mu g\,kg^{-1}$）あるいはペンタガストリン（$6\,\mu g\,kg^{-1}$）を皮下注射し，その後 10 分間隔で 60 分間，とれるだけ別の試験管に採取する（刺激分泌）．

④ 採取された胃液の液量と酸度を測定し，基礎分泌および刺激分泌 1 時間の液量（$mL\,h^{-1}$），塩酸分泌量（$mEq\,h^{-1}$），最高酸度（$mEq\,L^{-1}$）を求める．

2） 胆汁の採取　　十二指腸ゾンデの挿入は X 線投影下に行う．

① 早朝空腹時にゾンデを 55 cm，さらに右側臥にして 65 cm まで嚥下させる．

② 仰臥位で骨盤部を高くしてサイホンを利用して胆汁を約 20 分間採取する（A-胆汁，胆管胆汁）．

③ 体温に温めた 25％硫酸マグネシウム液 40 mL を，徐々にゾンデから注入する．ゴム管の尖端をつまんで 1〜2 分待った後，試験管に入れる．

④ 刺激により出てくる暗黄褐色の粘ちょうな胆嚢胆汁（B-胆汁）を約 20 分間採取する．その後，希薄黄金色の肝胆汁（C-胆汁）を採取する．

3） 膵液の採取（セクレチン試験）　　刺激剤が異なるが胆汁採取と同様である．

① 検査前日にセクレチン 0.1 U を前腕皮内に注射し，15 分後に直径 1 cm 以上の発赤が生じるときは（アレルギー試験陽性），セクレチン試験を実施しない．

② ゾンデを 65 cm まで飲ませ，約 20 分間 30 mmHg 程度の陰圧で持続吸引して氷中で採液する．その後セクレチン 100 U を 1 分で静注し，注射後 10 分間隔で 60 分間別の試験管に氷中で採液する．

③ 採液後は直ちに流動パラフィンを重層して冷蔵庫に保存する（重炭酸塩は 24 時間安定）．液量，ビリルビン，pH，重炭酸塩，アミラーゼの測定を行う．

■ **参考文献**（「生体試料」に共通）
1) 金井　泉，金井正光：臨床検査法提要（改訂第 31 版），金原出版 (1998)．
2) 北村元仕ら：臨床検査マニュアル，文光堂 (1988)．
3) 伊藤機一，五味邦英編：臨床検査技師テキストシリーズ　検査管理総論／臨床検査総論，講談社サイエンティフィク (1989)．
4) 菅野剛史，松田信義：臨床検査技術学 9　臨床検査総論／放射性同位元素検査技術学，医学書院 (1998)．
5) 菅野剛史，松田信義：臨床検査技術学 5　病理学／病理検査学，医学書院 (2001)．
6) 星　和夫，鈴木敏恵：臨床検査学講座　臨床検査総論，医歯薬出版 (2001)．
7) 松原　修ら：臨床検査学講座　病理学・病理検査学，医歯薬出版 (2000)．

試料の溶解

1. 酸分解（acid decomposition）

I 概　　要
　水に溶解しない固体の無機物質は，室温や加熱条件下でいろいろな酸を用いて溶解する．また，固体の有機物質は，酸化性の酸を用いて加熱分解（湿式灰化：wet ashing）するか，あるいは試料を400〜700℃で加熱分解（乾式灰化：dry ashing）した後，無機成分残さを希酸に溶解し，分析試料溶液とする．

II 器具・試薬
　パイレックス製ビーカー；テフロン製ビーカー；白金製蒸発皿；パイレックス製時計皿；ホールピペット；ホットプレート；ガスバーナー；砂皿；三脚
　酸類：塩酸，硝酸，硫酸，過塩素酸，フッ化水素酸，過酸化水素など．

III 操　　作
　一般的な操作手順の例を塩酸による金属鉄の溶解について示す．
　① 試料1gをビーカーに量り取り，ビーカーの直径より約1cmくらい大きい時計皿をかぶせる．
　② 時計皿を少しずらし，その隙間から6 mol L^{-1}塩酸20 mLを静かに加える．
　③ ビーカーをホットプレート（あるいは砂皿）上に移し，穏やかに加熱する．このとき，塩酸が激しく沸騰して揮散しないように加熱温度を調節する．
　④ 試料の分解が終わった後，ビーカーをホットプレートから下ろし，時計皿を少しずらした隙間から硝酸2 mLをビーカーの壁に沿って加える．
　⑤ ホットプレート上でビーカーをさらに加熱して，試料を完全に分解する．
　⑥ 分解後，加熱を止め，ビーカーを冷却する．
　⑦ 時計皿に付着した溶液の飛沫を水で洗い，洗液をビーカーに入れる．また，ビーカーの内壁を水で洗い落とす．
　⑧ 得られた溶液をメスフラスコに移し入れ，ビーカーの内壁を純水で十分洗い，洗液もメスフラスコに入れ，分析試料溶液とする．
　⑨ 溶液の体積を少なくする，あるいは完全に乾固するまで溶液を蒸発させる必要

がある場合は，湯浴あるいはホットプレート上でゆっくりと蒸発させる．このとき，容器の縁に小さなU字型のパイレックス製ガラス棒を引っかけ，その上に時計皿をのせて，隙間ができるようにする．得られる蒸発残さに6 mol L^{-1}塩酸2 mLを加え，加熱溶解し，操作⑧のように分析試料溶液とする．

IV 解　説

濃塩酸は多くの金属（一般に，イオン化列で水素より上にある金属）や金属酸化物を溶解し，濃硝酸もほとんどの金属を溶解する．濃硫酸は多くの物質を溶解でき，また多くの有機物質を炭化し，酸化できる．王水（塩酸と硝酸の体積比が3：1）は酸化力が極めて強い．フッ化水素酸は主としてケイ酸塩の分解に用いられ，硫酸を加えて蒸発させると過剰のフッ化水素酸は揮散し，金属の硫酸塩が残留する．フッ化水素酸を使用する場合は，テフロン製ビーカーや白金製蒸発皿を用いる．過塩素酸は他の酸では溶解できないステンレス鋼や多くの鉄合金を溶解する．熱濃過塩素酸は有機物と爆発的に反応するので，有機物を酸化分解するときには，試料にまず濃硝酸を加えて加熱処理した後，少量の過塩素酸を注意深く加え，酸化が完全になるまで加熱する．また，乾燥した粉末試料や炭酸塩などの場合，急激な反応を避けるために，まず少量の水を加えて試料全体を湿らせた後，必要な酸を加えるように注意する．

■ 参考文献
1)　日本分析化学会編：分析化学便覧（改訂五版），pp. 40-173，丸善（2001）．

2. アルカリ溶解（alkali dissolution）

I 概　要

無機物質はアルカリ金属の水酸化物溶液やアンモニア水溶液，アンモニウム塩水溶液などにより，物質中の陰イオンを溶液化し，陽イオンを水酸化物や炭酸塩として溶解する．また有機物質は反応性のないものに分解したり，溶解する．

II 器具・試薬

テフロン製ビーカー；テフロン製時計皿；テフロン棒；水酸化テトラメチルアンモニウム（tetramethylammonium hydroxide, TMAH）；アンモニア水；水酸化ナトリウム；水酸化カリウム；ホットプレート；耐アルカリ性沪紙

III 操　作

TMAHによる有機物質（例：生体試料）の溶解について示す．

① 試料を0.1～1.0 g，テフロン製ビーカーに量り取る．

② 10～25％のTMAH水溶液を10～25 mL加え，内容物をテフロン棒で十分かき

まぜた後，ビーカーの直径より約1cmくらい大きいテフロン製時計皿をかぶせる．
③ ビーカーをホットプレート上に移し，65〜85℃で1〜2時間加熱する．
④ ビーカーを冷却し，未分解物が認められれば，耐アルカリ性沪紙（No.4）を用いて沪過し，不溶残さを取り除く．
⑤ 時計皿に付着した飛沫を水で洗い，洗液をビーカーに入れる．また，ビーカーの内壁を水で洗い落とす．
⑥ 得られた溶液を分析試料溶液とする．

IV 解 説

TMAHの化学式は $(CH_3)_4NOH$ で，水，アルコールに易溶であり，塩基性度は有機アルカリの中では最も強く，5%濃度でpH 13.7であり，水酸化ナトリウムや水酸化カリウムに匹敵する．生体試料をはじめ，金属，酸化物，ガラス類，土壌などを溶解できる．TMAH-アルカリ溶解は高温処理や酸分解で揮散しやすい元素に対して有効である．

多くの酸性酸化物（例えば，WO_3, MoO_3, V_2O_5, GeO_2 など）は水酸化ナトリウムや水酸化カリウム水溶液に溶解する．また WO_3, MoO_3 は濃アンモニア水に溶解する．アルカリ性溶液は窒化物に対して反応性が高く，50%水酸化カリウム水溶液で1時間煮沸すると，Si_3N_4, TiN, VN, BN, TaN などが十分に溶解し，AlN は完全に分解する．アンモニア水溶液は Ag^+, Cu^{2+}, Co^{2+}, Ni^{2+}, Cd^{2+}, Zn^{2+}, As^{3+} を含む沈殿物をアンミン錯イオンとして溶解する．水酸化ナトリウム水溶液は Pb^{2+}, Zn^{2+}, Sb^{3+}, Sn^{2+}, Cr^{3+}, Al^{3+}, As^{3+} を含むほとんどの沈殿物を溶解する．30%水酸化ナトリウムあるいは水酸化カリウム水溶液を加圧下で用いるとより効果的であり，また適当な錯形成剤を添加すると効果が増大する．アルカリ溶解操作はガラス製容器を損傷するため，テフロン製あるいはポリエチレン製容器を使用する．

3. 加圧分解 (pressure digestion)

I 概 要

酸分解が困難な物質を耐圧・耐薬品性密封容器中で加熱分解する．加熱により密封容器内部の圧力が上がり，酸が試料中に浸透して分解が促進される．目的成分の損失や外部からの汚染がなく，微量元素分析に有効である．

II 器具・試薬

電気乾燥器；テフロン製ビーカー
分解用密封容器：ステンレス製耐圧容器の内側にテフロン製容器をセットしたもの．
酸類：塩酸，硝酸，硫酸，過塩素酸，フッ化水素酸など．

III 操 作

堆積物試料の分解について示す．

① 図1の分解用密封容器（70 mL）に乾燥試料0.2 gを量り取り，少量の水を加えて試料を湿らせた後，混酸（HF 10 mL＋HNO$_3$ 4 mL＋HClO$_4$ 1 mL）を加え，テフロン製容器に蓋をした後，耐圧容器の蓋を密封する．

② 容器を電気乾燥器内に移し，140℃で4時間加熱する．

③ 容器を取り出し，室温にまで十分冷却する．

④ 耐圧容器の蓋を外し，内側のテフロン製容器の蓋をゆっくりと開け，分解溶液をテフロン製ビーカーに移し入れる．テフロン製蓋と容器内壁を水で洗い，洗液をビーカーに入れる．

⑤ 未分解物があれば，4％ホウ酸水溶液を10～20 mL加えてかきまぜると溶解する．得られた溶液を分析試料溶液とする．

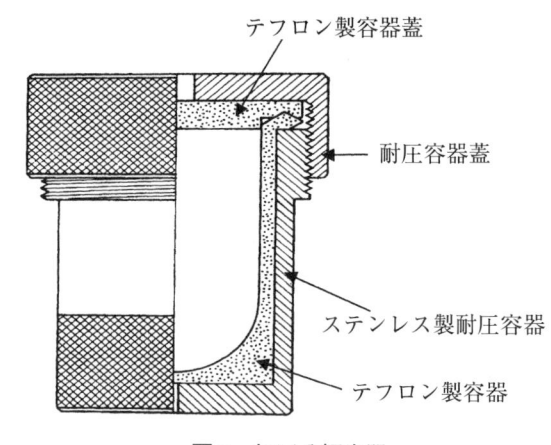

図1 加圧分解容器

IV 解 説

加圧分解では，まず外側の耐圧容器が加熱された後，熱伝導により内部のテフロン製容器が加熱され，試料と酸が温められて分解が進行する．これらには無機および有機の難溶解性試料を確実に分解できる利点がある．比較的多量の試料を分解する場合は，試料に分解用の酸を加え，室温で放置して予備分解を行った後，容器を密封し加熱分解する．また有機物を多量に含む試料は過塩素酸と爆発的に反応するため，硝酸を加えて予備分解した後，過塩素酸を加えるようにする．分解容器に入れる試料と酸の量は，容器容量の1/2以下にする．

テフロン製やTEM（テトラフルオロメタキシール）製容器を硬質プラスチック製外筒で覆った分解容器を用い，マイクロ波を数分から十数分間照射すれば，10気圧以下の低圧から80気圧以上の高圧で試料を酸分解できる．家庭用電子レンジあるいは専用のマイクロ波照射装置が用いられる．外部からの汚染がなく，再現性よく分解できるので，微量分析に対する試料分解法として，酸化物，耐火物，セラミックス，合金，岩石，有機物などの分解処理に適している．

■ 参考文献
1) 内田哲男：ぶんせき，9-15 (1986).
2) 日本分析化学会編：分析化学便覧（改訂五版），pp. 40-173，丸善 (2001).

4. 融解（fusion）

I 概　　要
　試料が酸に不溶であったり，部分的にのみ溶解する場合は，試料をいろいろな固体試薬（融剤）とまぜて 400〜1000℃ で加熱し，溶融した試薬を直接作用させて分解する．

II 器具・試薬
　白金るつぼ；磁製るつぼ；ニッケルるつぼ；るつぼばさみ（トングス）；三角架；三脚；ガスバーナー
　塩基性融剤：炭酸ナトリウム，水酸化ナトリウム，メタホウ酸リチウムなど．
　酸性融剤：硫酸水素ナトリウム，四ホウ酸ナトリウム，フッ化水素カリウムなど．
　酸化性融剤：過酸化ナトリウム，硝酸カリウムなど．

III 操　　作
　炭酸塩融解による土壌試料の分解について示す．
　① 微粉砕試料の 0.5〜1.0g を白金るつぼに量り取り，5〜8 倍量の炭酸ナトリウムと炭酸カリウムの混合融剤（1+1）を加えて，十分混合する．
　② るつぼに蓋をして三角架の上に乗せ，最初はガスバーナーの小さな炎で加熱する．
　③ バーナーの火力を強め，融剤が溶融する温度（750〜800℃）で 15〜30 分間強熱する．このとき，るつぼの口が少し開くように蓋をずらして加熱する．ときどきるつぼの蓋をるつぼばさみで挟み取り，融解の状態を観察する．融剤の一部がるつぼの内壁に固体のまま付着している場合は，その部分に炎を当てて溶かす．
　④ 分解が完了すれば，不溶物が認められず融成物全体が均一な溶液状態になる．
　⑤ るつぼをるつぼばさみで挟み，傾けながら回転させて融成物をるつぼの内壁に薄く付着させるようにして，冷却する．
　⑥ 固化した融成物に水を加え，るつぼを湯浴上で温め，ガラス棒などを使って融成物を崩してるつぼからはがす．またはるつぼをビーカーに移し，るつぼが浸るくらいに水を加え，ビーカーを湯浴上で温めながら融成物を溶かしてもよい．

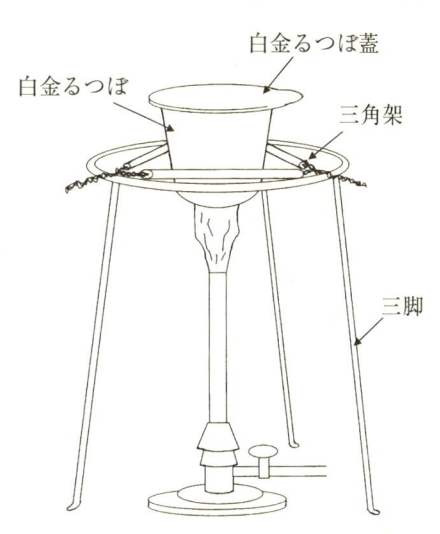

図 2　るつぼによる加熱

⑦ るつぼ中の溶液をはがれた融成物ごとビーカーに移し入れる．さらにるつぼ中の固形物を完全に溶解し，るつぼの蓋も水で洗い，洗液もビーカーに加える．

⑧ ビーカーに時計皿をかぶせ，使用した融剤量に応じて 6 mol L^{-1} 塩酸をビーカーの内壁に沿って少量ずつ加え，融成物を完全に溶解する．

⑨ 未分解物が認められれば，沪過して，沪液を分析試料溶液とする．

IV 解　説

分解する試料によって，使用する融剤と最適な分解容器を選択する必要がある．酸性酸化物やケイ酸塩には塩基性融剤が用いられ，塩基性物質には酸性融剤が用いられる．ある場合は，酸化性融剤が有効であり，混合融剤（2 種類の融剤を混ぜ合わせたもの）もよく用いられる．いずれの融解操作においても，分解容器が損傷されるため，容器材質によって試料が汚染されることに注意すべきである．

加熱温度は，加熱時のるつぼと融成物の色から判別できる．すなわち，淡暗赤色は 520℃くらい，暗赤色は 700℃くらい，赤色は 850℃くらい，輝赤色は 950〜1000℃くらいである．

■ 参考文献
1) 松本　健：ぶんせき，60-66（2002）．
2) 日本分析化学会編：分析化学便覧（改訂五版），pp. 40-173，丸善（2001）．

乾燥・調湿

1. 乾燥（drying）

I 概要

　固体の湿りは多くの場合付着水によるものであるが，抽出や再結晶用の溶媒によることもある．これらを取り除く操作，すなわち乾燥は大別すると乾燥剤による方法（調湿）と加熱による方法がよく用いられている．試料や試薬・器具の乾燥は分析操作の多くの場面で用いられている．加熱乾燥に用いる器具は多くの場合乾燥器や電気炉であるが，家庭用のホットプレートやヘアードライヤー・電子レンジなどが用いられることもある．これらの加熱装置は主に固体・粉体や器具の加熱や乾燥に用いられる．気体と液体の乾燥に加熱法が用いられることは少なく，多くの場合乾燥剤による．

II 操作

a. 乾燥剤による乾燥

　1）**乾燥剤**　　乾燥剤を用いた乾燥は気体および液体・固体試料に適応できるが，乾燥させる物質と乾燥剤の組み合わせが適切でないと効果が上がらないばかりか，かえって害になることがある．乾燥剤として用いることができる物質は吸湿性が強いことはもちろんであるが，乾燥速度が速いこと，乾燥容量が大きいこと，試料と反応しないこと，乾燥剤が簡単に除去できること，安価であること，再生可能であること，吸湿力の低下が簡単に確認できることなどの条件が要求される．特に試料との反応性を考慮した上で，使用目的に合った乾燥剤を選ばなければならない[1]．よく用いられる乾燥剤を表1に示す．表にはこれらの乾燥能力と適応物質も併記してある．

　一般的には，固体の乾燥に使えるものは気体の乾燥にも使うことができる．複数の乾燥剤を組み合わせて順次乾燥する場合は乾燥力が弱いものから使い始めなければいけない．また，乾燥剤と乾燥する物質の組み合わせには注意を払わなければいけない．表1にその一部を示したが事前に十分な調査が必要である[1,2]．

　2）**気体の乾燥**　　気体の乾燥に最も有効な方法は冷却して水分を凝縮させる方法である．表1下段に示すように低温度に冷却するほど乾燥効率がよい．例えば液体窒素で空気を冷却した場合，乾燥後の空気中の水分濃度は 1.6×10^{-23} mg dm^{-3} で，他

表1 よく使われる

乾燥剤	乾燥後空気中に残る水 (mg dm^{-3})	適応相
五酸化リン P$_2$O$_5$(s)	2×10^{-5}	気体・液体・固体
過塩素酸マグネシウム Mg(ClO$_4$)$_2$(s)	2×10^{-4}	気体・固体
水酸化カリウム KOH(融解物)	2×10^{-3}	気体・液体・固体
酸化アルミニウム Al$_2$O$_3$(s)	3×10^{-3}	気体・液体・固体
硫酸 H$_2$SO$_4$(l)	3×10^{-3}	気体・液体・固体
硫酸カルシウム CaSO$_4$(s)	4×10^{-3}	気体・液体・固体
酸化マグネシウム MgO(s)	8×10^{-3}	気体・液体・固体
シリカゲル(s)	1×10^{-3}	気体・液体・固体
水酸化ナトリウム NaOH(融解物)	0.16	気体・液体・固体
酸化カルシウム CaO(s)	0.2	気体・液体・固体
塩化カルシウム CaCl$_2$(s)	0.2	気体・液体・固体
モレキュラーシーブ(s)		気体・液体
冷却(液体窒素, −194℃)	1.6×10^{-23}	気体
冷却(エタノール-ドライアイス, −72℃)	0.012	気体
冷却(細氷-食塩, −21℃)	0.045	気体

のいかなる乾燥剤より強力である．ただ，液体窒素による冷却乾燥は空気や不活性ガスのような沸点の低い気体にしか用いることができないので制限は多い．気体を乾燥させるには乾燥剤を用いるのが一般的であるが，固体状の乾燥剤を用いる場合と液体の乾燥剤を用いる場合で相違がある．

① 固体の乾燥剤を用いる場合：固体の乾燥剤を用いて気体を乾燥するためには表1の乾燥剤を乾燥管や乾燥塔に詰めてこの中に気体を通せばよい．乾燥剤は顆粒状あるいは比較的粒度の大きなものしか使えないが，粉末状の乾燥剤，例えば五酸化リンなどはガラスウールにまぶして乾燥管に詰めると目詰まりを起こさず都合がよい．乾燥器の気体の入口と出口には乾燥剤の飛散を防ぐためにガラスウールを詰めておく．乾燥剤を容器に詰める場合は入口側に粗粒のものを詰め，出口側に細粒のものを詰めるとよい．本章では紙幅の関係で触れないが気体の流速と乾燥管の容量・長さと吸湿の段数の関係は重要で，十分に容量のある乾燥器を用いて小さな流速で気体を通さなければいけない．

乾燥器の最も簡単なものがいわゆる塩化カルシウム管（図1(a)）である．塩化カルシウムだけでなく水酸化カリウムやシリカゲル・モレキュラーシーブなどを詰めて用いる．U字管（図1(b)）は小さい空間でより広い吸収断面積を持つように作られている．U字管の両端に一方コックを備えているものが多く，使用しないときにコックを閉めておくと乾燥剤を長期保存できる．これらを大型にしたものが乾燥塔（図1(c)）である．径は3～10 cmくらいで100～1000 cm^{3}の乾燥剤を充填できるので，より大量の気体を乾燥することができる．

② 液体の乾燥剤を用いる場合：液体の乾燥剤で気体を乾燥するには洗気瓶が用い

1. 乾　燥

乾燥剤とその特徴

再生	適応性
×	塩基・ケトン・重合性物質など不可
×	ほとんどの物質可，特に気体
×	酸・アルデヒド・ケトン・エステルなど不可
○	ほとんどの物質可
×	塩基・ケトン・アルコール・フェノールなど不可
○	ほとんどの物質可
○	ほとんどの物質可
○	フッ素・フッ化水素を除くほとんどの物質可
×	酸・アルデヒド・ケトン・エステルなど不可
○	空気・アルコール用
○	酸・ケトン・アルコール・フェノールなど不可
○	合成ゼオライト，分子ふるい効果で水などの小分子を取り込む
×	空気・不活性ガス用
×	空気・不活性ガス用
×	空気・不活性ガス用

られる（図2）．液体の乾燥剤としてはほとんどの場合濃硫酸が用いられているが硫化水素の乾燥には使えない．洗気瓶は固体を充填した乾燥塔に比べると乾燥効率（洗浄効率）は低い．それは気体が硫酸中で球状の泡になり，接触表面積が小さいからである．洗気瓶はできるだけ小さな泡を発生させた方が乾燥効率がよいので，いろいろな形状のものが開発されている．気体の出口側に硫酸ミストを捕集するトラップや固体の乾燥剤を用いた乾燥塔を連続する場合もある．

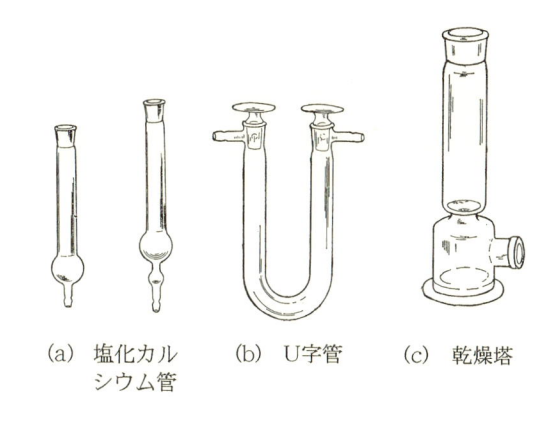

(a) 塩化カルシウム管　　(b) U字管　　(c) 乾燥塔

図1　固体の乾燥剤を用いたガス乾燥用器具

3) 液体の乾燥　液体の乾燥は蒸留や共沸蒸留・乾燥気体による乾燥などの連続操作が可能な方法がよく用いられているが，分析操作の中では乾燥剤による方法が操作が簡単で使いやすい．液体を乾燥剤で乾燥するには液体と乾燥剤を接触させればよいが，吸湿速度が遅いものが多いのでよく混合しなければならない．最も注意しなければいけないことは乾燥剤の選択である．一般の溶媒などについては乾燥剤の選択（表1）と使用方法についての記載が文献[2]に見られるので参考にしてほしい．

4) 固体の乾燥　水を含む固体を乾燥するには風乾や沪紙で挟んだりする自然乾燥法もあるが，こうした方法では付着水や結合水を完全に取り除くことはできない．より高度に乾燥するためには乾燥剤による方法や加熱乾燥法・凍結乾燥法を用いると

　　　　　　（a）Drechsel 型洗気瓶　　　　（b）Muencke 型洗気瓶
　　　　　　　　図2　液体の乾燥剤を用いたガス乾燥器具

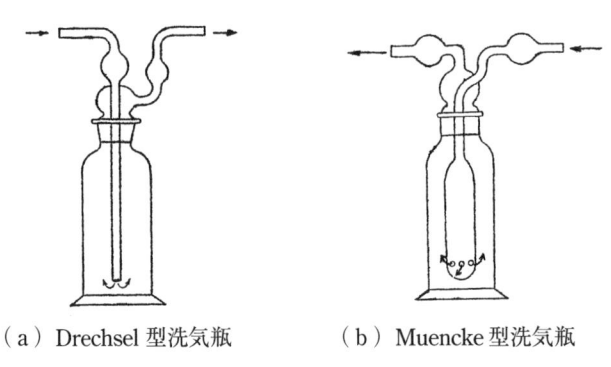

よい．
　① 乾燥剤で乾燥する場合：乾燥剤で固体を乾燥するにはデシケーターなどの容器中に適当な乾燥剤を入れ，ここに乾燥する試料を入れておくものである．デシケーター中に乾燥剤を入れるときには直接底部に入れないでシャーレなどに入れて用いるとよい．また，乾燥する固体試料はできるならば粉末状のものを薄く広げるようにしたほうが効率がよい．
　減圧できるデシケーター（真空デシケーター）は乾燥効率がよいが減圧状態が永続しないものが多いので，蓋やコックのすり合わせ部に塗るグリースは適切な硬さのものを選ばなくてはならない．真空デシケーターのコックを開けるときにはコックの口に沪紙の破片を当てておくとよい．沪紙片を押しつけながらコックを徐々に開け，沪紙片が吸い付けられるような状態で空気を入れるようにすれば，ほこりが入らず，誤って乾燥物を吹き飛ばすようなこともない．
　乾燥剤の選択は表1あるいは文献[2]による．
　② 加熱乾燥：加熱乾燥には乾燥温度によって以下の装置が用いられる．いずれも真空状態にできるものがある．
　・定温乾燥器：箱形で内容積 5～50 dm^3 のもので内部に 1～2 段の可動式の棚を備えている．設定できる温度は室温から 250℃で，温度の精度は 1～2℃程度である．乾燥室の下部に発熱体があるものが多いので上部の棚と下部の棚で 0.5～1℃程度温度が異なる．
　・送風定温乾燥器：前述の定温乾燥器に循環送風用のファンを取り付けたもので定温乾燥器に比べて温度精度（±0.1～0.2℃）がよい．
　・電気炉：箱型や筒型・るつぼ型などいろいろな形式のものがある．最高温度はカンタルスーパー線加熱で 1250℃，シリコニット加熱で 1450℃までである．
　試料を入れる容器は加熱温度で試料と反応しないものを選ばなければいけない．400℃以下ではガラス皿，磁器製皿，1100℃以下では磁器製るつぼや皿，1200℃以下ではアルミナるつぼあるいは白金るつぼを用いる．
　例えばケイ酸塩岩石や鉱物・土壌などの無機物を主成分とする物質の水分を取り除

くには，付着水（H_2O-）は110°Cで加熱，結晶水あるいは構造水（H_2O+）は500°C以上で加熱すればよい．表2に，ガラスビード蛍光X線分析法でケイ酸塩岩石の主成分と微量成分を分析する場合の検量用標準物質乾燥条件[3]を示す．これらの乾燥条件は，あらかじめ試薬を熱重量分析して求めたものである．乾燥は電気炉で，容器はアルミナるつぼを用いている．

b. 凍結乾燥

生体試料のように多量の水分を含む試料や水溶液試料の乾燥には凍結乾燥法が用いられる．試料を凍結後融解することなく減圧昇華して水分あるいは溶媒を取り除く方法である．凍結乾燥用の装置は，簡単なもので自作することも可能である．冷凍機や液体窒素で凍結させた試料を真空容器内に入れ，水が入らないようにトラップをつけた真空ポンプで減圧すればよい．分析試料の前処理用にデスクトップ型の簡単な真空凍結乾燥器が市販されている．

凍結乾燥法にはいくつかの優れた特徴がある．
① 低温で乾燥できるため熱による分解がほとんどない．
② 無菌状態で試料処理ができる．
③ 乾燥物の再溶解が極めて容易．
④ 泡立ちがないので試料の損失が少ない．
⑤ 乾燥物の組成が比較的均一．

装置は$-20 \sim -40$°Cくらいの冷凍機，各種の試料容器（$10 \sim 200 \text{ cm}^3$），真空ポンプおよび真空計からなる．

操作は極めて簡単であるが十分に低い温度で急速に凍結させること，また，手作り

表2 ケイ酸塩岩石のガラスビード蛍光X線分析用 検量用標準物質の乾燥条件

分析成分	試薬の化学形	乾燥温度(°C)	乾燥時間(h)
SiO_2	α-SiO_2	500	3
TiO_2	TiO_2 (rutile)	500	2
Al_2O_3	α-Al_2O_3	500	3
Fe_2O_3	α-Fe_2O_3	500	3
MnO	Mn_3O_4	1000	15
MgO	MgO	500	2
CaO	$CaCO_3$	500	4
Na_2O	Na_2CO_3	600	8
K_2O	KCl	600	3
P_2O_5	$Na_4P_2O_7$	500	4
Rb	RbCl	300	1
Y	Y_2O_3	300	1
Sr	Sr_2O_3	600	2
Zr	$ZrCl_2O \cdot 8H_2O$	210	1
Ba	$BaCO_3$	500	2
Zn	ZnO	400	2
Cu	CuO	500	2

表3 調湿剤の性能

濃度 (mass%)	硫酸水溶液 相対湿度(25℃)(%)	グリセリン水溶液 相対湿度(25℃)(%)	塩飽和溶液 相対湿度(25℃)(%)	
90	0.03	34	$CaCl_2 \cdot 6H_2O$	32
80	0.5	51	$K_2CO_3 \cdot 2H_2O$	42
70	4.4	64	$Na_2Cr_2O_7 \cdot 2H_2O$	52
60	17	74	$NaNO_2$	66
50	36	81	$NaCl$	76
40	57	87	NH_4Cl	79
30	75	92	$(NH_4)_2SO_4$	81
20	88	96	KCl	86
10	95	98	KNO_3	93

のバッチ式装置では凍結容器と真空装置の接続を手早く行うことが肝要である．また，試料の量に見合った容量のトラップを用いなければならない．

c. 調　　湿

調湿とは閉鎖環境内の湿度を一定にする操作である．前述の各種の乾燥操作も調湿操作の一つともいえる．調湿するためには適当な調湿剤を容器内に入れ，一定温度で保持すればよい．一定の湿度になるまで30分～1時間かかる．調湿剤には種々の濃度の硫酸水溶液やグリセリン水溶液・塩の飽和溶液が用いられる．表3にこれらの性能を示す[4]．

d. 実験器具の乾燥

ガラス器具の乾燥は洗浄，水切り後110℃の乾燥器中で加熱乾燥する．家庭用のドライヤーを用いてもよい．ピペット・メスフラスコなどの体積計は洗浄，リンス後，風乾する．体積計を加熱乾燥した場合は十分に室温まで冷却してから使用する．水で洗浄後アルコール・アセトン・エーテルなどで逐次乾燥する方法は迅速で簡単であるが，溶剤中の不純物が残留している可能性があるので水溶液用の体積計やガラス器具の乾燥には使わない方がよい．

■ **参考文献**
1) 日本化学会編：実験化学講座2　基礎技術 II，p.1，丸善（1956）．
2) 畑　一夫ら編：化学実験法，p.193，東京化学同人（1960）．
3) 中村利廣，万寿　優，佐藤　純，高橋春男：火山（第2集），**31**，15（1986）．
4) 日本化学会編：実験化学講座8　高分子化学（下），p.406，丸善（1957）．

粉 砕

1. 粉砕 (grinding)

I 概　要

　試料を分析するためにはこれを処理，計量しやすいように粉砕する必要がある．またX線分析（粉末），発光分光分析などでも試料は細かい方がよいし，試料を分解して溶液にする場合にも細かい方がよい．しかし粉末にすると，表面積が大きくなり試料中の水分やガスが失われるおそれがある．また，空気中で粉砕すると空気中の酸素と反応して酸化物になる場合もあり，粉砕器からのコンタミネーション*も考えておかなければならない．塑性物質，展延性物質，脆性物質といった物質の特性を考えて方法を選ぶ必要があり，生体試料などではドライアイスで冷却したり，液体窒素で冷却して粉砕する方法もある．岩石の標準試料を作る際には岩石の均一性を考え大きな岩盤を選び，その岩でウスとキネを作る．その岩石を粉砕し，コンタミネーションを妨いだ例もある．また，試料の目的に応じた量も考えなくてはならない．例えば岩石は鉱物の集合体であるから，その岩石が代表的試料になるためには十分な大きさが必要になってくる．ここでは岩石試料の粉砕を例として示すことにする．

II 器　具

　ハンマー；鉄製乳鉢（エリス乳鉢）および乳棒；めのう乳鉢および乳棒

（a）磁製乳鉢　　（b）鉄製乳鉢　　（c）めのう乳鉢

図1　乳鉢のいろいろ

---

* ここでは，汚染：外部からの異物の混入，コンタミネーション：操作中に起こり，避けることが難しい汚染，と区別した．

III 操　　作

① ハンマーなどで大きく割った岩石片を鉄製乳鉢と鋼の乳棒で砕く．このときは叩いて割っていく．

② ある程度の大きさになったら四分法で量を減らしていく．

③ めのう乳鉢に試料を入れ，同じめのう製の乳棒で押しつぶすようにして粉にしていく．このときは叩いてはいけない．

④ 目的に応じた粒度になるまで乳鉢ですりつぶす．

IV 解　　説

特に鉄を分析するような場合には鉄製の器具を用いないことが望ましい．鋼鉄の方が欠けてコンタミネーションを生じることがあるので，鉄製の器具を用いるなら軟鉄製のものを用いた方がよい．

めのう乳鉢は焼入れをしていないものを用いる．焼入れをすると硬くなるが，中に含まれている水分などのためにもろくなっていることがある．またのうは押す力には強いので押しつぶすようにする．めのう乳鉢では試料を叩いてはいけない．

また，空気酸化を嫌う場合にはアルコールで湿らせて細粉末にすることもある．

薬品などを細粉末にしたり2種の薬品を混合したりするために乳鉢を用いる場合は磁製，またはガラス製の乳鉢を用いてもよい．

■ 参考文献
1) 武者宗一郎，滝山一善：分析化学の基礎技術，共立出版 (1979)．

かきまぜ

1. かきまぜ (stirring)

I 概要

　固体試料を均一にするため混合するとき，溶液を均一にするなどの目的でかきまぜという操作を行う．分析化学では沈殿生成のとき溶液と沈殿剤がよく反応するようにかきまぜる．滴定操作などではビュレットから滴下した溶滴を，全体とよく反応させるためにかきまぜを行う．通常，ガラス棒を用いて手でかきまぜるが，マグネチックスターラーを用いて常に一定のペースでかきまぜることもできる．

II 器具

　ガラス棒；ビーカー；マグネチックスターラー；回転子（攪拌子）

III 操作

　沈殿の生成や滴定を行う場合，ビーカーの深さの1.5倍くらいの長さで外径3〜5 mmのガラス棒を用意する．これがかきまぜ棒である．

　① 沈殿を作る場合には沈殿剤をかきまぜ棒を伝わらせて溶液に加え，少量加えてはかきまぜ，反応が終了したら再び沈殿剤をかきまぜ棒を伝わらせて加え，かきまぜる．

　② かきまぜ棒はビーカーの注ぎ口のところへ斜めに立てかけ，時計皿でビーカーを覆う場合にも注ぎ口から出た状態にしておく．

　③ 沈殿を沪過するときは，ビーカーの注ぎ口からかきまぜ棒を伝わらせて沪紙上に移す．

　④ 滴定の場合には，かきまぜ棒を伝わらせて滴下を行うと静かに滴定ができる．上手になるとビュレットの先端から半滴の溶液をかきまぜ棒でとって滴定することもできる．

IV 解説

　ビーカーの大きさとかきまぜ棒とのバランスが大切で，小さなビーカーのときにはかきまぜ棒に細いガラス棒を用いる．あまり長いものを用いるとビーカーを倒してし

まうことがあるので注意する．

　沈殿の生成の場合，温度計で液温を測りながら沈殿を生成させることがあるが，温度計で液をかき回すことは避けるべきである．なぜなら温度計の球部を破損すると水銀またはアルコールが試料溶液に混入し，その後の実験操作ができなくなることがあるからである．

a. マグネチックスターラー

　マグネチックスターラーは回転する永久磁石と鉄片の回転子からなる．鉄片はガラスに封入されていたり，テフロンコーティングしてあったりする．

　スターラーは均一に回転し溶液を常に定速でかきまぜるという利点がある．操作には次の注意が必要である．

　① 必ず低速からスタートし適当な回転速度まで上げる．

　② 急に速度を上げると回転子が外に飛び出すことがある．

　③ 高速で回転するときには溶液中に渦ができ空気中の酸素を吸収するため，反応してしまうことがある．

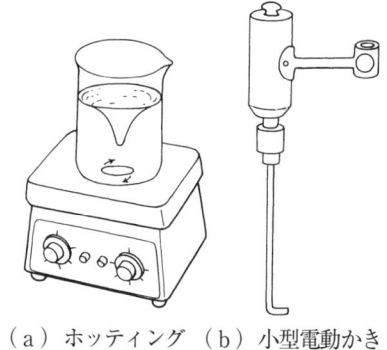

　なお加温しながらのかきまぜにはホットプレート付きのものがあり，スターラーの利用は密閉容器内でのかきまぜができるという利点がある．

（a）ホッティングスターラー　（b）小型電動かきまぜ機

図1　自動かきまぜ機

■ 参考文献
1) 武者宗一郎，滝山一善：分析化学の基礎技術，共立出版（1979）．

ふりまぜ

1. ふりまぜ (shaking)

I 概　　要
　溶液を均一にするためにメスフラスコ内の溶液をふりまぜたり，溶媒抽出の際に水溶液と有機溶媒をふりまぜ，目的成分を抽出するときに行う操作である．時に粉末試料を均一にするためや固体の粉末試料を混合するためにふりまぜることがあり，その際にはプラスチック容器に同じプラスチックの球が入っていて混合を助けるように工夫されている．ここでは分液漏斗による抽出について述べる (p.22「液液抽出」参照)．

II 器　　具
　　分液漏斗；漏斗台；有機溶媒；試料水溶液

III 操　　作
　① 目的に応じた分液漏斗の大きさを決める．
　② 球の上部にすり合わせの栓と空気抜きの穴があり，下部にはすり合わせの活栓がついており，溶媒抽出ではグリースを用いない，すりのよいものを選ぶ．
　③ 球部に試料を入れ，次いで抽出する有機溶媒を入れる．
　④ 上下のすり合わせを確かめ，空気抜きの穴をふさぐようにすり合わせを合わせる．
　⑤ 足の方を上にし球部のすり合わせをしっかり押さえる．
　⑥ すり合わせ部分を手で押さえ，上下に振る．
　⑦ 内部でガスが発生することがあるので，足を上にしたまま活栓を開いて内圧と外圧を等しくする．
　⑧ 抽出が終わったら球部を上にして漏斗台に静置し，液が分離するのを待つ．

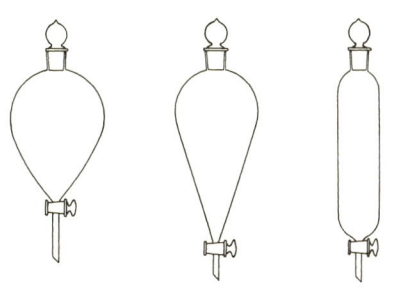

(a) 標準型　(b) スキーブ型　(c) 円筒型

図1　分液漏斗

IV 解　説

　ガス抜きの穴をふさぐ方向にすり合わせを動かし，必ず足を上にして抽出する．活栓を開けると溶液が多少出るが足の中のみでまたもとに戻る．内圧，外圧を等しくすることを忘れないようにしないと，分液のとき液が飛び散ったりするから注意を要する．

　分液するときには活栓部分の中央で2液を分離するように，活栓を作動する．球部の上のガス抜きの穴を空けるのを忘れないようにする．分液は原則として上は上から，下は下から出すと覚えておく．

　長時間ふりまぜる必要がある場合，あるいは分析操作で3分間ふりまぜるなど，時間を規定する必要がある場合にはシェーカー（分液漏斗ふりまぜ機）を用い，タイマーで抽出時間を一定にする．

　特殊な目的のためにはフラスコ（三角フラスコ）などをいくつも並べて水平に振とうするような装置，またこれを一定温度でするようなものもある．

■ 参考文献

1)　武者宗一郎，滝山一善：分析化学の基礎技術，共立出版 (1979).

ふるい分け

1. ふるい分け（sieving）

I 概　　要

　固体試料を大きさの揃った粒子にするとき，ふるいを使用する．ふるい目の開きは JIS 規格で μm で表されているが，従来のタイラー型のふるいは 1 インチ中の針金の数で表している．これをメッシュと呼んでいる．岩石の標準試料などは 100 メッシュと 200 メッシュの間に入るような粉末に調製されている．目の開きの異なったふるいを重ねて上部から試料を入れ，全体を振動させてある目の開きの間に入った分を試料とする．振動させてふるい分けする装置が市販されている．多くのふるいは網目が黄銅などでできているが，岩石試料など，金属によるコンタミネーションを防ぐためにはナイロン製のふるいを使用することもある．

II 器　　具

　ふるい（目的に適した目開きのもの）一式；振とう機

III 操　　作

　① 固体試料を粉砕する．
　② 下に目開きの小さいふるいを，上に目開きの大きいものを数段重ね，上から試料を入れる．
　③ ふるいを振動させる．
　④ 目的の粒度の部分を集める．
　⑤ 上の段に残った試料はこれをまた粉砕して操作を繰り返す．

IV 解　　説

　分析化学では固体試料は溶解し，溶液試料とする場合が多い．分解するためには細かい方がよいから，100 メッシュ以下など，メッシュ 100 を通ったものを集めることが多い．この場合一つのふるいを用いればよい．標準試料など

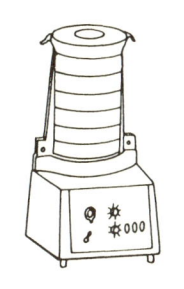

図1 標準ふるいと振とう機

では，粒度を揃えておくことが均一性確保のために必要であり，100メッシュ以下200メッシュ以上の間に入るものを試料とする．岩石鉱物などではあまり細粉になると成分に隔たりができることもある．

■ **参考文献**
1) 武者宗一郎，滝山一善：分析化学の基礎技術，共立出版 (1979)．

脱　　気

1. 液体の脱気 (degassing of liquid)

I 概　　要

　高速液体クロマトグラフィー（HPLC, p. 177 参照）においては，移動相溶媒中の溶存酸素の存在はポンプ内や検出セル内での気泡の発生につながる．電気化学的検出，屈折率検出あるいは紫外光領域における吸光度検出などにおいては，溶存酸素がバックグラウンドノイズの増大などを引き起こす．ゲル電気泳動用ポリアクリルアミドゲルの調製においても，その反応がラジカル重合で進行するため，反応溶媒中の酸素が反応効率を低下させる．このような場合，溶媒の脱気操作は必須である．

　方法としては，超音波処理による方法，減圧による方法あるいはアルゴンやヘリウムなど不活性ガスを通気させる方法などがある．HPLC の場合には気液分離膜を用いてオンラインで脱気できる装置（デガッサー）が市販されている．

2. 超音波照射／減圧による脱気

I 器具・試薬

　ガラス製容器：耐圧性があり，密閉性が確保できるもの．
　超音波照射器：市販の超音波洗浄器で可．
　水流あるいは循環式アスピレーター；シリコンなど耐溶媒性材質製の栓；ガラスまたはステンレス管

II 操　　作

　① 図1のように穴あき栓（なければ作る）に管を貫通させ，アスピレーターに接続する．
　② 溶媒の入った容器を超音波洗浄器に入れて振動させながら吸引し脱気する．
　③ しばらくすると小さな泡が出始め，その勢いがなくなったところでアスピレーターに接続しているゴム管か，ゴム管が接続している栓を容器口から外して終了す

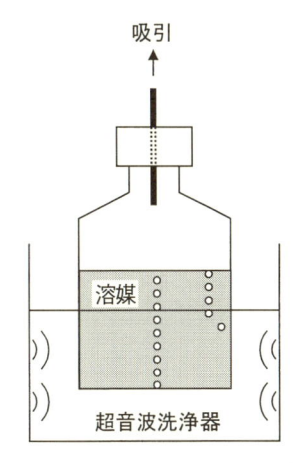

図1　超音波／減圧による脱気

る．

④ さらに吸引を続けると大きな泡が再び出始めるが，これは主に気化した溶媒である．

⑤ 栓を外して空気に触れた瞬間から空気の再溶解が始まるので，長時間使用する場合にはヘリウムなどの不活性ガスを常時少流量で通気する．

3. ヘリウム通気による脱気

I 器具・試薬
　ガラス製容器：耐圧性があり，密閉性が確保できるもの．
　ヘリウムガス；サクションフィルター

II 操　　作
① 図2のように栓にガス導入用の管，移動相取り出し用の管および排気用の管をそれぞれ貫通させる．排気用の管は，瓶の内圧を外部より少し高めに保って外気の流入をなるべく防ぐためにガラスキャピラリーなど細いものを使う．ガス導入用の管の先には，気泡が細かくなるよう，フィルターなどを取り付ける．また，気泡が移動相取り出し時に混入しないように上下位置をずらすなど工夫する（排気口を設けず，溶媒の消費に応じてヘリウム圧力を調整できる装置も市販されている）．

② 溶媒にヘリウムを通気させると，溶解している空気が追い出されて代わりにヘリウムが溶解する．ヘリウムは各種溶媒への溶解度がおしなべて低く，またその溶解度は温度に影響されにくい．事前に図1のような操作を行うとより効率的に脱気が行える．

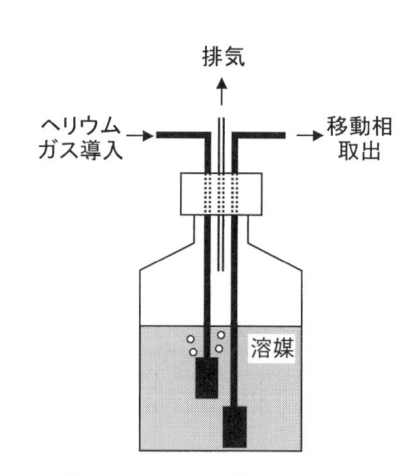

図2　ヘリウム通気による脱気

濃　　縮

1. 加熱濃縮法—ロータリーエバポレーター(concentration by evaporation with heating, rotary evaporator)

I 概　　要

　大量の溶媒中の成分を濃縮するにはいくつかの方法がある．単に加熱すれば溶媒の蒸発は促進されるが，試料によっては加熱に適さないものもある．温度をかけずに迅速に濃縮するには，減圧して溶媒の蒸発を促すことが有効である．このために，容器に試料を入れ，傾けて回転することで容器内表面に溶液の薄い被膜を作り（表面積を上げる），容器内部を減圧することで溶媒の蒸発を促す装置がロータリーエバポレーターである．このときに試料容器を加温することで蒸発を加速する．この操作を減圧加温濃縮という．減圧する圧力と容器の温度を調節することで幅広い溶媒を対象とすることができる．蒸発してきた溶媒は冷却管で凝縮させ，溶媒受け器に集める．

II 器　　具

　ロータリーエバポレーター；アスピレーター（水流式，または真空ポンプ）；ウォーターバス（水浴）

　器具の組み立て例を図1に示す．

III 操　　作

　① ロータリーエバポレーターを組み立てアスピレーターを接続する．
　② 試料フラスコの角度を設定する．
　③ クーラーに冷却水を流す．
　④ 水浴を所定の温度にする．
　⑤ 試料をフラスコに入れ，接続部を溶剤で洗浄した後取り付ける．
　⑥ 試料フラスコを回転させる．
　⑦ アスピレーターを作動させ，徐々にコックを開けて容器内部を減圧する．このとき溶存するガスが出て突沸することがあるので，ゆっくりと減圧する．気泡が出始めたらすぐにコックを戻し圧力を上げる．
　⑧ 試料フラスコを水浴に浸し徐々に温度を上げる．
　⑨ 所定の量まで濃縮したらコックを開けて内部を大気圧力に戻す．

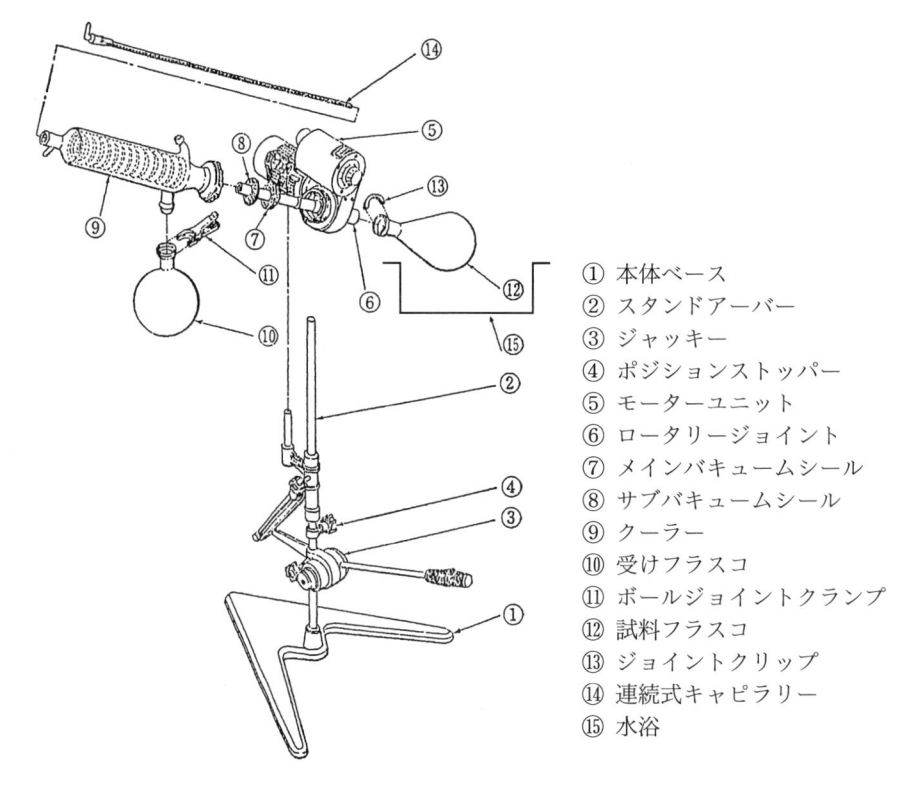

図1　ロータリーエバポレーター（東京理化器械）（阿南ら編，1974）[2]

① 本体ベース
② スタンドアーバー
③ ジャッキー
④ ポジションストッパー
⑤ モーターユニット
⑥ ロータリージョイント
⑦ メインバキュームシール
⑧ サブバキュームシール
⑨ クーラー
⑩ 受けフラスコ
⑪ ボールジョイントクランプ
⑫ 試料フラスコ
⑬ ジョイントクリップ
⑭ 連続式キャピラリー
⑮ 水浴

⑩ 試料フラスコの回転を止め，アスピレーターも止める．
⑪ 試料フラスコを水浴から出し，温度が下がるまで待って取り外す．
　ロータリーエバポレーターの組み立てや操作は機器メーカーの取扱説明書に従う．
　大量の試料を比較的小さなフラスコに濃縮したいときは操作⑤～⑪を繰り返し，試料液を追加することができる．

IV 解　説

　本法は非常に多くの溶媒に適用でき，迅速に濃縮できるが，減圧下沸点を下げて操作しているので，操作は慎重に行わなければならない．操作上の注意点は以下の通りである．

　① 減圧状態で溶媒を蒸発させるので，組み立て時に接続部分に傷をつけないよう注意する．
　② 水浴の温度とアスピレーターによる減圧は溶媒の沸点から適切に選択する．減圧しすぎると突沸し，試料が冷却部に吹き上がるので注意する．
　③ 試料が水やアルコールなどの水素結合の大きな溶媒のときは，突沸を防ぐために試料の量をフラスコ容量の1/3以下にする．
　④ ポリマー溶液など濃縮後に粘度が高くなる試料は大きい試料フラスコを用いる．

⑤ 泡立つ試料では適量のアルコールを加えて泡立ちを抑える．
⑥ 試料の液量が少なくなってくると真空度が上がり突沸しやすくなるので注意する．
⑦ 試料フラスコには円型またはナス型フラスコを用い，三角フラスコは用いない．
⑧ 蒸気圧が高い溶媒を濃縮しているときは操作場所を離れずしっかりと観察する．
⑨ 蒸発乾固の操作を行うときは，溶媒が少なくなったあたりで突沸し試料が冷却部に飛散することがあるので内部の圧力に十分注意しなければならない．
⑩ 溶媒受けのフラスコは溶媒の沸点に応じて冷却する，沸点が低い溶媒ではクーラーに冷水を循環させる，などで試料フラスコとの間に温度差をつける．
⑪ 排水基準項目の溶媒を濃縮するときに水流式のアスピレーターを用いると排水に溶媒がまざるので，溶媒受けのフラスコを十分に冷却するか溶媒トラップを用いるなどの注意をする．
⑫ 真空ポンプで減圧する場合にも溶媒蒸気がポンプ内に入らないよう，⑪と同様の注意を払う．

■ 参考文献
1) 日本化学会編：実験化学ガイドブック，pp. 131-133，丸善（1985）．
2) 阿南功一，紺野邦夫，田村善蔵，松橋通生，松本重一郎編：基礎生化学実験法2　抽出・分離・精製，pp. 118-121，丸善（1974）．

2. 不活性ガス気流 (concentration by evaporation with inert gas)

I　概　　要
溶媒を速やかに蒸発させるために不活性ガス（窒素）を溶媒に吹き付ける方法である．真空排気装置などを用いないため手軽に利用できる．少量の試料に適しており，溶媒中の比較的蒸気圧が低い成分を濃縮する際に用いられる．

II　器具・試薬
窒素ガス*；流量制御器
容器：試験管，遠心沈殿試験管，目盛付きスピッツ管など．
市販の装置では複数本の容器を加温しながら濃縮操作ができる構造になっている．

III　操　　作
窒素を吹き付ける操作を図2に示す．
① 容器に試料を入れ，窒素ガスを液面の数mm上から吹き付ける．このとき，液

＊ 窒素ガス以外のガスも使用できるが，ガス中の不純物が溶媒に溶解するおそれのない高純度ガスを用いること．

の飛散がないように流量を制御する．試料溶液とともに目的成分が若干蒸発する懸念があるときには出口に緩く石英ウールを詰めておく．

② 所定量まで濃縮したら，窒素ガスを止める．

IV 解　説

操作は簡単であるが，試料容器には試験管など首が長いものを用い，試料は底の部分に入れること．沸点が高い溶媒を室温で濃縮するには時間がかかるので加温すると時間を短縮できる．操作上の注意点は以下の通りである．

① 完全に乾固するときは溶媒がなくなった時点で直ちに窒素ガスの吹き込みを止める．

② 溶質は溶媒とともに蒸発することが避けられないので，濃縮を終えた後に定容するときには容器壁面に付着している分を十分に溶媒で洗い流すことが必要である．

③ 定容操作を行うには目盛付きの容器が便利である．

④ 濃縮率を上げるにはスピッツ管のように底面が細くなっているものを用いる．

⑤ 窒素ガスを吹き付けるノズルには使い捨てのガラス製ピペットなどを用いるが，試料容器の壁面に触れないように取り付ける．

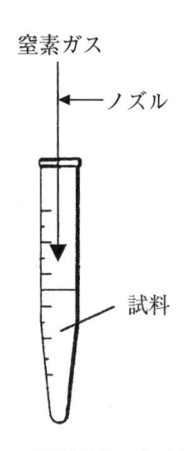

図2　窒素気流による濃縮

3. 冷 却 捕 集

I 概　要

濃縮を行う方法の中で，冷媒を用いて試料の蒸気圧を下げ，低温で凝縮させる方法である．気体中の揮発性成分を大量に集めたり，揮発性溶剤を捕集する際に用いる．冷却に用いる冷媒によって冷却温度が異なる．捕集剤は，濃縮管に充填し，熱伝達を助け，表面積を大きくするために用いられる．低温下では凝縮が支配的なので，捕集剤には不活性なものを選択する．吸着力が強い捕集剤を用いると加熱回収が速やかに行われなくなる．

試料溶液の温度をゆっくりと下げていくと，水の結晶が成長し，溶液中の溶質濃度が高くなり，氷点（凝固点）降下によってさらに凍りにくくなる．この効果を使って凍結濃縮を行う方法もあるが，本項で述べる方法とは異なる．

II 器具・試薬

ジュワー瓶；冷媒；捕集管；温度計；流量計

III 操　作

GC 用の捕集管の操作例を図 3～5 に示す．

3. 冷却捕集

① 捕集管にはヒーターを巻いた石英管を用いる．捕集管内には表面積を増加させるために石英ウールやけいそう土担体などを充填する．

② 捕集管の温度は熱電対を捕集管に直接取り付けて測定する．アルコール温度計は冷媒に直接挿入して温度を測定できるが，−100℃以下では使用できない．これ以下の温度では保護管入りの熱電対を用いる．

③ ドライアイスを用いる場合には，布でくるみ，砕いてジュワー瓶に入れる．これに少しずつ溶剤を加えてシャーベット状にして用いる．

④ ジュワー瓶に捕集管を浸し，試料を捕集管に通気して濃縮する．

⑤ 捕集管の出口側に流量計をつけ，試料の吸引量を積算する．

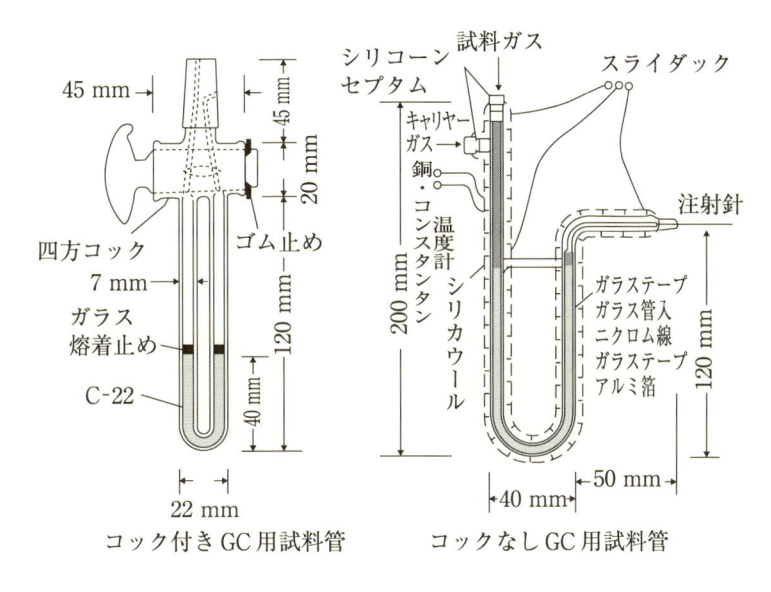

図3 GC用試料管（捕集管）(加藤ら，1984)[1]

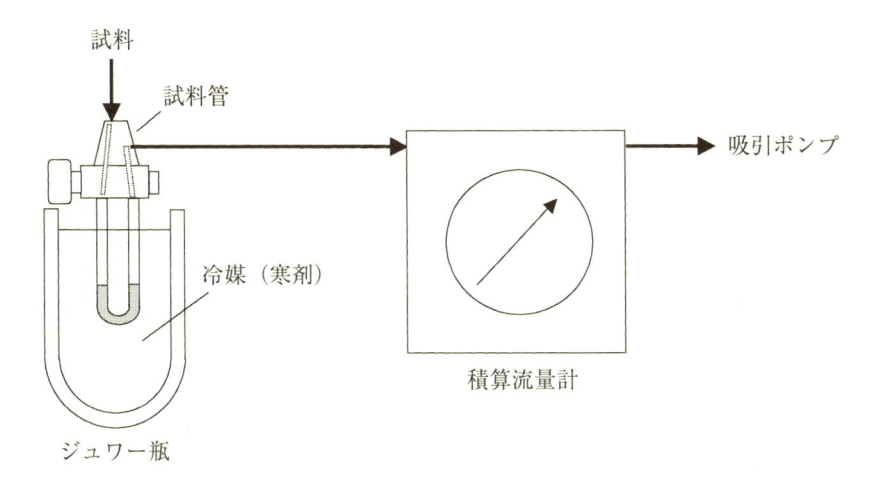

図4 冷却捕集時の接続例

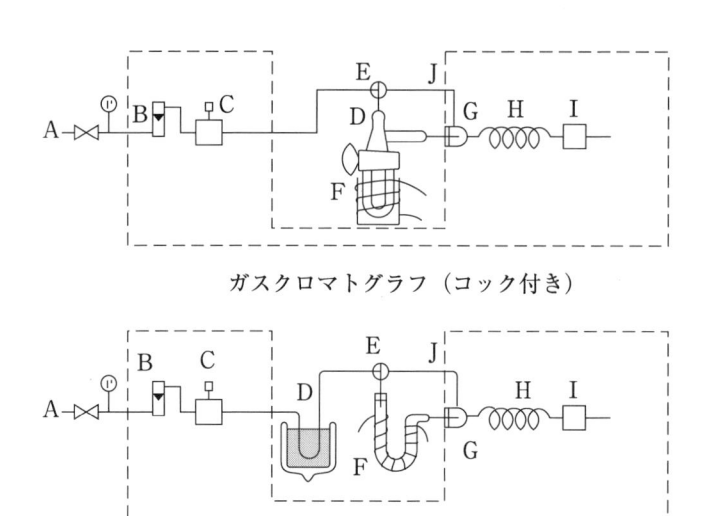

図 5 GC への導入フローの例（加藤ら，1984）[1]

A：窒素，B：流量計，C：流量調節弁，D：不純物除去管，E：三方コック，
F：GC 用試料管，G：試料導入路，H：カラム，I：検出器，J：バイパス流路．

⑥ 捕集が完了したら密栓し，捕集時の温度を維持する．温度が上がると揮発性の高い成分は気化して体積が3桁程度増加し，捕集管内部の圧力が高まり破裂の危険がある．

⑦ コック付き試料管では，分析の前に十分冷却した状態で，真空ポンプに接続後コックを開き，中の空気を排除する．

⑧ コックを閉じて取り出し，ガスクロマトグラフに装着する．

図5は参考として捕集した成分をガスクロマトグラフに導入する様子を示したものである．

IV 解　　説

冷却捕集は，気体試料を採取し，ガスクロマトグラフに導入するために用いる他，純ガス中の不純物を除いたり，同位体を測定する際に生成した二酸化炭素をトラップするなどの用途に用いられる．

各種の冷媒で冷却できる温度は，液体窒素：$-195.7°C$，液体酸素：$-183°C$，ドライアイス-アセトン：$-86°C$，ドライアイス-メタノール：$-77°C$，ドライアイス-エタノール：$-72°C$などである．ドライアイスは昇華点$-78.5°C$であるが，単独では熱の伝達が悪いので，砕いて溶剤にまぜて使用する．

液体窒素を用いると大気中の酸素・アルゴンを捕集するので，不都合な場合は液体酸素を用いる．

液体空気は，揮発減量するとともにその温度が上昇していくので適当ではない．

表1 冷却により捕集される気体成分

捕集管充填物 \ 冷媒	液体窒素	ドライアイス-アルコール
なし アルミナ	C_5（沸点 36°C）以上の物質 メタン（沸点 164°C，融点 −182°C）以上の物質，ただし酸素をも捕捉	
けいそう土耐火レンガ粉 ガラスビーズ	エチレン（沸点 −103（°C）以上の物質 沸点 −50°C以上の物質，水分が表面を覆っての効率低下あり	C_4（沸点 0°C）以上の物質 沸点 100°C以上の物質

溶剤にアルコールを用いると，徐々に大気中の水分を吸うので長時間の使用は避ける．

捕集管に詰める充塡物の効果を表1に示す．

操作時の注意点は以下の通りである．

① 冷媒が揮発すると窒息や引火のおそれがあるので換気のよい場所で作業する．

② 大気試料を採取するには，大気中に大量に含まれる水分を除かなければならない．水分の除去には無水炭酸カリウムや塩化カルシウムを用いる．また，大量の大気を試料とするときには，二酸化炭素も除く必要が生じる．

③ 捕集管内で凝縮すると試料が流れなくなるので，吸引流量の監視を行う．

④ 低温下での操作では冷媒（寒剤）や冷却された器具に直接触れると凍傷を起こす危険があるので寒剤や器具には直接触れてはならない．特に液体窒素や液体酸素を取り扱うときには皮製の手袋を用い，保護面，保護眼鏡，保護服を着用して作業する．液体酸素は有機物があると引火・爆発の危険性も高いので取り扱いには十分注意する．

⑤ 冷却捕集では試料と同時に空気も冷却されて，体積収縮し捕集管に残る．試料成分の沸点が十分高く，捕集量が少ない場合，前項の操作 ⑦ を行うことにより空気を真空（減圧）排気でき，室温に戻したときの破裂を防げる．

■ 引用文献

[1] 加藤龍夫，石黒智彦，重田芳廣：悪臭の機器測定，p.36，講談社（1984）.

温 度 調 整

1. 恒温 (constant temperature)

I 概　　要

　恒温操作とは，分析の対象となる試料を一定の制御された温度条件に保つことである．試料の温度を制御しながら段階的に変化させる操作（温度プログラム）を含む．定量および定性分析実験においては，実験条件を制御し，常に同一の条件に保って分析操作を行うことが，信頼性の高いデータを提供する上で絶対条件である．中でも温度は反応の平衡および速度に大きな影響を与えるため，温度を制御して分析する必要がある．液体クロマトグラフィーやガスクロマトグラフィー，熱分析などがその典型例である．また，原子吸光分光法や原子発光分光法，質量分析などにおいては，試料を一定温度に加熱する必要があり，X線結晶回折においては極低温から高温まで温度を制御して測定する例もある．分析操作などに先立つ試料の前処理においては，温度を制御しながら灰化，溶解，分解，乾燥，化学反応などを進めるケースが多い．分析機器を用いる分析においては，その分析装置に付属する専用の装置を用いて温度が制御されるため，本節では主に試料前処理に用いられている一般的な恒温装置について解説する．

　恒温に保つ大きさはマイクロチップスケールから実験室内までと広範囲であるが，本章では紙面の都合により実験室や作業室スケール以上の温度制御については省略する．制御する温度領域は，絶対零度付近から概ね3000℃程度までであり，高温（100〜3000℃），中温（0〜200℃），低温（数K〜室温）と大まかに分類できる．それぞれの温度範囲に合わせた恒温装置が必要となる．制御する温度の精度は目的によって異なるが，コンピュータを用いるPID制御によって対象試料の容量が小さい場合，低〜中温領域において，±0.1℃以下の精度で温度を測定することも可能である．

　恒温装置は基本的には，恒温浴槽（恒温槽），温度測定部，温度制御部，および加熱・冷却部からなる（図1）．基本となる恒温操作は以下の通りである．

　① 温度を制御したい対象物を浴槽内に認置する．
　② 浴槽内の温度を温度センサーによって測定し，結果を電気信号として制御部に送る．
　③ 温度センサーから送られてくる電気信号をもとに，浴槽内の温度が設定温度と

等しくなるように，加熱，あるいは冷却装置の動作を制御する電気信号を発信する．

④ 温度制御部からの電気信号をもとに，加熱装置あるいは冷却装置を動作する．

II 装置・器具

恒温浴槽，温度測定部，温度制御部，加熱・冷却部が一体となった恒温装置が市販されており，使用目的に合った恒温装置を購入できる．希望する仕様の装置も発注できるが，各部を購入あるいは自作し，実験に最適な装置を製作することも可能である．

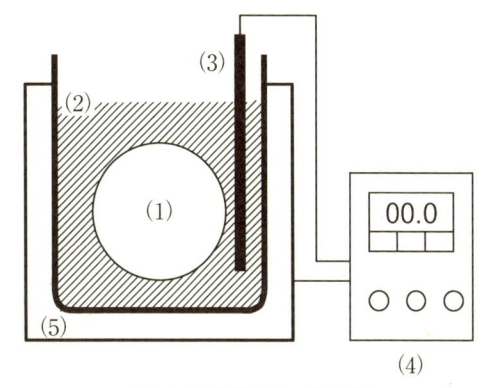

図1 恒温装置の概略図
(1) 対象物，(2) 恒温浴槽，(3) 温度測定部，
(4) 温度制御部，(5) 加熱・冷却部．

a. 恒温浴槽

1) 空気浴槽 主にステンレス鋼製の容器である．高温の場合，石英，アルミナ，黒鉛製容器などを用いる．媒体に活性ガス（酸素や水素）を用いる場合，浴槽内壁を耐性のある材質とする．電気炉，定温乾燥器，カラムオーブン，クライオスタットなどがある．

2) 溶液浴槽 ステンレス鋼やガラス製の容器と媒体で構成される．媒体として，シリコーン油などの溶剤（80°C以上），水（0〜80°C），アルコール-水混合液，金属塩水溶液など（0°C以下）を用いる．超低温の場合，液体窒素や液体ヘリウムを用いる．恒温水槽，オイルバス（油浴）などがある．

b. 温度測定部

恒温浴槽内の温度を測定し，その結果を電気信号として温度制御部に送る．一般に温度センサーと呼ばれる．熱電対は1K〜2400°Cの広い範囲の温度を測定できる．測温抵抗体は，精密測定に適する．白金抵抗温度計（-200〜500°C）が汎用されている．サーミスタは，-60〜150°Cの範囲で使われる．感温部の小さなセンサーを作成できる．その他に，電源のオン・オフのための，固体膨張センサーや液体膨張センサーがある．

c. 温度制御部

温度センサーからの測温結果を受け，加熱あるいは冷却装置を制御する．最も単純なオン・オフ制御方式から比例制御（P）法，微分制御（I）法，積分制御（D）法などがある．現在，マイクロコンピュータを用いるPID制御方式が汎用されている．この方式によって制御の精度が向上し，多彩な温度プログラムを組むことが可能になった．温度調節器を購入する際には，温度センサーの出力信号，温度範囲，加熱・冷却装置の制御動作方式と精度，出力信号などに留意する．最近は比較的安価でPID

制御温度調節器を入手できる．

d． 加熱・冷却部

1） 加　熱　　抵抗発熱体を用いて高温（400〜3000℃）に加熱する．合金発熱体は1500℃以下，純金属発熱体は2400℃以下，非金属発熱体（炭化ケイ素，カーボン製発熱体など）は通常1800℃，最高3000℃で使用する．ステンレス鋼製外装のシースヒーターなどを用いて，中温（室温〜400℃）領域を制御する．

2） 冷　却　　室温以上の制御には，空冷や水冷を利用する．−80℃〜室温領域では電動圧縮冷凍機あるいはペルチェ効果に基づく電子冷却機を用いる．極低温の冷却には，冷凍機や液体窒素，液体ヘリウムを用いる．中〜低温用の装置には，ヒーターと冷凍機を併用する．

e． 恒温装置

上述した各部を組み合わせ，多種多様な恒温装置を製作できる．これらの中で，現在市販されている代表的な装置を表1にまとめた．

III 操　作

温度を制御する対象物の種類や温度領域などによって用いる恒温装置が異なり，個々の装置によって具体的な操作法が異なるので，使用する装置の取り扱い方法に則って装置を操作する．多くの場合，恒温装置の取り扱いは複雑ではなく，購入した製品の取扱説明書を熟読すれば操作可能であるが，以下の点に配慮する必要がある．

表1　恒温装置の種類と特徴

装置名	媒体	温度領域	加熱・冷却方式，特色
電気炉 （マッフル炉，管状炉，るつぼ炉）	ガス （空気，不活性ガス，酸化ガス，還元ガス），真空	室温〜 3000℃	抵抗発熱体加熱 （Ni-Cr系：1000〜1200℃， Fe-Cr-Al系：1100〜1400℃， W：2400℃，Mo：1800℃， Ta：2200℃，SiC：1700℃， $MoSi_2$：1800℃，ランタンクロマイト：1800℃，黒鉛：2000〜3000℃） 空冷 昇温速度が遅い
赤外線加熱炉	ガス，真空	室温〜 1500℃	赤外線ヒーター 昇温速度が速い
定温乾燥器 カラムオーブン	空気，真空	−80〜300℃ 室温〜300℃	シースヒーター，冷凍機，電子冷却機
冷蔵・冷凍庫	空気	−50℃〜室温	冷凍機，電子冷却機
クライオスタット	ガス，真空	−270〜 1000℃	ヒーター，冷凍機，液体ヘリウム，液体窒素
油浴 恒温水槽	油，有機溶媒，水，塩溶液，不凍液	〜300℃ −50〜150℃	シースヒーター シースヒーター，冷凍機

① 高温や極低温の状況で制御するときは，安全に十分注意を払う．
② 化学反応の制御や熱力学定数の測定などでは，制御する温度の精度を向上させ，槽内の温度分布をできるだけ均一に保つために，恒温槽内部の媒体をかくはんする，あるいは循環させる．
③ 温度を制御する対象が発熱や吸熱する場合，あるいは外部の温度変化の影響を受けやすい環境で装置を使用する場合，媒体の容量や熱容量に気を配る．

IV 解　説

a. 電気炉

マッフル炉，管状炉，るつぼ炉などがある．室温から最高で3000℃（黒鉛炉）の温度領域で使用できる．一般的には2000℃以下の装置が多い．最近はPID制御によって精度が向上するとともに，昇温，冷却の多様なプログラムを組むことができる．用いる発熱体の種類によって，最高温度，昇温速度，使用可能なガス環境の状況が異なるので注意を要する．製品を購入するだけでなく，発熱体と断熱材が一体となったモジュールヒーターを組み合わせ，温度センサーと温度調節器とともに炉を作製できる．

b. 赤外線加熱炉

現在のところまだ理化学機器として汎用されてはいない．電気炉と比べ，昇温速度が速いことが特色である．

c. 定温乾燥器，カラムオーブン，冷蔵・冷凍庫

最高で300℃，最低で−80℃程度の恒温器があり，加熱，乾燥，保存などの目的で利用されている．加熱源（ヒーター）と冷却源（電動ファン，冷凍機あるいは電子冷却機）を併用し，PID制御によって精度よく温度を制御できる．

d. 油浴，恒温水槽

媒体の熱容量が大きいため，試料を均一にかつすばやく恒温にすることができる．高温での制御や，大容量の媒体の制御においては，媒体自身が恒温になるまでに時間を要する．恒温水槽には，循環式と浴槽式があり，循環式は外部の浴槽内の水を恒温にすることができる．

e. クライオスタット

一般的な冷却機としての汎用性はないが，X線回折などの分析化学測定に加え，低温における物性研究などに広く利用されている．低温だけでなく，1000℃近い高温にまで広い範囲の温度を制御できることが特色である．

■ 参考文献

1) 日本化学会編：実験化学講座2　基本操作II（第4版），p. 97，丸善（1990）．
2) 日本化学会編：実験化学ガイドブック，p. 119，丸善（1984）．
3) 日本分析化学会編：分析化学実験ハンドブック，p. 3，丸善（1987）．

2. 冷却 (cooling)

I 概　　要

　分析操作や回折に先立つ試料の前処理において，いろいろな場面で冷却を必要とする操作がある．例えば，紫外可視吸収スペクトルや赤外吸収スペクトル，NMR，X線構造回折などの測定時における試料の冷却，Ge半導体検出器などの検出器の冷却，あるいは試料の反応の制御，乾燥，再結晶，濃縮，抽出などである．

　冷却を必要とする操作においては，目的に応じた適切な冷却器具や装置を準備する．これらの冷却器具や装置の冷却原理には，高温側から低温側（空気や水）に熱が自然に流れることを利用した放熱による冷却，各種冷媒を用いた冷却（冷却浴），冷凍機やペルチェ効果を利用した電子冷却機を用いる電気的な冷却などがある．ここでは冷却方式や各種冷却器具・装置に関し，一般的に解説する．

II 器具・装置・冷媒

　物質などを冷却する方式には，低温の媒体を用いて冷却する方式と電気機器を用いる冷却方式がある．このような冷却に用いられている一般的な器具・装置を表2にまとめた．

a. 媒体による冷却

　電動ファンなどを用いて空気の流れを起こし，その空気流によって冷却する，あるいは，水ポンプまたは水道を用いて水を送り，その水を用いて冷却する方法は，高温の対象物を冷却する方法として，最も簡便なものである．

　室温以下への冷却には，冷媒を入れた冷浴を用いる．保温材付き容器，真空引きしたガラスあるいはステンレス鋼製のジュワー瓶，熱伝導性の低い発泡スチロールなどを冷媒の容器として用いる．代表的な冷媒を表3にまとめた．ドライアイス，液体窒素，液体ヘリウムなどを用いたクライオスタットなどの冷却装置もある．

表2　冷却に用いられる装置・器具

装置・器具	冷却源	到達温度
電動ファン	空気	室温
水流ポンプ，水道	水	室温
低温恒温器	冷凍機，電子冷凍機	$-100°C$程度
冷凍冷蔵庫	冷凍機，電子冷凍機	$-50°C$
低温恒温槽	冷凍機，電子冷凍機	$-100°C$程度
投げ込みクーラー	冷凍機	$-100°C$程度
クライオスタット	液体ヘリウム，液体窒素，ドライアイス，冷凍機	数K，77K
真空凍結乾燥器	冷凍機，液体窒素	$-100°C$程度
冷浴	冷媒（表3参照）	$-270～0°C$

表3 冷媒

媒　体	到達温度(°C)	媒　体	到達温度(°C)
氷	−0	ドライアイス	−78.5
氷＋22.4%NaCl	−21.2	ドライアイス＋エタノール	−72
氷＋40.3%NaBr	−28	ドライアイス＋アセトン	−88
氷＋39%NaI	−31.5	液体窒素	−196
氷＋41.2%CaCl$_2$	−54.9	液体窒素＋イソペンタン	−160
氷＋20%NH$_4$Cl	−15.8	液体窒素＋トルエン	−95
氷＋50%エタノール	−30	液体ヘリウム	−269

b. 電気機器を用いる冷却

代替フロンなどの冷媒を圧縮機と凝縮器を用いて冷却する電動圧縮冷凍機，あるいはペルチェ効果を利用する電子冷却機を冷却源として利用する．これらを冷却源とする冷却装置として，低温恒温器，冷却冷蔵庫，低温恒温槽，投げ込みクーラー，クライオスタット，真空凍結乾燥器などがある．投げ込みクーラーを除いては，どちらの冷却源を用いた装置も購入することができる．一般的な装置の到達温度は−100°Cから5°C程度である．冷凍機を用いて4Kまで冷却できるクライオスタットもある．低温恒温槽を0°C以下で使用する場合，浴槽内あるいは循環用の媒体として不凍液あるいは低融点有機溶媒（エタノール，融点−114°C）などを使用する．

c. その他

X線回折における試料冷却などの特殊な用途に限られているが，冷却した窒素やヘリウムを試料に吹き付けるガス吹き付け冷却装置がある．ガスの冷却には，冷凍機を用いる方式と，液体窒素や液体ヘリウムを用いる方式がある．

III 操　作

多くの場合，冷却装置・器具の取り扱いは複雑ではなく，購入した製品の取扱説明書を熟読すれば操作可能であるが，以下の点に配慮する必要がある．

① ドライアイスや液体窒素，液体ヘリウムを用いる場合，安全に十分注意を払う．特に密室では取り扱わず，換気に留意する．

② 冷媒や不凍液として揮発性の高い有機溶媒を用いる場合，冷凍機などの電気機器による発火に注意する．

IV 解　説

a. 空気や水道水による冷却

簡易かつ安価である．室温以下に冷却することはできない．高温の試料の冷却に適する．

b. 冷浴による冷却

媒体の熱容量が大きい，試料との接触面積が大きい，試料との間の熱伝導性が高

い，直接的な電力を必要としない，などの利点がある．冷却目的に合わせた冷媒を選択しなければならない，氷やドライアイスが減少するため長時間の冷却に適さないなどの問題がある．温度の安定化や冷媒の寿命を延ばすために，断熱やまわりから冷媒への凝結水の混入を防ぐ必要がある．液体窒素や液体ヘリウムを用いて冷却する場合，空気中の酸素が凝結して冷却トラップなどに溜まることがあるので，十分にその取り扱いに気をつける．

c. 冷凍機による冷却

広い温度範囲の冷却が可能である．小型装置から大容量の冷却にまで適用できる．冷凍機本体から離れたところでの冷媒の冷却も可能である（投げ込みクーラー）．冷媒が循環する配管などの劣化を防止し，冷媒が漏洩しないように注意する．

d. 電子冷却機による冷却

完全に電子式の冷却方式である．冷媒を必要としない．小型化が容易であるため，分光光度計のセルの冷却などにも利用できる．ただし，試料の冷却効率を上げるには，冷却機と試料との接触面積を増大させるなど，効率的な熱のやりとりを工夫する必要がある．電子冷却機は，電流の向きを逆にすることによって加熱器としても利用できるため，利用の範囲が広い．電子冷却機を用いた冷却装置は$-10℃$程度までの能力の装置が主流であり，冷凍機を用いた装置の方がより低温まで使用できる．冷凍機および電子冷却機のどちらもヒーターと併用することによって，正確にかつ精度よく温度を制御しながら試料を冷却することができる．

■ 参考文献

1) 日本化学会編：実験化学講座2　基本操作 II（第4版），p. 122，丸善（1990）.
2) 日本化学会編：実験化学ガイドブック，p. 122，丸善（1984）.
3) 日本分析化学会編：分析化学実験ハンドブック，p. 6，丸善（1987）.

3. 加熱 (heating)

I　概　要

分析操作や分析に先立つ試料の前処理において，加熱操作を伴うことが多い．例えば，分析操作においては，試料の分解，蒸去（熱分析），元素の原子化・イオン化（原子発光・吸光分析法）やクロマト分離（ガスクロマトグラフィー，超臨界流体クロマトグラフィー，液体クロマトグラフィー）であり，前処理においては試料の灰化・分解・溶解，化学反応の促進，成分の分離のための浸出や抽出，蒸留，溶媒の蒸去，試料の乾燥などである．したがって，加熱する温度領域が広く，加熱する試料の種類，形状が多様である．そのため，加熱装置や器具および手法もさまざまなものがある．ここではそれらの中の代表的なものについて記す．本節では紙面の都合もあり，原子発光・吸光分析などの分析操作における加熱は省略する．

加熱方式は大きく二つに大別できる．一つは，加熱用の熱源に試料を直接接触させ

ることによって加熱する，あるいは外的要因によって試料自身を発熱させる直接加熱法である．もう一つは，熱源と試料の間の空気や水などの媒体を介して熱を伝える間接加熱法である．

II 装置・器具

加熱に汎用されている器具を表4にまとめる．

a. 直接加熱方式

① 直接加熱方式の熱源として最も古典的なものが，アルコールランプやガスバーナーなどである．現在は電気的に加熱する器具が主流である．

電気的な加熱器具は，ニクロム線などの抵抗発熱体（ヒーター）を熱源とし，これを加工したものである．非被覆平面状ヒーター（電気コンロ）の上に耐熱性天板をのせたホットプレート（最高500°C程度），ヒーターを塩化ビニル（80°C）やシリコーンゴム（200°C）で被覆した線状ヒーター，ガラス繊維（400°C）やステンレス鋼（800°C）などで外装し，帯状に加工した帯状ヒーター（リボンヒーター）や面状ヒ

表4 汎用されている加熱器具

加熱方式		装置等	熱源，誘起源	加熱媒体
直接加熱	熱源	ガスバーナー アルコールランプ ホットプレート マントルヒーター リボンヒーター 投げ込みヒーター 電子加熱機	火 抵抗発熱体 （被覆，非被覆） 電熱ヒーター 電子加熱	
	発熱	マイクロ波加熱装置 抵抗加熱装置 誘導加熱装置 アーク加熱装置 レーザー加熱 電子ビーム加熱	マイクロ波 電流 磁束 電流 光 電子	
間接加熱	伝導	電気炉	抵抗発熱体	空気
		定温乾燥器，カラムオーブン	抵抗発熱体	空気
		恒温水槽	抵抗発熱体	水（沸点100°C），$CaCl_2$溶液（沸点180°C）
		油浴	抵抗発熱体	シリコーン油（〜300°C）
		溶融塩浴	抵抗発熱体	硝酸（K，Na）（融点219°C），水酸化（K，Na）（融点167°C）
		金属浴	抵抗発熱体	Wood合金（融点71°C），Rose合金（融点94°C）
		砂浴	抵抗発熱体	砂
	放射	赤外線加熱装置	赤外線ヒーターランプ	

ーター（マントルヒーター）などである．家電品であるホットプレートを，安価に利用することができる．ヒーターを絶縁体粉末とともに金属管の中に詰め込んだシースヒーター（投げ込みヒーター）を，液体試料や液体状媒体の加熱に用いる．ペルチェ効果を利用する電子加熱機が，小さな試料の加熱（〜60℃）源に利用できる．

② 試料を発熱させる加熱法として，導電性試料に電流を流して発熱させる抵抗加熱と，絶縁体にマイクロ波を照射して発熱させるマイクロ波加熱がある．家電品の電子レンジはマイクロ波加熱器である．各方式の加熱炉が製品化されている．他にも，導電体あるいは絶縁体に磁束を交わらせ発熱させる誘導加熱法，アーク加熱法，レーザーや電子ビームを用いる加熱法などがある．

b. 間接加熱方式

加熱源の熱を媒体を介して伝える方式と，放射によって伝える方式がある．

加熱源を用いて槽の中（投げ込みヒーター）あるいは外（ホットプレート）から浴槽内の媒体を加熱し，次いで試料を媒体中に設置，加熱する．空気を媒体とする電気炉，定温乾燥器，カラムオーブン，水や塩溶液，不凍液を媒体とする恒温水槽（水浴），シリコーン油などの油を用いる油浴，低融点の無機塩混合塩を用いる溶融塩浴，低融点の合金を用いる金属浴，砂を用いる砂浴などがある．

放射によって熱を伝える赤外線加熱装置として赤外線加熱炉（1500℃）などがあり，また赤外ランプ，セラミックヒーターなども加熱源として利用できる．他に，ハロゲンランプを用いる加熱法などがある．

c. 温度測定

加熱する対象試料内あるいは加熱媒体中に直接温度センサー（熱電対：1 K〜2400℃，測温抵抗体：−200〜500℃，サーミスタ：−60〜150℃）を挿入し，温度を測定する．温度領域あるいは試料や加熱媒体への耐蝕性を考慮して温度センサーの種類や表面被覆の材質を選択する．

直接試料内部や媒体を測温できない場合，試料表面に温度センサーを貼り付けて測定する．また，放射温度計を用いると離れた場所から試料温度を測定することができる．測温領域は，−50〜3000℃までと広範囲であり，高温の測定に適する．

III 操　作

種々の方式の加熱装置が存在し，加熱装置ごとにその操作法が異なるため，一般的な操作法はない．加熱操作は火災ややけどなどを起こす可能性が高く，これらの事故を防ぐため以下の点を遵守することが重要である．

① それぞれの装置の安全指針や操作法に必ず則って操作する．

② 必要最小限の加熱ですむように，実験目的に応じた適切な規模，能力の装置，器具を選択する．

なお，分析試料前処理における加熱では，加熱器具などの材質，キャリヤーガスなどによる試料の汚染や分析成分の損失などが起こらないように十分な配慮が必要であ

る．

IV 解　説
a. 直接加熱方式
1) ガスバーナー，アルコールランプ　　直火による加熱である．試料中の温度分布が一様にならない可能性がある．石綿付き金網などを介して，温度の均一化を図る．高温（2000℃）まですばやく加熱することができる．しかし温度の制御は困難であり，火災ややけどなどの危険性が高い．

2) 抵抗発熱体　　直火による加熱と比べ安全である．さまざまな形状のヒーターを作ることができるため，さまざまな形状の試料に対応できる．被覆や外装の材質を選択することによって800℃程度まで加熱できる．試料とヒーターとの接触面積を増やす工夫によって，加熱速度を向上できる．

3) マイクロ波加熱・抵抗加熱・誘導加熱　　試料を発熱させる加熱法である．試料内部から全体を比較的均一に加熱できる，加熱に要する時間が短い，消費電力が少ない，などの特色を有する．ただし加熱できる試料の種類が方法によって制限されるため，一般的な加熱法ではない．

b. 間接加熱方式
1) 電気炉　　3000℃程度まで加熱できる装置もあるが，2000℃程度までの加熱装置が一般的である．加熱に時間を要するのが難点である．加熱時の雰囲気を不活性，酸化性，還元性などに制御できる．比較的温度制御が容易であり，加熱プログラムを組むこともできる．赤外線加熱炉は電気炉に比べ到達温度は低いが，加熱速度が速い．

2) 定温乾燥器，カラムオーブン　　300℃程度まで加熱できる．正確に温度を制御でき，加熱プログラムを組むことも可能である．他の装置と比べ比較的容易に大きな試料を加熱できる．

3) 恒温水槽，油浴，溶融塩浴，金属浴，砂浴　　液体や粒状固体を媒体とする加熱法である．試料を均一にかつ比較的すばやく加熱することができるが，媒体の熱容量が大きいため，媒体の加熱に時間を要する．

■ 参考文献
1) 日本化学会編：実験化学講座2　基本操作 II（第4版），p. 114，丸善（1990）．
2) 日本化学会編：実験化学ガイドブック，p. 121，丸善（1984）．
3) 日本分析化学会編：分析化学実験ハンドブック，p. 7，丸善（1987）．

圧 力 調 整

1. ガスボンベからのガス送気（加圧）(pressurization)

I 概　　要

耐圧容器（ボンベ）詰めガスにはヘリウム，水素，窒素，酸素，アセチレン二酸化炭素，アルゴンなどが使われている．中には組成が既知の標準ガスが充塡されている場合もある．それぞれいろいろの用途があり，ガスクロマトグラフィーの移動相（キャリヤーガス），原子吸光光度法における燃料ガス，誘導結合プラズマ原子発光分光装置のトーチガス，あるいは不活性ガスによる空気置換，揮発性溶媒の揮散・濃縮，さらには圧力印加などに使われている．ガスの種類により，容器形状，容器の色，使い方も違うが，ここでは，通常のガス源としての使い方を記述する．

II 器　　具

ガスボンベ（各種）；減圧弁；配管

III 操　　作

① ガスボンベを使用場所に固定する．
② 圧力調整弁（減圧弁）取り付け部分の蓋を外し，減圧弁を取り付ける．
ボンベのガス出口に減圧弁をその入口部ねじにより取り付けるが，可燃ガスおよびヘリウムと，その他のガスとではねじの向きが逆であり，可燃ガスとヘリウムは反時計回りである．ボンベの出口と減圧弁入口の密閉性を確保するために，パッキンをはめることが多い．スパナまたは専用の器具を使い，取り付けねじをきつく締める．
③ 図1の弁2を反時計回りに回して閉じ，弁3は時計回りに回して出口を閉じておき，減圧弁からのガス配管を行う．
④ ボンベ頂点の弁1を反時計方向に回して開き，ガスを減圧弁に送る．一次圧力計の指針がボンベ内のガスの圧力を指示する．
この際，シューというガス漏れの音がするようであったら，すぐに弁をもとに戻し，接続部の増し締めをする，パッキンを交換する，などの対策をする．
⑤ 弁3を開き，ガスが配管に供給されるようにした後，二次圧力計を見ながら，弁2を時計回りに回して，取り出すガスの圧力を調整する．

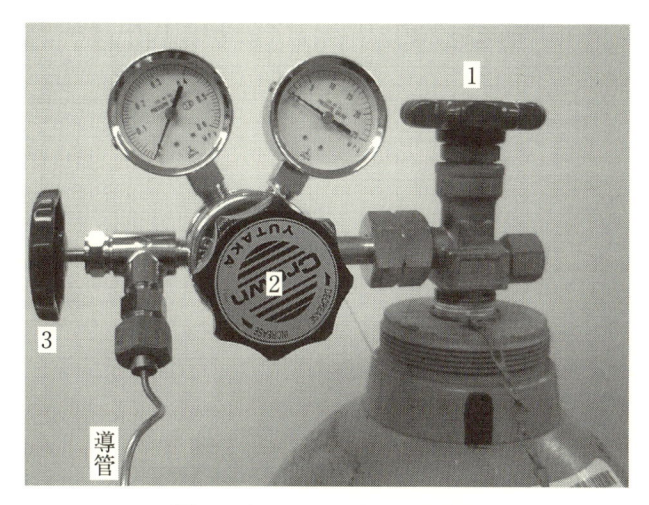

図1 ボンベへの減圧弁装着例

配管出口を閉じて，加圧状態でボンベ頂点の弁を閉じ，圧力の変化を監視し，漏れがあるかどうかを調べる（漏れていれば圧力が下がる）．また，接続部にせっけん液を筆で塗り，泡が生じるか生じないかでガス漏れの有無を調べるとよい．

⑥ ガス漏れがないことを確認後，弁3を開放し*，二次圧力計の指針を見ながら，弁2で二次圧力を上げて，送気を開始する．必要に応じ，配管出口に流量計を取り付け，ガス流量を測定する．

⑦ 送気の停止は停止時間にもよるが，基本的には弁1による．短時間であれば，弁3を使うことも可能である．

IV 解　　説

高圧ボンベからのガス供給，あるいはガス加圧はしばしば利用される．最もよく使われる例の一つはガスクロマトグラフィーにおける，キャリヤーガス，助燃ガスその他での使用である．原子吸光光度法では燃焼ガスボンベ，石英ガラスの加工などでは水素ガスボンベが使われる．減圧弁（圧力調整弁）の形式，機能にも各種のものがあるので，使用前に確認してから，使用することが勧められる．

さらに，高圧ボンベは，ガスの購入時には15 MPaという高圧のガスを充填してあり，弁1を破損するなどのことがあると，大きな災害を生じるので，取り扱いには十分な注意が必要である．場合によっては，屋外に専用の収納場所を作り，そこから屋内へ配管する方式（集中配管）が望まれる．

なお，ガスは全量使い切ることはせず，少量残して業者に返却する必要がある．使

---

* 弁3を使う流量制御は通常行わない．精密流量制御のためには流量調節バルブを配管出口に取り付け，これを使うことが勧められる．
　配管を工夫することにより，ボンベガスによる圧力印加（加圧）も可能である．

い切ってしまうと，再充塡時に空気の混入のおそれがあるためである．

2. 減圧 (reduce pressure)

ある容器内の圧力を下げるためには，内部の気体を排気する装置を用いる．代表的なものとしてアスピレーター，真空ポンプの2種がある．

3. アスピレーター (aspirator)

I 概　要
最も手軽で安価な減圧装置である．ガラス製，プラスチック製，金属製のものがある．水道栓に取り付け，水を勢いよく流すことによりアスピレーター内の空気が排気され，耐圧ゴム管を通してアスピレーターに接続した容器内の気体を排気することができる（図2）．

II 器　具
アスピレーター；耐圧ゴム管；安全瓶（トラップ）；マノメーター

III 操　作
① アスピレーターを水道栓に取り付ける．
② 排気する容器とアスピレーターを耐圧ゴム管で接続する．間に逆流水を溜める安全瓶を置く．真空度の高い実験であれば，吸引瓶が丈夫で安全である．
③ 減圧度を計測したい場合にはマノメーターを安全瓶と容器の間につける．
④ 水道の水を勢いよく流す．

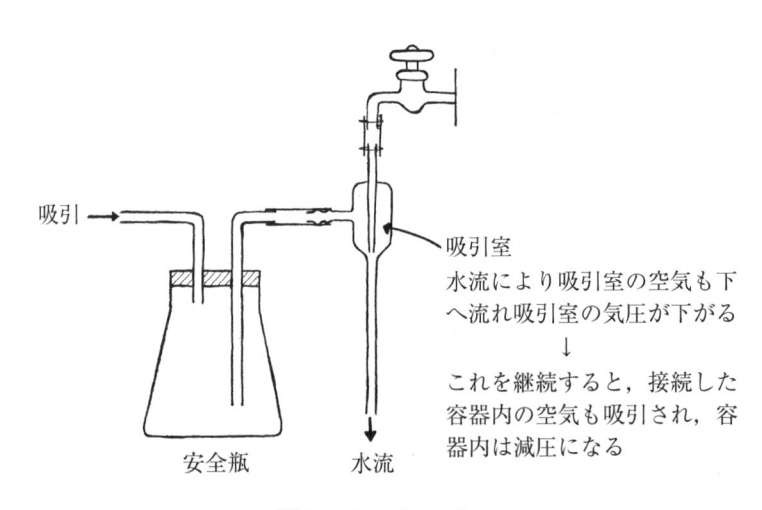

図2　アスピレーター

⑤ 作業が終わったら，容器の側の耐圧ゴム管を外してから水流を止める．

IV 解　　説
① アスピレーターによる減圧は，操作を行っている気温下での水蒸気圧（20°Cで 1.7×10^3 Pa，4°Cで 5×10^2 Pa）以下にはならない．したがって，より高い真空度が必要な場合には，真空ポンプを用いる必要がある．

② 減圧操作が終わってそのまま水を止めると，排気してある容器内に水が逆流する．これを防ぐためにトラップを真空路に組み込んでおく．

4. 真空ポンプ（vacuum pump）

I 概　　要
アスピレーターより高い真空度を得るためには真空ポンプを用いる．真空ポンプには多くの種類があるが，最もよく用いられるのは油回転ポンプである．油回転ポンプは大気圧からの運用が可能で，1 Pa くらいまでの減圧度が容易に得られる．シリンダー，その内部で回転するシリンダーよりも小さい径の円柱（ローター），およびばねを利用した隔板などからなる．シリンダー内のローターの偏心運動によって吸気側から排気側へと気体が移動するような機構になっている．真空を保持するための油は，潤滑剤，冷却剤としての機能もあるので常に汚れの状態や量を点検する必要がある．

II 器　　具
油回転ポンプ；耐圧ゴム管；マノメーター；三方コック

III 操　　作
① 排気する容器と油回転ポンプを耐圧ゴム管でつなぎ，途中に三方コックを挟んで圧力を解放する口を作っておく．また，容器と耐圧ゴム管の間に活栓をつけておく．

② スイッチを入れ，減圧を開始する．

③ 容器の側の活栓を閉じ，減圧を解放するコックを徐々に開いてからポンプのスイッチを切る．

IV 解　　説
① 水分の多い気体を排気する際には，途中に水分をトラップする乾燥装置をつなぐ．水分を排気し続けると，水は油より比重が大きいため，ポンプ中の油の底に蓄積されていく．量がある程度溜まると，ローターの気密性を下げ，減圧度が悪くなる．

② 酸性の強い気体を排気する場合には，途中に強アルカリの洗浄装置をつけ，酸を取り除いてから排気させる．酸を吸収し続けると，ポンプ内の金属が錆びてついに

は動かなくなる．

③ 油回転ポンプ以上に高い真空度を得るためには油拡散ポンプ（10^{-7}～10^{-1} Pa）が，また油を使わず清浄な高真空を得るためにはターボ分子ポンプ（10^{-7}～1 Pa）が用いられる．これについては参考文献を参照のこと．

■ **参考文献**
1) 日本化学会編：新実験化学講座 1　基本操作 I，pp. 115-123，丸善（1975）．
2) 日本化学会編：実験化学講座 1　基本操作 I（第 4 版），pp. 87-91，丸善（1990）．

緩 衝 液

1. 緩衝液の作り方 (preparation of buffer)

I 概　　要

　緩衝液とは，溶液の pH を一定に保つ緩衝作用を持つ水溶液のことである．通常，酸化還元滴定，キレート滴定や沈殿滴定などが必要な場合に緩衝液を用いる．緩衝液としては，表1に示したものが一般に使用される．

表1　緩衝液とその調製法[1]

pH	調製法
12>	1 mol L^{-1} NaOH または 1 mol L^{-1} KOH 溶液を必要に応じて添加する
8〜11	アンモニア-塩化アンモニウム：1 mol L^{-1} NH$_3$ 水と 1 mol L^{-1} NH$_4$Cl を別個に調製しておき所要 pH に応じて混合添加する
6.5〜8	トリエタノールアミンとその塩酸塩：1 mol L^{-1} トリエタノールアミンと 1 mol L^{-1} HCl を所要 pH に応じて混合添加する
5〜7	ヘキサミンと塩酸：結晶ヘキサミンあるいは 2〜1 mol L^{-1} のヘキサミン水溶液と 1 mol L^{-1} HCl とを所要 pH に応じて混合添加する
4〜6.5	酢酸-酢酸ナトリウム：所要の pH に応じて 1 mol L^{-1} 酢酸と 1 mol L^{-1} 酢酸ナトリウムを適当の割合に添加する
2〜4	p-クロロアニリンとその塩酸塩：それぞれの結晶を所要 pH に応じて添加する
2〜3	クロロ酢酸：結晶を添加する
<2	1 mol L^{-1} HCl あるいは 1 mol L^{-1} HNO$_3$ を必要に応じて添加する

■ 参考文献
1) 日本化学会編：新実験化学講座 9　分析 II，p. 192，丸善 (1977).

pH 計

1. pH 計 (pH meter)

I 概　　要

pH 計とは，電位差計の一種で，水溶液中の水素イオン活量を測定する装置である．pH と水素イオン活量との関係は以下の式で表される．

$$\mathrm{pH} = -\log a_{\mathrm{H}^+} \qquad a_{\mathrm{H}^+}：水素イオン活量$$

pH 計は，ガラス電極および参照（比較）電極と呼ばれるセンサー部と，センサー部で生じた起電力を増幅表示する表示部からなる．生じた起電力を pH 値に換算（校正）するために pH 標準液が使用される．起電力と pH 値の関係は以下の式による．

$$E = E^0 - (RT \ln 10 / nF) \times (\mathrm{pH}) \tag{1}$$

ここで，
- E：生じた起電力
- E^0：濃度が一定の塩酸を基準とした起電力
- R：ガス定数
- T：絶対温度
- n：反応に関する電子の数
- F：ファラデー定数

この式から，生じた起電力と pH とは直線関係にあり，最低 2 種類の pH 標準液で pH 計を校正すれば pH 値が得られることがわかる．

II 装置・試薬

pH 計

pH 標準液：
- シュウ酸塩 pH 標準液：二シュウ酸三水素カリウム二水和物（JIS K 8474）12.71 g を水に溶解して 1 L にする．
- フタル酸塩 pH 標準液：フタル酸水素カリウム（JIS K 8809）10.21 g を水に溶解して 1 L にする．
- 中性リン酸塩 pH 標準液：リン酸二水素カリウム（JIS K 9007）3.40 g とリン酸水素二ナトリウム（JIS K 9020）3.55 g を水に溶解して 1 L にする．

1. pH 計

表1 規格pH標準液の各温度におけるpH値

温度 (°C)	シュウ酸塩		フタル酸塩		中性リン酸塩		リン酸塩		ホウ酸塩		炭酸塩
	第1種	第2種	第1種	第2種	第1種	第2種	第1種	第2種	第1種	第2種	第2種
0	1.666	1.67	4.003	4.00	6.984	6.98	7.534	7.53	9.464	9.46	10.32
5	1.668	1.67	3.999	4.00	6.951	6.95	7.500	7.50	9.395	9.40	10.24
10	1.670	1.67	3.998	4.00	6.923	6.92	7.472	7.47	9.332	9.33	10.18
15	1.672	1.67	3.999	4.00	6.900	6.90	7.448	7.45	9.276	9.28	10.12
20	1.675	1.68	4.002	4.00	6.881	6.88	7.429	7.43	9.225	9.22	10.06
25*	1.679*	1.68*	4.008*	4.01*	6.865*	6.86*	7.413*	7.41*	9.180*	9.18*	10.01*
30	1.683	1.68	4.015	4.02	6.853	6.85	7.400	7.40	9.139	9.14	9.97
35	1.688	1.69	4.024	4.02	6.844	6.84	7.389	7.39	9.102	9.10	9.92
38	1.691	1.69	4.030	4.03	6.840	6.84	7.384	7.38	9.081	9.08	—
40	1.694	1.69	4.035	4.04	6.838	6.84	7.380	7.38	9.068	9.07	9.89
45	1.700	1.70	4.047	4.05	6.834	6.83	7.373	7.37	9.038	9.04	9.86
50	1.707	1.71	4.060	4.06	6.833	6.83	7.367	7.37	9.011	9.01	9.83
55	1.715	1.72	4.075	4.08	6.834	6.83	—	—	8.985	8.98	—
60	1.723	1.72	4.091	4.09	6.836	6.84	—	—	8.962	8.96	—
70	1.743	1.74	4.126	4.13	6.845	6.84	—	—	8.921	8.92	—
80	1.766	1.77	4.164	4.16	6.859	6.86	—	—	8.885	8.88	—
90	1.792	1.79	4.205	4.20	6.877	6.88	—	—	8.850	8.85	—
95	1.806	1.81	4.227	4.23	6.886	6.89	—	—	8.833	8.83	—

＊印の25℃におけるpH値については，各標準液ごとに日本工業規格として規定している．

・ホウ酸塩pH標準液：四ホウ酸ナトリウム（JIS K 8866）3.81 gを水に溶解して1Lにする．

・炭酸塩pH標準液：炭酸水素ナトリウム（JIS K 8622）2.10 gと炭酸ナトリウム（JIS K 8625）2.65 gを水に溶解して1Lにする．

なお，これらのpH標準液の代わりにJCSS（Japan Calibration Service System）に基づくpH標準液（規格pH標準液：表1）を使用してもよい．

III pH計の校正

① センサー部を中性リン酸塩pH標準液に浸し，pH値が安定したところで，pH値を6.865（25℃）に合わせる（ゼロ校正）．

② センサー部をイオン交換水でよく洗浄した後＊，フタル酸塩pH標準液に浸し，pH値が安定したところで，pH値を4.008（25℃）に合わせる（スパン校正）．

③ センサー部をイオン交換水でよく洗浄した後，再びセンサー部を中性リン酸塩pH標準液に浸し，pH値が安定したところで，pH値を6.865（25℃）に合わせる．

④ センサー部をイオン交換水でよく洗浄した後，再びフタル酸塩pH標準液に浸し，pH値が安定したところで，pH値を4.008（25℃）に合わせる．

＊ 水滴が付着して残るので，沪紙などでそっと拭うとよい．

⑤ ③,④を何回か繰り返し,それぞれの標準液に浸しても,pH 値が所定の値で安定していることを確認して校正を終了する.

⑥ スパン校正では,測定する試料の pH 値を挟むように校正する.つまり,測定試料の pH 値が酸性を示す場合には,フタル酸塩 pH 標準液またはシュウ酸塩 pH 標準液を用いて,スパン校正を行う.測定試料の pH 値が塩基(アルカリ)性を示す場合には,ホウ酸塩 pH 標準液または炭酸塩 pH 標準液を用いて,スパン校正を行う.

Ⅳ　pH 値の測定

① 試料溶液中に校正を終了したセンサー部を浸し,pH 値が安定した場合に,値を読み取り,その試料の pH 値とする.

② 通常 3 回測定し,平均値をその試料の pH 値とする.

③ 測定終了後,ガラス電極はイオン交換水でよく洗浄した後,イオン交換水中に浸しておく.

なお,式 (1) より,温度により pH 値は変化することがわかるので,一定の温度で pH 計の校正,pH 値の測定を行うことが望ましい.

■ **参考文献**
1)　JIS Z 8802:1984(pH 測定方法).

機器分析―その測定の実際―

1. 紫外・可視吸光光度法（UV-Vis spectrophotometry）

I 概　要

　分子あるいはイオンに紫外部または可視部の特定波長の光を照射すると，その光を吸収する．吸光スペクトルから定性分析，吸光度から定量分析を行う．

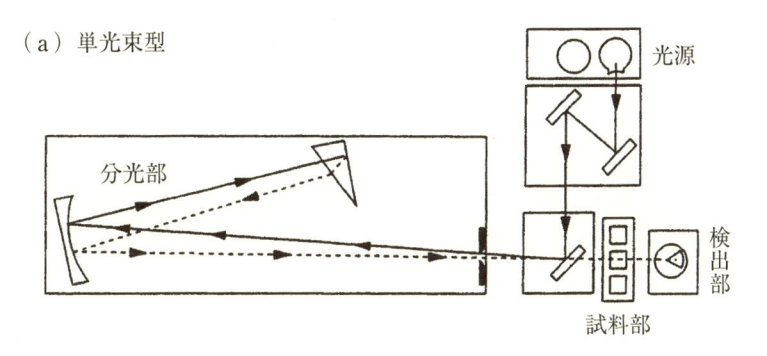

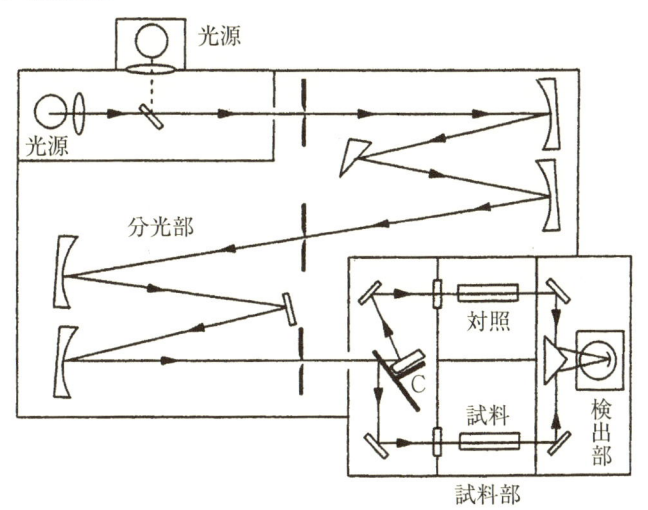

図1　単光束型分光光度計（a）および複光束型分光光度計（b）
(b) では，チョッパー（図中C）と呼ばれる窓付きの鏡を回転させて光を二分する．

II 機器・器具

光電光度計または分光光度計：後者には単光束型と複光束型とがある（図1）．
光源：紫外部用に水銀ランプ，可視部用にタングステンランプ．
吸収セル：ガラス製（可視・近赤外領域用），石英製（紫外・可視・近赤外の全領域用），プラスチック製（近赤外領域用）を目的に応じて使い分ける．

III 操作

分光光度計には手動式と自動式のものがある．ここでは，複光束型の手動式を例に操作手順を述べる．

① 分光光度計の入射光の波長（測定波長）を所定の波長に合わせる．
② 試料セルおよび対照セルに溶媒または分析化学種のみを含まない溶液を入れて100合わせ（$T=100\%$）を行い，次に試料側の光束を遮断して0合わせ（$T=0\%$）を行う．吸収セルを手で持つ場合は，すりの面（不透明な面）を持つこと．
③ 試料セルに試料溶液を入れて透過率または吸光度を測定する．なお，試料セルに試料溶液を入れる際，セル内面がぬれている場合は試料溶液で2〜3回共洗いした後に試料溶液を必要なだけ入れる．セル外面のぬれは，キムワイプを用いて丁寧に拭き取る．
④ 入射光の波長を少しずつ変えて吸光度を測定し，各波長に対する吸光度をプロットすると吸収スペクトルが得られる．なお，自動式の分光光度計では波長変化と吸光度測定が連動しているので，吸収スペクトルは自動的に記録される．

IV 解説

（1）厳密な測定には波長校正および吸光度目盛の補正が必要である．波長目盛の校正にJISでは低圧水銀ランプや重水素放電管の各線スペクトル（表1）を用いることを勧めている．また，自動記録式分光光度計の波長校正にはホルミウムガラスの吸収スペクトルを利用すると便利である．

吸光度目盛の校正，すなわち測光の正確さをチェックするには二クロム酸カリウムの$0.001\ mol\ L^{-1}$過塩素酸溶液を用いる（JIS K 0115：1992）．この校正法は日常的に用いるには操作が煩雑で，波長域が紫外部に限られる．日常校正には，透過率が確定されている校正用光学フィルター（機械電子検査協会）あるいはNIST光学フィルター（SRM 930 D）を空気を対照として用いるのが便利である．

（2）試料は一般に溶液として測定する．したがって，用いる溶媒自身の吸収が試

表1 波長校正用標準ピーク

光源	用いる輝線(nm)
低圧水銀ランプ	253.65/365.02/435.84/546.07
重水素放電管	486.00/656.10

1. 紫外・可視吸光光度法

表2 主な溶媒の可測最短波長*

溶　媒	波長(nm)
水	190
メタノール	210
シクロヘキサン	210
ヘキサン	210
ジエチルエーテル	220
p-ジオキサン	220
エタノール	220
クロロホルム	250
酢酸ブチル	255
酢酸エチル	260
四塩化炭素	265
N,N-ジメチルホルムアミド	270
ベンゼン	280
トルエン	285
ピリジン	305
アセトン	330

＊ この波長より短波長側では，それぞれの溶媒が光を吸収するので使用できない．

料の吸収と重ならないように注意する必要がある．法2に汎用される溶媒の使用可能な波長範囲を示す．これらの値は溶媒の純度にも依存し，厳密なものではない．なお，溶媒の選択に当たっては，試料の溶解性，試料との相互作用，揮発性，毒性などについても配慮する．

（3） 高性能の測光装置が入手しやすくなっている現在では，吸収セルの取り扱いが測定結果の質を左右する最重要因子であろう．複数のセルを使う場合，それらのセルブランクが互いに近い必要がある．これを確かめるには，セルに例えば水を入れ，第一のセルを対照，すなわち，$100\%T$ とし，他のセルの透過率を測定する．もし透過率に大差があれば別のセルに取り替え，小差であればそれを補正する．セルは方向によって透過率が異なるものがあるので，一定方向で用いる．

セルの洗浄に当たっては，傷をつけないようにすることが最も大切である．セルの洗浄は使用した試料の種類に応じて化学的に考えるべきである．ASTM E 275 の例をあげると，水または穏和な洗剤で汚れが落ちないときは，濃塩酸-水-メタノール（1：3：4）の溶液をドラフトチャンバー内で作り，用いる．また，綿棒に洗剤溶液をしみ込ませ，それでセルの内面をこすって汚れを落とすのも一法である．

セルを長期間使用しない場合は，十分洗浄してセルブランクを測定して汚れていないことを確認した上で，常温にてキムワイプ上で倒立乾燥してから箱の中に保管してもよい．しかし，頻繁に使用するときは，シャーレまたはビーカーに蒸留水，塩酸または有機溶媒などを満たし，この中にセルを浸し，蓋をして保管する．

■ **参考文献**
1) 日本分析化学会編：入門分析化学シリーズ　機器分析 (1)，朝倉書店 (1995).
2) 日本分析化学会編：機器分析ガイドブック，丸善 (1996).
3) 保母敏行，小熊幸一編著：理工系 機器分析の基礎，朝倉書店 (2001).
4) 奥　修：吸光光度法ノウハウ―ケイ酸・リン酸・硝酸塩の定量分析―，技報堂出版 (2002).

2. 蛍光分光光度法（fluorophotometry）

I 概　　要

　分子に特定の波長の光を照射すると，光を吸収した後そのエネルギーを光として放出する現象を蛍光（fluorescence）という．蛍光のスペクトルと強度を測定することにより試料の定性，定量分析を行う．蛍光強度は，溶液の濃度，温度，pH，溶媒または試薬の種類およびそれらの純度などにより影響を受けるので注意する．

II 機器・器具

　蛍光光度計；蛍光分光光度計
　光源：水銀ランプの輝線（257または365 nm）．
　連続光光源：キセノンランプ，レーザー，アルカリハライドランプなど．
　使用セル：一般には四面透明の無蛍光セル（石英製，紫外透過ガラス製，プラスチック製）を用いる．フローセルを組み込んだ蛍光光度計はHPLC（p. 177参照）の検出に用いる．

III 操　　作

　装置の概略を図2に示す．
1) 準　備
　① 使用する器具は十分洗浄する．洗剤などの残留は蛍光に影響するので十分水洗し，少量の無蛍光アルコールで2～3回内壁を洗い，静置または加熱乾燥する．測定

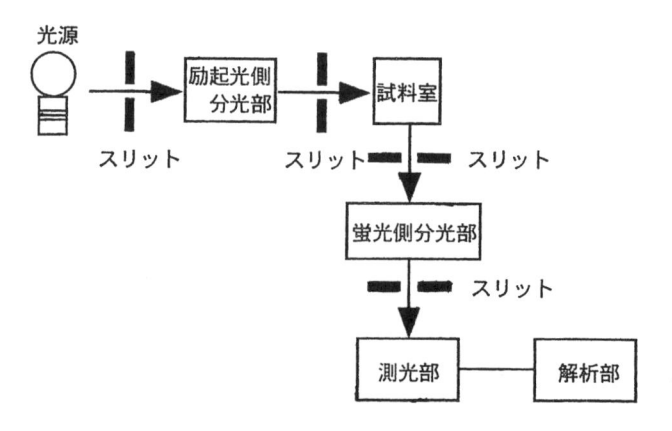

図2　蛍光分光光度計の装置の概略図

用セルはブラッシュなどでこすらない．内側の汚れの除去は，2倍くらいに薄めた硝酸中に数時間〜一夜浸けておいた後，水，アルコールなどですすぎ，メタノールに浸けておく．

② 試料の前処理は，妨害する不純物を可及的に除くとともに，処理により新たな不純物が混入しないような方法を選ぶ．

③ 溶媒は目的物質の蛍光を妨害しないものを選び，かつ，蛍光性の不純物を含まないものを用いる．

④ 目的物質の光分解またはセル壁への吸着などに注意し，これらの影響による誤差が無視しうる条件で測定する．

⑤ 原則として同時に対照液を測定し，溶媒や試薬による蛍光や励起光への影響を補正する．

⑥ 原則として濃度既知の目的物質の標準液，またはそれが得られない場合や不安定な場合には類似した蛍光を有する安定な標準物質を同時に測定し，測定機器の感度の変動を補正する．この際，試料によっては目的物質の蛍光強度に対する試料の影響を補正するために一定量の目的物質を添加したもの（内部標準）を標準として用いることがある．

2) 励起および蛍光スペクトルの測定　波長選択部では分光器により，励起光ならびに蛍光を分光し，回折格子とスリットの組み合わせで単色光として取り出すことができる．蛍光の測定波長を一定にして励起光側分光部の波長を走査すれば励起スペクトル（fluorescence excitation spectrum）が，励起光の波長を一定にして蛍光側分光部を走査すれば蛍光スペクトル（fluorescence emission spectrum）が得られる．時に近接するラマン散乱光が測定を妨害することがある．この場合には，溶媒の種類を変えて測定することが必要である．

3) 蛍光強度の測定

① 蛍光光度計の構造からわかるように励起光に直角方向の蛍光を測定するので四面透明のセルを用いる．セル内に試料溶液を入れるには，セルがぬれている場合は2〜3回共洗いした後，必要量の試料溶液を入れる．四面が透明であるからセルの外側を拭くときは指紋などが付着しないように角を持ち，キムワイプなどでしっかり拭く．

② 次に2)で得られた励起および蛍光スペクトルの極大波長にセットした蛍光光度計のセル室に試料溶液を入れたセルを挿入し，蛍光強度を測定する．

③ 蛍光光度計の感度の調整は，一般には硫酸キニーネの $0.05\ mol\ L^{-1}$ 硫酸溶液を用いる．

④ 定量を行う場合は同一の操作を行った対照液の蛍光強度を用いて補正する．

■ **参考文献**
1) 渡辺光夫：ケイ光分析，廣川書店 (1965).
2) 今井一洋，前田昌子編：機器分析化学，丸善 (2002).

3. 原子吸光光度法 (atomic absorption spectrometry)

I 概　　要

　分析元素がフレームや電気加熱などによって基底状態の原子蒸気を形成している層に光を透過させると，成分原子はそれぞれ固有の波長の光を吸収する．この現象を原子吸光という．この吸光度を測定し，得られた吸光度とその特定元素の試料中の濃度との相関を求めて成分の定量，定性分析を行う分析手法を原子吸光光度法という．

II 機器・器具

　装置の概略を図3に示す．

　光源には主として中空陰極ランプ（hollow cathode lamp）とバックグラウンド補正用の重水素ランプを用いる．

　フレーム方式の原子化部はバーナー（主として予混合バーナー）とガス流量制御部（使用するガスはアセチレン，空気，水素，一酸化二窒素など），電気加熱方式は電気加熱炉（黒鉛，またはW，Taなどの耐熱性金属）と電源部で構成される．水銀分析用の冷蒸気方式の原子化部は，水銀蒸気発生部（還元気化法，または加熱気化法）と吸収セルからなる．

　分光部は回折格子を用いたものが主体であるが，スペクトル分布が単純な元素では干渉フィルターなどを用いる場合もある．

　検出器には，光電子増倍管，光電管などがある．

　バックグラウンド補正機能を備えた装置もあり，連続スペクトル光源方式，ゼーマン方式，非共鳴近接線方式，自己反転方式などが用いられている．

III 操　　作

a. 分析条件の設定

　分析試料，分析元素によって最適な分析条件が異なるので，事前に下記の各条件を検討し，分析目的に合った条件（分析目的に対して十分な感度・精度が得られるか，分析範囲での検量線の直線性はどうか，共存元素の干渉を受けないか，など）を選択する．

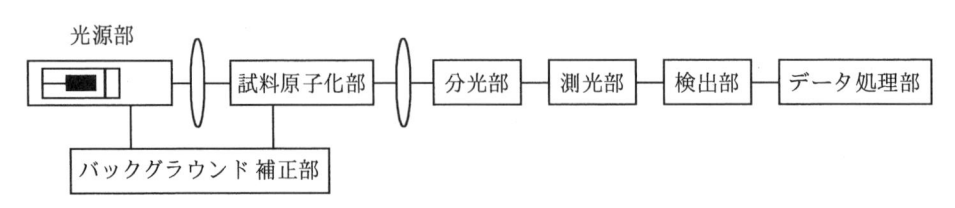

図3　原子吸光分析装置の構成

1) 試料原子化条件
① フレーム方式：バーナーの種類，燃料ガスおよび助燃ガスの種類と流量など．
② 電気加熱方式：乾燥・灰化・原子化過程における温度（または電流値）と時間，シースガス・キャリヤーガスの種類と流量，発熱体の形状および材質，干渉抑制剤（マトリックスモディファイヤー）の種類と量など．
③ 冷蒸気方式：還元気化法では流路方式および反応試薬の種類・濃度，加熱気化法では加熱温度や時間など．
2) 測光条件　ランプの種類および電流値，光束の位置，測定波長，分光器のスリット幅，シグナル検出方法（波高または積分値），バックグラウンド補正方法など．

b. 試料溶液の調製
1) 溶液化
① 液体試料：水溶液は懸濁物を除去するか，酸・アルカリなどで分解後，必要ならば純水で希釈して試料溶液とする．有機物は酸で分解して溶液化するか，そのまま蒸気圧の比較的低いキシレン，ケロシンなどで溶解または希釈する．
② 固体試料：金属・セラミックスなどの無機試料は酸分解，またはアルカリ融解法により溶液化する．密閉式の加圧分解容器を用いると分解中の元素の揮散を抑制できる．
2) 分離・濃縮　試料溶液中のマトリックス濃度が高く，測定を妨害する場合には，イオン交換，溶媒抽出，共沈分離，気化分離などにより，目的成分を濃縮・分離する．
3) ブランク溶液の調製　試料をまったく処理せずに測定する場合には，ブランクには検量線ブランク溶液を用いることができるが，上述のような溶液化や分離・濃縮などの前処理操作を行った場合には，試料を加えずに試料とまったく同じ操作を行った溶液をブランク溶液として調製する．試料溶液中に多量のマトリックスが共存し，しかもそのマトリックスが測定に何らかの影響を及ぼす場合には，ブランク溶液中にも，分析元素を含まない高純度のマトリックスを試料と同量共存させる．

c. 測定および定量
一般的なフレーム方式を用いる場合の手順について述べる．各測定法の詳細については別項に記載する．
1) 測定操作
① ランプを点灯して適切な電流値に設定する．
② ガスのバルブを開いてフレームを点火し，ガス流量を調整する．水冷式のバーナーヘッドを用いる場合にはあらかじめ通水しておく．装置の安定化のために30分程度の暖機運転を行う．フレーム方式で用いられる代表的なフレームの最高温度と特徴を表3に示す．
③ 分光器の波長を設定する．
④ 溶媒を噴霧させて分光器の0合わせ，100合わせを行う．

表3 原子吸光法に用いられる代表的なフレーム

フレームの種類	最高温度（℃）	特徴
空気-アセチレン	2300	一般的に最もよく用いられる標準的なフレームで，30以上の元素の分析に用いられる．
空気-水素	2050	230 nm以下の短波長に分析線を持つ元素（Zn，Snなど）の分析に用いられる．
酸化二窒素-アセチレン	2955	高温で還元性が強いので，解離エネルギーが大きく酸化物を作りやすい難解離性元素の分析に用いられる．

⑤ 試料溶液（あるいは検量線溶液）を噴霧し，吸光度が一定になったら測定を開始する．試料溶液（あるいは検量線溶液）は，できるだけ分析元素の濃度が低い順に測定し，次の溶液を測定する前には純水（あるいは溶媒）を吸引して，前の溶液のメモリーを低減する．

2) 測定法

① 検量線法：用いる検量線溶液の組成（酸・アルカリ濃度，マトリックス濃度など）を試料溶液となるべく類似したものとなるように調製する．検量線は，直線を示す範囲内で使用することが望ましい．曲線となる場合には，検量線溶液の数を増して，検量線溶液の濃度が分析対象元素の濃度とできるだけ近くなるようにする．

② 標準添加法：この方法は，バックグラウンド吸収が無視できるか，またはバックグラウンド吸収が正しく補正されて，かつ，検量線が良好な直線性を保つ場合にだけ使用できる．

どの測定法を用いた場合でも，ブランク溶液の値を試料溶液の値から差し引いて，操作時に混入した汚染の影響を補正する．

3) 干渉の補正 原子吸光法で起こる干渉は，一般的に分光干渉，物理干渉，化学干渉・イオン化干渉に大別される．分光干渉を除去するには，干渉を受けない分析線を選定するのが最もよいが，それができない場合には検量線溶液と試料溶液の組成を近づけて，バックグラウンド補正を行うことによって低減できる．有機溶媒を含む溶液や塩濃度の高い試料を測定すると，バックグラウンド吸収が増加し，特に電気加熱法では大きな干渉が現れるので，補正が必要になる．物理干渉は，検量線溶液と試料溶液の組成をできるだけ近づけることによって低減できる．化学干渉・イオン化干渉には，測定条件の最適化やイオン化抑制剤の添加が効果がある．電気加熱方式では共存成分の影響を除去または抑制することを目的として，硝酸パラジウム，硝酸マグネシウム，硝酸ランタンなどのマトリックスモディファイヤーを添加する方法がよく用いられる．

■ **参考文献**
1) JIS K 0121:1993（原子吸光分析通則）．

4. アンペロメトリー (amperometry)

I 概要

溶液をかきまぜながら限界電流 (limiting current, p. 140「ポーラログラフィー」参照) の平たん部領域内にある定電位を作用電極 (working electrode, 目的の電極反応が進行する電極) と参照電極間に印加し，電極反応によってセルに流れる電流を測定して濃度または時間との関係から分析する方法をアンペロメトリー (電流測定法) という．主に電流滴定，酸素センサー，バイオセンサーなどを用いる測定に利用されている．この方法によれば，安価な装置で高い感度と精度が容易に得られる．ここでは3電極を用いた最も一般的なアンペロメトリーについて述べる．

II 機器・試薬

電流計；加電圧装置（ポテンショスタット）；作用電極；対極（補助電極）；参照電極；電気化学セル；マグネチックスターラー；支持電解質溶液（電解液）

III 操作

① 電気化学セルに一定量の試料溶液と電解液をとり，図4のように装置を組み立てる．

② 作用電極に一定の電位を印加して電流値を読み取り，物質の濃度変化をモニターする．

IV 解説

作用電極には，電極自身の溶解反応などが起こらない不活性電極（白金，金，炭素など）が一般に用いられる．固体電極は水銀に比べ取り扱いやすいが，表面状態は極めて複雑であるため再現性のよい分析結果は得られにくい．作製が容易な白金と金は

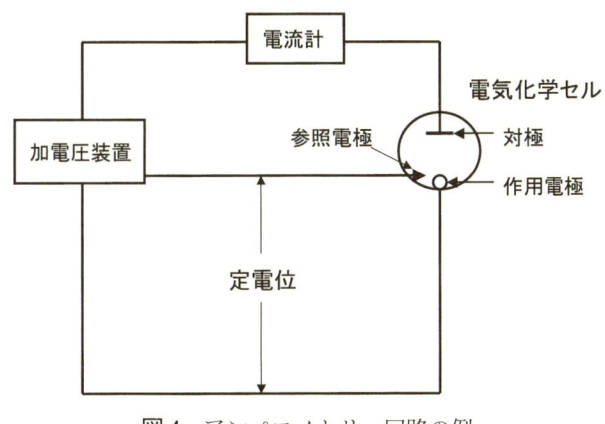

図4 アンペロメトリー回路の例

酸素過電圧が大きい（正側の適用電位範囲が広い）．耐薬品性に優れ，表面汚染の影響が少ないグラッシーカーボンは正負の適用電位範囲が比較的広い．グラファイトはグラッシーカーボンに比べ適用電位範囲が狭い．一方，大きな水素過電圧（負側の適用電位範囲が広い）を有する水銀は非常に優れた再現性が得られ，つり下げ水銀滴，水銀薄膜などの形態で広く利用されている．電流滴定の場合，作用電極は指示電極と呼ばれる．

対極には，抵抗が電位制御を妨害しないように大きな面積の不活性電極を用いる．参照電極（非分極性電極）についてはp.53「電気滴定」およびp.126「pH計」を参照されたい．2電極方式では，電解液などの抵抗に起因するオーム降下のために電位を一定値に精度よく制御しにくい．

電解液の種類と組成，目的物質の器壁への吸着損失，セルからの汚染，取り扱い，組み立てと洗浄の簡易性などを考慮して，電気化学セルの材質，形状，大きさなどを選ぶ．液温度を制御する必要がある場合には，二重セルの外筒に恒温水を循環させる．隔膜，塩橋などで電解槽を分離したセルも使用される．

電解液の均一なかきまぜにより拡散層の厚さδは一定となり，定常状態の電流が時間に依存せずモニターできる．

$$i_l = \frac{nFADC}{\delta}$$

ここで，i_l：限界電流，n：電子数，F：ファラデー定数，A：電極面積，D：拡散係数，C：目的物質の濃度である．作用電極面積を大きくしてかきまぜを激しくすることにより電流値は大きくなるが，バックグラウンド電流も大きくなるために必ずしもSN比の向上にはつながらない．かきまぜには磁気かくはんあるいは作用電極を回転させる方式が採用されるが，再現性のよいかきまぜが要求される．回転電極は磁気かくはんに比べて一般に物質移動速度が速い．溶液を流す方式（フローセル）もかきまぜに有効である．

■ 参考文献
1) 藤嶋　昭，相澤益男，井上　徹：電気化学測定法（上），p.65，p.127，p.233，技報堂出版 (1984)．

5. サイクリックボルタンメトリー (cyclic voltammetry)

I　概　要

静止溶液中，作用電極に三角波の電位走査を一定の範囲にわたって行い，そのときに流れる電流と電極電位との関係を測定する方法をサイクリックボルタンメトリーという．主として電極反応挙動に関するさまざまな情報（反応の起こる電位，反応の速さ，反応生成物の可逆性など）を入手するときに用いられる．電位走査を多重サイク

II 機器・試薬

ポテンショスタット；ファンクションジェネレーター；X-Yレコーダーまたはオシロスコープ；作用電極（水銀，白金，炭素など）；対極；参照電極；電解セル；電解液（$0.1～1\ \mathrm{mol\ L^{-1}}$ 支持電解質溶液）；不活性ガス（窒素，アルゴンなど）

III 操　作

① 溶媒，電気化学的に安定な支持電解質，作用電極，参照電極，対極を選択する．

② 電解セルに一定量の試料溶液（$\mathrm{mmol\ L^{-1}}$）と電解液をとり，図5のように装置を組み立てた後，溶液中に不活性ガス（例えば窒素）を泡が見える程度の速度で約30分間通じて溶存酸素を除去する．

③ 通気を止めて溶液が静止した後，作用電極の電位を正（または負）方向にある電位まで* 一定速度で走査（$10^{-3}～10\ \mathrm{V\ s^{-1}}$）し，その後電位を反転してはじめの電位まで走査し，電流電位曲線（サイクリックボルタモグラム）を記録する．

IV 解　説

電荷移動速度が非常に速い可逆な酸化還元反応をする物質のサイクリックボルタモグラムの例を図6に示す．加電圧の増大に伴って酸化反応速度が増加して電流は大き

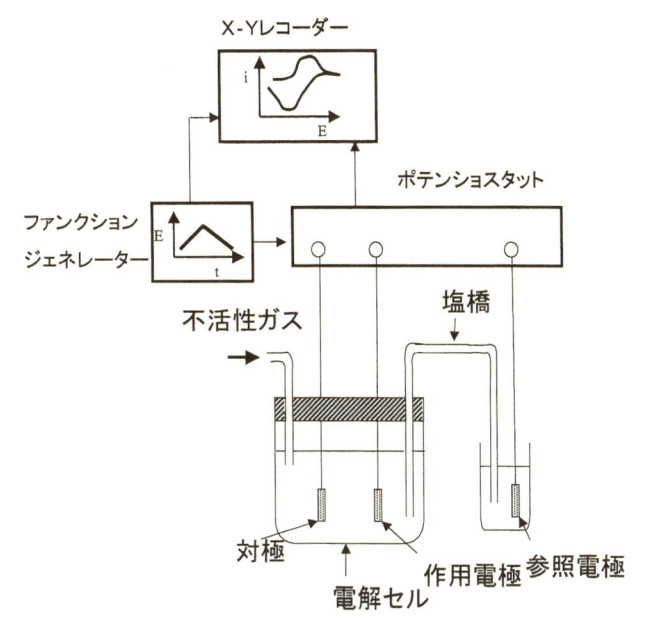

図5　サイクリックボルタンメトリー装置

---

* 試料物質の標準酸化還元電位を含むような電位範囲を選択する．

くなるが，溶液バルクから電極表面への物質輸送が少なくなると（拡散律速），拡散層の広がりとともに電流は減少するためピーク形になり，その後はほぼ一定値になる．加電圧を逆向き（負方向）へ走査すると，先の電位走査で電極近傍に生成した物質（酸化体）が電解還元されて逆向きの還元電流ピークが生じる．

平板状電極では，25°Cでのピーク電流 i_p（A）およびピーク電位 E_p（V）は次式で表される．

$$i_p = 269 n^{3/2} A D^{1/2} v^{1/2} C$$

$$E_p = E_{1/2} \pm \frac{0.0285}{n}$$

（アノード反応では＋，カソード反応では－）

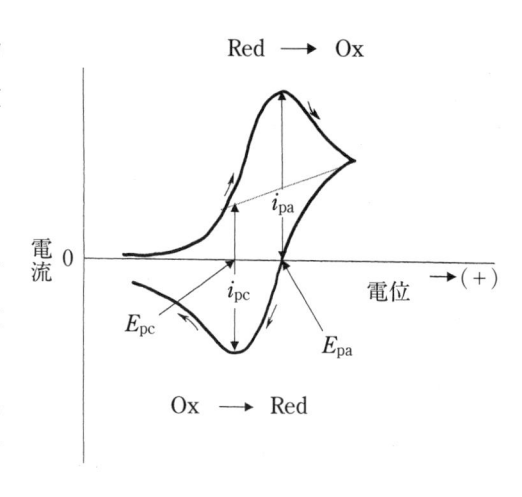

図6 可逆系のサイクリックボルタモグラム

ここで n：反応電子数，A：電極面積（cm²），D：拡散係数（cm² s⁻¹），v：電位走査速度（V s⁻¹），C：バルク濃度（mol L⁻¹），$E_{1/2}$：半波電位（電流変化が半分起こった電位）（V）である．ピーク電流から定量，ピーク電位（電位走査速度に依存しない）から定性の迅速分析が可能であり，定量下限は 10^{-5} mol L⁻¹ 程度で，直流ポーラログラフィーとほぼ同じである．

酸化ピーク電流は還元ピーク電流に等しく，二つのピーク電位間の差は $59/n$（mV）にほぼ等しい．これらは電極反応の可逆性を評価するときの目安となり，不可逆性が増す（電荷移動反応の速さが遅くなる）とともにピーク間の電位差は大きくかつピーク幅は広くなる．本法により，式量電位，電子数，拡散係数などを求めることができる．

■ 参考文献
1) 藤嶋　昭，相澤益男，井上　徹：電気化学測定法（上），p. 150，技報堂出版（1984）.
2) 渡辺　正，金村聖志，益田秀樹，渡辺正義：電気化学，p. 86，丸善（2001）.

6. ポーラログラフィー（polarography）

I 概　　要

静止溶液中，滴下液体電極（主として滴下水銀電極（dropping mercury electrode, DME））の電位を負方向に連続的に変化させて分析種（復極剤）を電解し，電極電位に対する還元電流の変化を記録して得られる電流電位曲線（ポーラログラム）を解析する分析方法をポーラログラフィーという．微量成分分析，電気化学反応の解析，物理化学的研究などに広く利用されている．

II 機器・試薬

ポーラログラフ（基本構成はサイクリックボルタンメトリーに同じ）；電解セル；滴下水銀電極；対極（水銀，飽和カロメル電極（SCE）など）；支持電解質；不活性ガス

III 操　作

① 電解セルに溶液（10^{-2}〜10^{-6} mol L^{-1} 程度の分析対象イオンとそのイオン量の50〜100倍の支持電解質を含む）をとる．

② 図7のように装置を組み立てた後，溶液中に不活性ガスを10〜15分間通じて溶存酸素を除去する．

③ 通気を止めて静置後，水銀だめを所定の高さに持ち上げ，滴下水銀電極の肉厚ガラス毛管（内径 0.01〜0.08 mm）の先端から水銀を滴下（3〜6 s/滴）させる．

④ 電位を負方向に連続的に走査（0.5〜5 mV s^{-1}）し，還元電流を記録してS字状のポーラログラムを得る（図8）．

⑤ 実験終了後，ガラス毛管を蒸留水で洗浄した後，水を沪紙で拭き取り，水銀だめを下げて水銀の滴下を止める*．

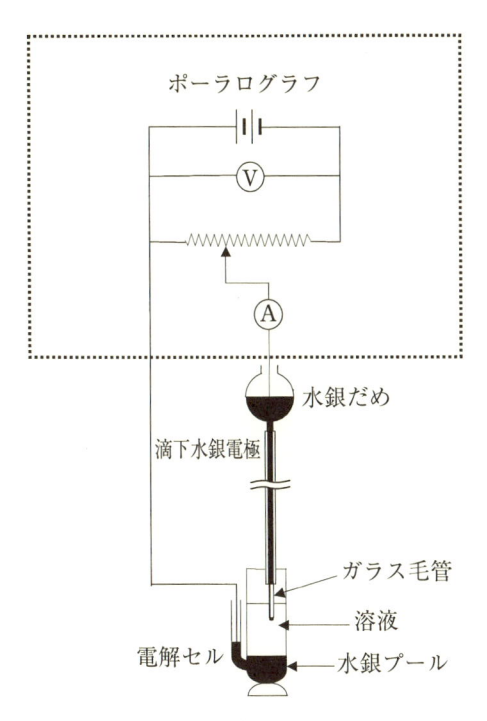

図7　直流ポーラログラフ概念図

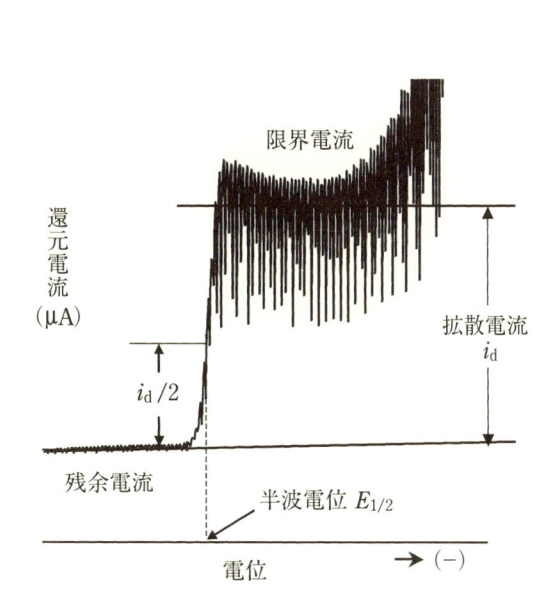

図8　直流ポーラログラム

---

* 水銀は有害物質であるので，流しその他にこぼさないように注意する．

IV 解　説

　滴下水銀電極に直流電圧を印加走査する方法が直流ポーラログラフィーであり，図8に示される拡散電流（diffusion current，波高ともいう）より定量分析が*，半波電位（half-wave potential，拡散電流の半分の電流値を示す電位）より定性分析ができる．ぎざぎざの波形は水銀滴の成長と落下により生じる．限界電流部分に現れることがある極大波は少量のゼラチンや界面活性剤を添加して抑制することができる．

　一般に定量下限は残余電流（residual current，主に充電電流）によって支配され，直流ポーラログラフィーの定量下限は 10^{-5} mol L^{-1} 程度（精度1～2%）である．感度の向上には充電電流の影響を少なくする必要があり，電圧の加え方や電解電流のサンプリング方法を工夫した種々のポーラログラフィーが考案されている．主要なものとして，交流ポーラログラフィー（定量下限：10^{-6} mol L^{-1}），矩形波ポーラログラフィー（定量下限：10^{-7} mol L^{-1}），微分パルスポーラログラフィー（定量下限：10^{-8} mol L^{-1}）などがある．これらの方法では微分形（山形）の波形をしたポーラログラムが得られる．

■ 参考文献

1) 鈴木繁喬，吉森孝良：電気分析法―電解分析・ボルタンメトリー―，p. 74, 共立出版（1987）.

7. 熱重量測定 (thermogravimetry, TG)

I 概　要

　一定の温度プログラムに従った昇温あるいは等温状態で，物質の重量変化を測定する方法である．てんびんビームの配置によって垂直型と水平型に区別され，浮力やアームの熱膨張などの影響が異なる．図9に水平作動型 TG/DTA 装置の構造を示す．市販装置の多くは重量変化と同時に示差熱分析（differential thermal analysis, DTA）が測定できるようになっている．重量減少で発生した気体を分析する目的で，フーリエ変換赤外分光光度計，質量分析計，ガスクロマトグラフィーと接続した同時測定装置（TG/DTA-FTIR, TG/DTA-MS, TG/DTA-GCMS）が市販されており，物質の化学的ならびに物理的変化のメカニズムを解析する上で有力な手法となる．

II 器具・試薬

　試料容器：白金製（試料によっては白金と合金を形成するのでアルミナ板などを容器と試料の間に入れる）あるいはアルミナ製．

　試薬：温度校正用純金属（純度は 99.999% 以上）．

---

* 拡散電流 i_d (μA) はイオンの濃度 C (mmol L^{-1}) に比例する（Ilkovic 式）．
$$i_d = 607 nm^{2/3} t^{1/6} D^{1/2} C = kC$$
n：反応電子数，m：水銀流出速度 (mg s^{-1})，t：水銀滴の滴下間隔 (s)，D：拡散係数 (cm^2 s^{-1}).

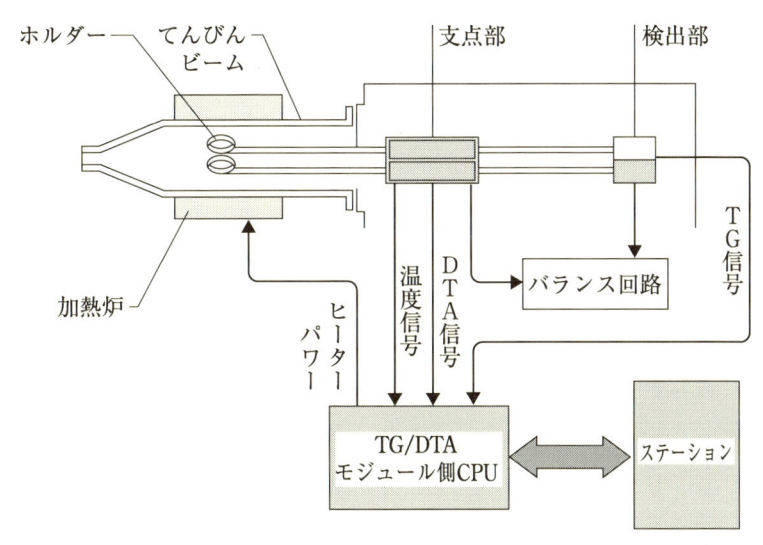

図9 水平作動型 TG/DTA の構造
てんびん計測部分が試料加熱炉と連結しているので，てんびん計測側から
雰囲気ガスを流し保護する．てんびんビームは熱膨張などが考慮された設
計になっているので，大きな力を加えないように注意して取り扱う．

基準分銅（10 あるいは 20mg）と白金製試料容器；ピンセット；雰囲気ガス（窒素
あるいはアルゴン，ヘリウム）

III 操　作

a. 温度校正（TG/DTA の場合）

① 試料容器の選択：測定する温度範囲，試料の性質に応じて適切な容器を選択する．容器の材質は白金やアルミナが一般的であるが，600°C以下ではアルミニウムでもよい．容器と試料が合金形成しない組み合わせを選択する（例えばアルミニウムと亜鉛，白金とアルミニウムなどの組み合わせは避ける）．合金形成する可能性のある試料にはアルミナ容器を用いるとよい．

② 雰囲気ガスの選択と流量の調整：一般に有機物の場合は測定温度範囲が低いので窒素が多く用いられる．高温まで測定する場合や窒素と反応する試料の場合はアルゴンまたはヘリウムを利用する．ヘリウムは熱伝導がよい．酸素分圧を調整した測定を行う場合は文献[1]を参照のこと．

雰囲気ガスの流量は試料セルの大きさによって装置ごとに異なるので，装置マニュアルを参考にする．

③ TG/DTA 装置の試料側ならびに基準側の試料ホルダーに空の試料容器をセットする．雰囲気ガスを流した状態でてんびんが安定するまで待ち，てんびんのゼロバランスをとる．

④ 測定温度範囲に適した温度校正用純金属を2種類以上選択する．

⑤ 3～10 mg の温度校正用純金属を切り出す：表面の酸化膜を取り除き，金属光沢

のある面から試料をとる．

⑥ 試料側の試料容器を取り出して温度校正用純金属を入れ，試料ホルダーにセットする．

⑦ 実際の測定で用いる昇温速度（1〜20℃ min^{-1}，JIS K 7120 では 10℃ min^{-1}）で融解温度を測定する．

⑧ 温度校正に用いる純金属をすべて測定した後，融解開始温度を読み取る（融解前のベースラインと融解ピークスロープとの交点温度を融解開始温度とする）．

⑨ 装置マニュアルに従って，温度校正を行う．

b. 重量校正（てんびんの校正）

① 試料ホルダーを空にした状態で雰囲気ガスを流し，てんびんが安定したらてんびんのゼロバランスをとる．

② 基準分銅（最近の装置では試料ホルダーが小さくなっていて基準分銅をのせられなくなっている場合がある．その場合は重量既知の白金製試料容器で代用する）を試料ホルダーにのせ，安定したところで値を読み取る．

③ 装置マニュアルに従って，てんびんの校正を行う．

c. 重量校正（熱膨張校正）

TG/DTA 装置では試料ならびに基準ホルダーのてんびんビームが温度変化によって膨張するので，熱膨張の校正を行う必要がある．温度変化を行う場合，基準分銅ではなく重量既知の白金製試料容器を用いる．

① 基準分銅を試料ホルダーから取り除き，重量既知の白金試料容器をのせ，実際に測定する条件（a 項 ⑦ 参照）で昇温測定を行う．

② 100℃ごとの重量を読み取る．

③ 装置マニュアルに従って，てんびんの熱膨張校正を行う．

IV 解　説

一般的な温度校正は TG/DTA では表 4 に示した純金属の融点で行う．DSC と異なり TG/DTA では測定温度範囲が高温領域（1000℃以上）に及ぶので，純金属の酸化や窒化の影響を受けやすくなり融点の実測値と文献値との差が生じやすい．

重量（TG 曲線）と熱（DTA 曲線）の変化を組み合わせることで，表 5 に示すような現象を測定できる．昇温速度を変化させて重量変化を解析することで，反応などの速度論的解析が可能である．最近の装置では一定速度で重量減少が起こるように温度を変化させる測定（速度制御熱分析：

表4　温度校正用純金属の融解温度

金　属	融解温度（℃）
インジウム	156.60
スズ	231.93
鉛	327.46
亜鉛	419.53
アルミニウム	660.32
銀	961.78
金	1064.18
銅	1084.62
ニッケル	1455
コバルト	1495

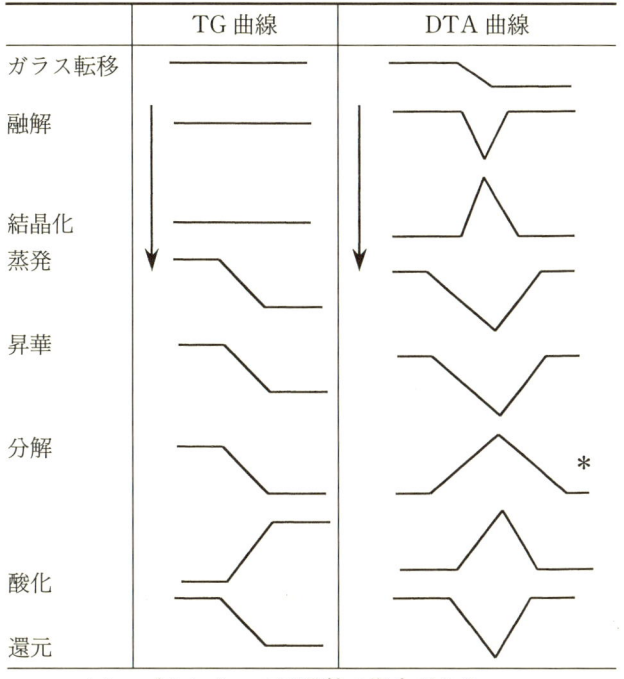

表5 TG/DTAで測定できる種々の現象

現象	TG曲線	DTA曲線
ガラス転移	—	＼＿
融解	—	∨
結晶化	—	∧
蒸発	＼	∨
昇華	＼	∨
分解	＼	∧ *
酸化	／	∧
還元	＼	∨

＊ メカニズムによっては吸熱の場合がある．

controlled rate thermal analysis）が可能である．この方法を用いると，複雑な反応が混在している場合でも個々の反応を区別して速度論的解析を行うことができる．詳細は文献を参照されたい．

■ 参考文献
1) 日本熱測定学会編：熱量測定・熱分析ハンドブック，丸善（1998）．
2) 神戸博太郎，小澤丈夫編：新版熱分析，講談社サイエンティフィク（1992）．

8. 示差走査熱量測定（differential scanning calorimetry, DSC）

I 概　　要

　一定の温度プログラムに従って物質の温度を変化させ，物質の相転移などの物理的変化や反応などの化学的変化を測定する．示差熱分析（DTA）では転移や変化の温度のみが評価できるのに対し，DSCでは温度と熱量（エンタルピー）が測定できるので，DSCが広く用いられている．最近のDSCでは，温度プログラムは一定速度での加熱または冷却測定から等温測定，さらに温度変調（temperature modulation）まで多彩に変化させることが可能である．また，試料の状態や性質に応じた試料容器を選択することができる．温度プログラムと試料容器を組み合わせることで種々の測定が可能であるが，測定条件に対応した温度ならびにエンタルピーの校正が必要であ

表6 温度とエンタルピーの校正用純金属の融解温度と融解エンタルピー

金　属	融解温度(°C)	融解エンタルピー(J g^{-1})
インジウム	156.60	28.58
スズ	231.93	60.42
鉛	327.46	23.08
亜鉛	419.53	108.09
アルミニウム	660.32	399.87

る．

II　器具・試薬

温度ならびにエンタルピー校正用標準物質（表6）；試料容器；ピンセット；雰囲気ガス

III　操　作

1)　温度とエンタルピーの校正

① 試料容器の選択（表7）：実際に測定する試料に対応した容器を用いて温度と熱量の校正を行う．

② 雰囲気ガスの選択と流量の調整：一般に有機物の場合は測定温度範囲が低いので窒素が多く用いられる．高温まで測定する場合や窒素と反応する試料の場合はアルゴンまたはヘリウムを利用する．低温測定では熱伝導のよいヘリウムが用いられる場合もある．

雰囲気ガスの流量は試料セルの大きさによって装置ごとに異なるので，装置マニュアルを参考にする．

③ DSC装置の試料側ならびに基準側の試料ホルダーに空の試料容器をセットする．雰囲気ガスを流した状態でベースラインが安定するまで待ち，DSC信号のゼロバランスをとる（ほとんどの装置では測定試料量が少量なのでこの項目は省略できる）．

④ 測定温度範囲に適した温度校正用純金属を2種類以上選択する．

⑤ 2～10 mgの温度校正用純金属を切り出す（表面の酸化膜を取り除き，金属光沢

表7 試料容器の材質と特徴

材　質	特　徴
アルミニウム	一般に用いられる．600°C以下
銀	水を含む試料用
白金	高温測定用．600°C以上
アルミナ	高温測定用．合金形成しやすい試料
石英	高温測定用．合金形成しやすい試料
ステンレス	耐圧容器用

のある面から試料をとる).

⑥ 試料側の試料容器を取り出して温度校正用純金属を入れ，試料ホルダーにセットする．

⑦ 実際の測定で用いる昇温速度（JIS K 7121 では $10^\circ\mathrm{C}\,\mathrm{min}^{-1}$）で融解温度を測定する．

⑧ 温度校正に用いる純金属をすべて測定した後，図10に示すように融解開始温度と融解エンタルピーを読み取る（融解前のベースラインと融解ピークスロープとの交点温度を融解開始温度とする）．

⑨ 装置マニュアルに従って，温度とエンタルピーの校正を行う．

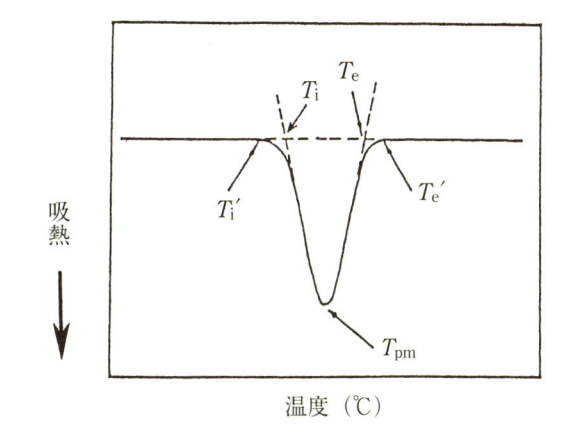

図10 融解温度と融解エンタルピーの求め方
融解温度はベースラインと融解ピークの傾きとの交点温度（融解オンセット温度：T_i）を採用する．融解開始温度（T_i'），融解ピーク温度（T_{pm}），融解オフセット温度（T_e），融解終了温度（T_e'）．融解エンタルピーは融解開始温度（T_i'）と融解終了温度（T_e'）を結ぶ直線と融解ピークで囲まれる面積から求める．

IV 解 説

DSCの基本的な構造を図11に示す．外部から断熱されたヒートシンク内に基準物質と測定試料のホルダーが左右対称に配置されている．DSCには制御方式によって熱流束型と熱補償型とがある．いずれの方式でも基準物質と測定試料の温度を測定しているので，ホルダーならびにヒートシンク内を清浄に保つことが不可欠である．そのためには測定中に試料が分解しないように，熱重量測定で熱分解温度をあらかじめ

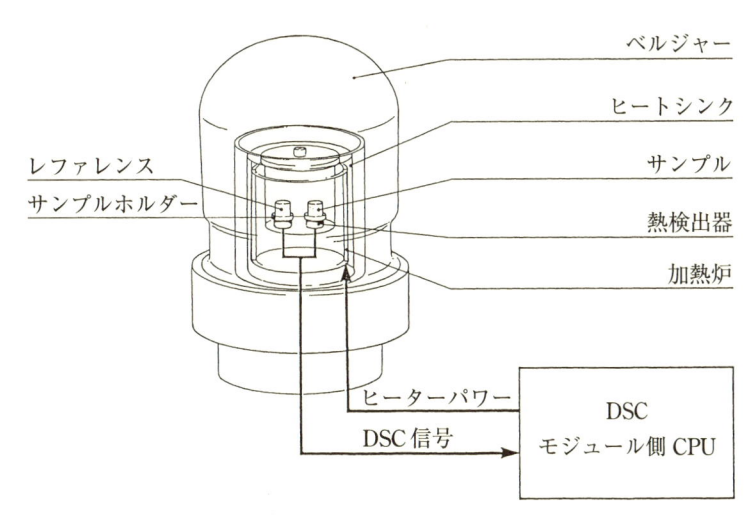

図11 熱流束型DSCの構造
試料（サンプル）と基準物質（レファレンス）に供給される熱流の差をDSC信号として検出する．

調べておくとよい．試料の性状に応じた試料容器を選択するのも重要である．試料容器には，オープン型，低圧力（200 bar 以下）用の簡易密封型，中圧力（3000〜5000 bar 程度）用の密封型がある．蒸気圧の低い固体試料にはオープン型，昇華性の固体や液体には簡易密封型を用いる．容器の材質もアルミニウム，銀，白金，アルミナ，石英，ステンレスなどがあるので，試料と測定温度に応じて適切な容器を選ぶとよい（表 7）．

■ 参考文献
1) 日本熱測定学会編：熱量測定・熱分析ハンドブック，丸善（1998）．
2) 神戸博太郎，小澤丈夫編：新版熱分析，講談社サイエンティフィク（1992）．

9. フローインジェクション分析法 (flow injection analysis)

I 概　　要

内径 0.25〜0.5 mm のテフロンチューブ内に連続的に一定速度で試薬を流し，その流れに 20〜200 μL の試料溶液を注入する．試薬と試料は移動に伴う拡散によって反応が進行する．その反応生成物を吸光光度法，蛍光光度法，化学発光法，原子吸光光度法，電気化学検出法などにより定量する．試薬の流速，試料体積，反応場，検出時間は物理的に制御できるので，精度の高い定量分析が可能である．

II 機器・器具

低圧精密ポンプ；六方サンプルインジェクター；サンプルループ；シリンジ；テフロンチューブ（内径 0.25 mm および 0.5 mm のもの）；ラインコネクター；ミキシングジョイント；レコーダー

検出器：分光光度計，蛍光光度計は液体クロマトグラフ用/10 mm 光路長のフローセルを装着したものを用いる．

III 操　　作

採用する化学反応により検出システムは異なるが，単純なシステムの構築が望ましい．一流路系と二流路系の概略を図 12 と図 13 に示す．

a. 一流路システム（図 12）

試薬として $Hg(SCN)_2$ と Fe^{3+} の混合溶液を流速 0.8 mL min^{-1} でポンプ（P）で送液する．サンプルインジェクターより試料（塩化物イオンを含む，20 μL）を注入する．注入体積はサンプルループの長さを変えて調節できる．塩化物イオンは $HgCl_2$ を即時に形成し，2SCN$^-$ を遊離する．SCN$^-$ が Fe^{3+} と反応し $Fe(SCN)^{2+}$（λ：480 nm）を形成することから分光光度計により吸光度（ピーク高さ）を測定し，塩化物イオンを定量する．

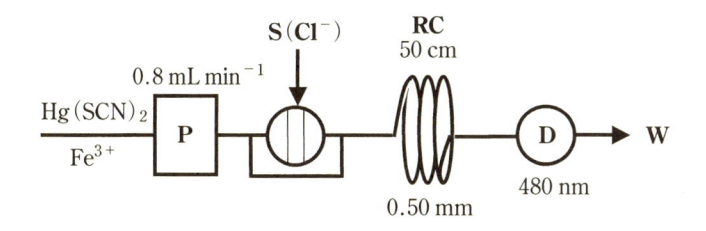

図12 一流路システムによる Cl^- の定量
P：ポンプ，S：試料注入，D：検出器，RC：反応コイル，W：廃液.

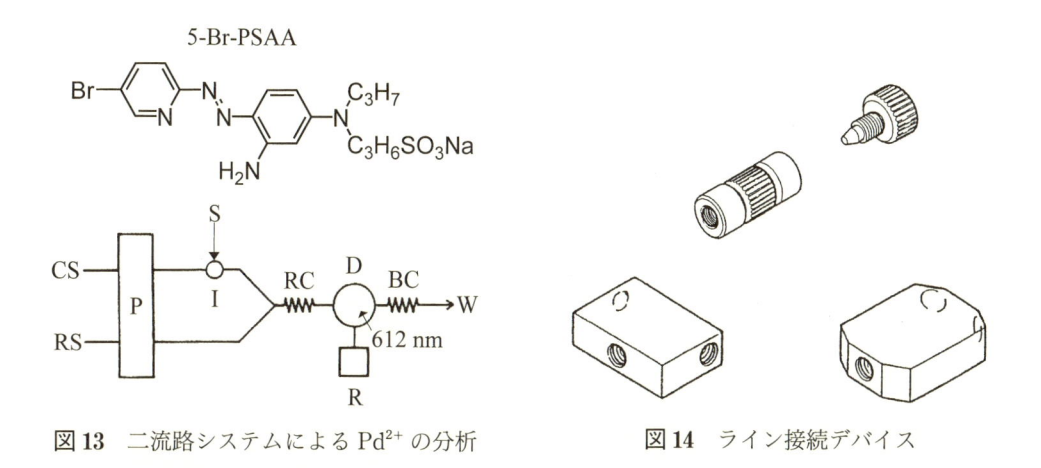

図13 二流路システムによる Pd^{2+} の分析

図14 ライン接続デバイス

b． 二流路システム（図13）

試薬：$0.1\ mol\ L^{-1}$ 塩酸，$1.5×10^{-4}\ mol\ L^{-1}$ 5-Br-PSAA（同仁化学研究所製），100 ppb パラジウム，緩衝液（pH 3.7）

キャリヤー溶液は $0.1\ mol\ L^{-1}$ 塩酸，緩衝液で希釈した試薬溶液をポンプにより $0.85\ mL\ min^{-1}$ の流速で送液する．パラジウム溶液 100 μL が注入されミキシングポイントで試薬溶液と合流し，2 m の反応コイル内で形成されたパラジウム錯体は 612 nm で検出される．検出器の出口に 5 m の背圧コイルを接続すると気泡の発生が防止できる．内径 0.5 mm，長さ 50 cm のサンプルループを用いると試料の注入量は 100 μL となる．

c． システムの組み立て

システムを接続する上で必要な部品を図14に示す．テフロンチューブの接続には従来はフレアー型が使われていたが，最近はフェラル機能を持った押しねじ型が使用されており，使い勝手もよい．リン，シリカ，硝酸，亜硝酸，アンモニアなどの分析用にシステム化された市販装置がある．

IV 分析のための最適条件の決定

文献に記載されている条件で試料の分析が可能であればそれに従って分析条件を設定すればよいが，新たな化学反応を用いる場合は以下の項目について最適条件を求め

た方がよい．

① 試薬の流量：通常はポンプの流量を 0.3〜1.5 mL min^{-1} の範囲で変化させ，最も大きいシグナルが得られる流量を求める．

② 試薬濃度の影響：各種濃度の試薬を流し，最適な濃度を決定する．試薬が濃いとベースラインにノイズが発生することもある．

③ 試料注入量の決定：サンプルループ（0.5 mm i.d.）を 20〜150 cm の範囲で変化させ，シグナル強度と試料の分析速度を考慮して注入量を決定する．

④ 反応コイル長：用いる化学反応に支配される．反応速度が速ければ短くてよい．通常は 50〜500 cm の範囲で検討されるが，遅い系では 7〜10 m のコイルが使われることもある．適した長さ以上のコイルを使用すると拡散により反応生成物が希釈され，シグナル強度は減少する．

⑤ 検出器は化学系で決定する．吸光光度法，蛍光光度法では検出波長はバッチマニュアル法であらかじめ求めておく．

⑥ レコーダー：10 mV で出力し，チャートスピードは 15 cm h^{-1} が適当である．

a. フローインジェクション分析法の付加機能

前述した検出システムは錯形成反応を利用する水溶液系の代表例であるが，機能を高めるために種々のデバイスが作られている．それらの例を示す．

① 液液抽出用相分離器：無色の陰イオン界面活性剤，陽イオン界面活性剤などの定量には対イオン染料を用いるイオン会合抽出法が応用される．有機相と水相からなるセグメントがチューブ内を移動しながら液液抽出が行われる．そのシステムを図 15 に示す．この場合有機相と水相をオンラインで分離しなければならない．相分離器（図 16）がその役割を果たす．相分離器には多孔性 PTFE 膜（細孔 0.5〜0.8 μm）が使われる．疎水性-疎水性相互作用により有機相のみ PTFE 膜を透過し，水相は膜に弾かれて水相側廃液となる．膜透過した有機相は検出器に導かれる．

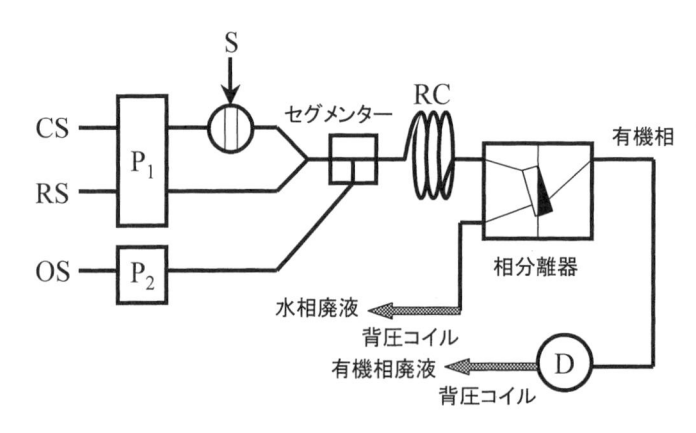

図 15 オンライン抽出システム
CS：キャリヤー溶液，RS：抽出試薬溶液，OS：抽出溶媒，P_1，P_2：ポンプ，S：試料注入，RC：反応（抽出）コイル，D：検出器．

② 気-液分離器：アンモニアや炭酸ガスは水溶液中ではイオンとして存在するが，液性を変えることによりガスとして分離できる．例えば炭酸イオンは酸性溶液中では炭酸ガスを生成する．発生したガスをガス拡散装置（図17）により回収・吸収液に取り込み，吸収液に含まれる酸塩基指示薬の変色を利用して濃度を求める．アンモニウムイオンはアルカリ性にすればアンモニアガスを発生する．そのFIAシステムを図18に示す．

③ Cd-Cu還元カラム（2 mm i.d.×15 cm）：河川水中の硝酸，亜硝酸イオンの測定にナフチルエチレンジアミン吸光光度法を用いることがある．これは亜硝酸イオンと試薬とのジアゾ化-カップリング反応を利用するもので，硝酸イオンを亜硝酸イオンに還元する必要がある．硝酸イオンをCd-Cu還元カラムに通すと亜硝酸イオンに定量的に還元され呈色反応が進行する．システムを図19に示す．

④ 反応槽：化学反応を促進するために25～180°Cまで加温し，その後冷却できるペルチェ式温度制御装置を有する反応槽がある．温度の制御幅は±1°Cである．

⑤ デガッサー：ポンプを用いて送液するが，ラインに溶液を送る前にデガッサーを通して溶液中のガスを抜く装置であり，これを用いるとラインに空気が混入するのを未然に防ぐことができる．あるいは試薬，キャリヤー溶液をあらかじめ超音波洗浄器にかけて置くと同じ効果がある．

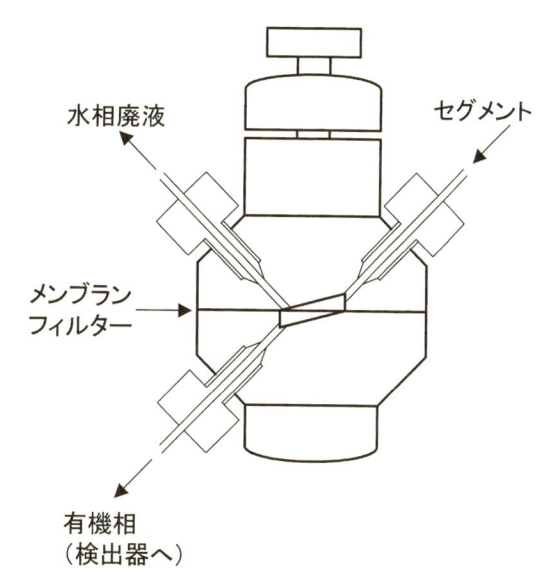

図16 相分離器

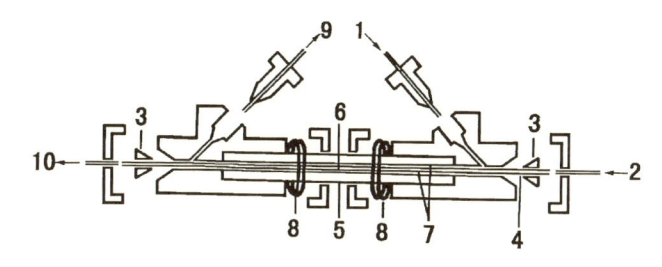

図17 ガス拡散ユニット
1：キャリヤー溶液入口，2：試薬溶液入口，3：フェラル，4：多孔質PTFEチューブ，5：ガラス管，6：試薬溶液の流れ，7：キャリヤー溶液の流れ，8：Oリング，9：キャリヤー溶液廃液，10：試薬溶液出口，検出器へ．

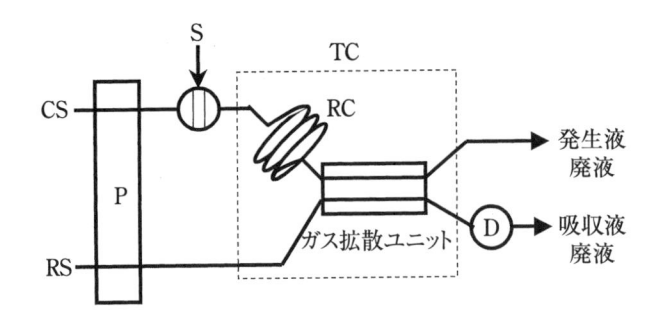

図18 アンモニアガスの検出システム
CS：キャリヤー溶液（0.02 mol L^{-1} NaOH），RS：試薬溶液（4×10^{-4} mol L^{-1} HEPES，1.25×10^{-4} mol L^{-1} クレゾールレッド，pH 7.0），P：送液ポンプ（1.0 mL min^{-1}），S：試料注入（200 μL），TC：恒温槽（40℃），D：検出器（550 nm），RC：反応コイル（0.5 mm i.d.×1 m）．

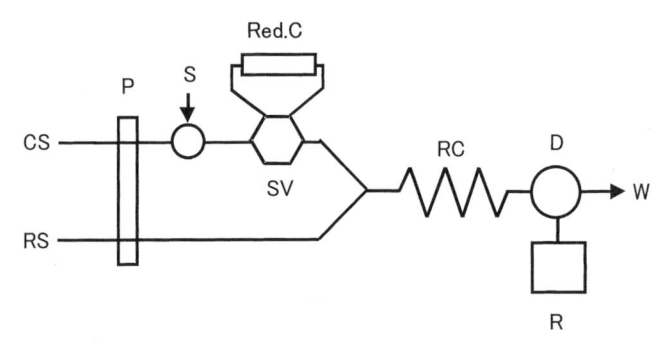

図19 亜硝酸，硝酸分析のフローダイアグラム
CS：キャリヤー溶液（EDTA＋NH$_4$Cl＋NaCl），RS：試薬溶液（スルファニルアミド＋N-(1-ナフチル)エチレンジアミン二塩酸塩），P：送液ポンプ（1.0 mL min^{-1}），S：試料注入（100 μL），SV：還元カラム切り替えバルブ，Red. C：Cd-Cu還元カラム（2 mm i.d.×15 cm），RC：反応コイル（0.5 mm i.d.×1 m），D：検出器（540 nm），R：記録計，W：廃液．

b. トラブルの発生

よく起こるトラブルとその対策を以下に示す．

① 空気の混入：ラインの接続は流れを止めて行うのでそのとき空気が入ることがある．またサンプル注入時に空気を注入することがある．空気がセルに入るとノイズが発生し，シグナル測定ができない．チューブの最先端（廃液出口）に指先を当ててラインに圧をかけると空気を抜くことができる．また早い速度で送液してもよい．

② バックグラウンドのノイズ：ポンプを止め，検出器の異常の有無を確認する．ポンプを作動し，比較する．ポンプの流量を確認する．

③ 脈流の発生：エアダンパーを流路に直角に組み込むと改善される．

■ 参考文献

1) 本水昌二，酒井忠雄編：*Journal of FIA*（技術論文集），**16**（Suppl.），FIA研究懇談会誌（2000）．
2) J. Ruzicka, E.H. Hansen：Flow Injection Analysis（2nd ed.），John Wiley & Sons（1988）．
3) T. Sakai, N. Ohno：*Anal. Chim. Acta*，**214**，271（1988）．

10. 空気分節型連続流れ分析法（air-segmented continuous flow analysis）

I 概　　要

　チューブ内を流れる溶液を気泡（空気）で規則的に等間隔に分断し，その一つ一つの分節にサンプルと試薬を一定量自動的に注入する．流れの分節内では渦流が生じ，サンプルと試薬が混合される．完全混合し，反応の終結点で生成物を検出する方法である．空気分節流れとシグナルの様子を図20に示す．フローインジェクション分析法は反応を時間制御し，反応の過渡的段階で検出するのに対して，この方法は反応が完結した状態で測定する．また空気の導入と脱気が必要である．フローインジェクション分析法と空気分節型連続流れ分析法の装置構成（図21）は基本的に異なる．

II 装置の構成

　オートサンプラー，オートクレーブ分解部，多チャンネルペリスタポンプ（一定の間隔で規則正しく空気や試薬を注入する），反応部（混合コイル，高温インキュベーター，透析，蒸留などを行う分析カートリッジを含む反応部分），検出器（フローセル付き分光光度計），データ処理部から構成されている．分析カートリッジには多チャ

図20　空気分節流れ（a）とシグナル（b）

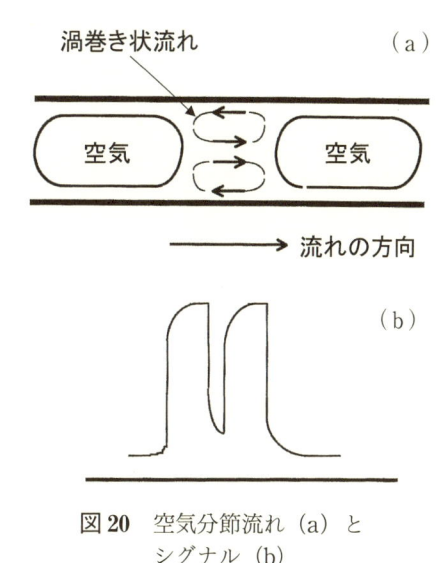

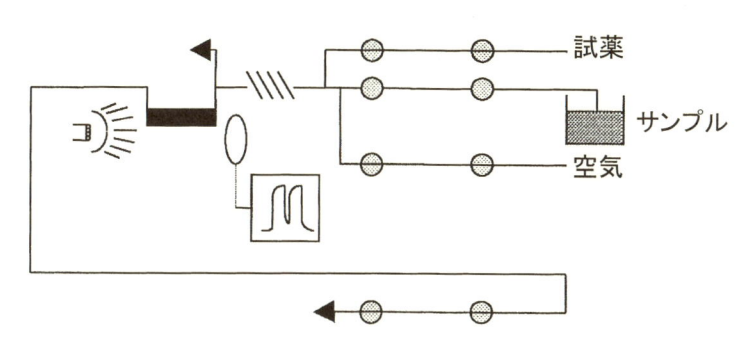

図21　空気分節型連続流れ分析装置

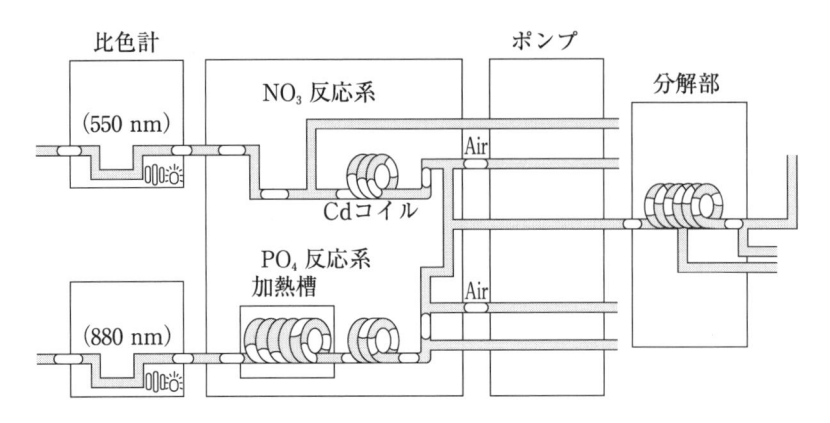

図 22　全窒素，全リンの空気分節型連続流れ分析システム

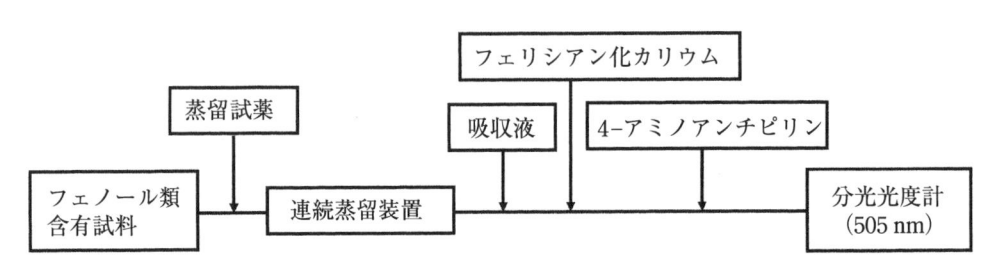

図 23　フェノール類分析のための試薬添加順序

ンネルペリスタポンプ，反応カートリッジ，加熱槽およびフローセル付き比色計が装着されている．

全リン，全窒素分析用の構成を図 22 に示す．オートサンプラーより導入された試料中の全窒素はアルカリ性ペルオキソ二硫酸カリウムと高温加熱槽で反応し硝酸に分解される．ついで酸性ペルオキソ二硫酸カリウムが注入され総リンが正リン酸に分解される．硝酸は Cd コイルを通り亜硝酸に還元され，エチレンジアミン吸光光度法（λ：550 nm）で測定される．リンはリンモリブデンブルー法（λ：880 nm）で測定される．

この装置はあらかじめ保存してあるメソッドファイルをファイル-開くで選択し，メソッドファイルを作成し，指定の操作を行った後，メインメニューにより測定する．洗浄操作は必ず行う．

シアン化合物は 4-ピリジンカルボン酸ピラゾロン吸光光度法，フェノール類は 4-アミノアンチピリン吸光光度法が導入されている．いずれも蒸留コイルを内蔵した恒温加熱槽，蒸留塔，冷却コイルからなる蒸留装置で前処理された後，検出される．

フェノール類の試薬添加順序を図 23 に示す．

11. 薄層クロマトグラフィー(thin layer chromatography, TLC)

I 概　要

　複数の成分からなる物質の分離分析法として広く普及し，安価かつ短時間に行える利点を持つ．一般には，ガラス板にシリカゲルの粉末を塗布したシリカゲルTLCプレートが最も広く利用されている．操作は極めて簡単であるが，簡便で単純な手法であるだけに技術の差も歴然と現れる．ここでは，初心者にも上手にできるTLCの操作法を紹介する．

II 器具・試薬

　薄層クロマトグラフ用プレート（TLC板）：シリカゲルまたはアルミナの粉末を塗布した製品が汎用されている．最近では，ODS，アミン修飾シリカゲル，セルロース粉末を塗布したTLC板や"キラルTLC"など多様な製品が市販されている．また，ガラス板の代わりにアルミ板，プラスチック板を使用したものがあり，目的と好みに合ったものを選ぶことができる．
　デシケーター：小型のものでよい．
　展開槽：再現性の高い円筒型の展開槽（図24）が市販されているが，ガラスコップ（蓋付き）でも十分に代用できる．
　ガラスカッター（ダイヤモンドヘッド付き）または薄層プレートカッター（メルク社から市販されている）；ドライヤー；キャピラリー；沪紙；ピンセット；紫外線ランプ；噴霧瓶

III 操　作

　① TLC板を適当な大きさ（通常長さ5 cm×幅2 cm）に切る．ガラス製のTLC板は，プレートカッターやガラスカッターで切る．アルミ板やプラスチック板の製品ははさみで切れる．切ったTLC板はデシケーターに保存しておく．ガラス製のTLC板は電子レンジで2，3分程度加温処理した後，デシケーター中（減圧状態）で冷却してから使用するとよい．
　② キャピラリー（内径約0.5 mm）の先端を試料溶液の液面に触れさせて試料を適量採取する．キャピラリー内表面に表面張力が働くため，無理なくサンプリングできる．
　③ ①で用意したTLC板の下から約5 mmのところに，キャピラリーで吸い上げた試料溶液をスポットする．試料溶液の濃度が薄いときは，一度スポットし，少し乾燥した後に再度同じ場所に重ねてスポットするとよい．TLC板

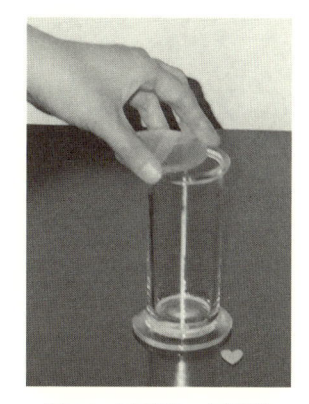

図24 円筒型の展開槽

の幅に応じて，3～5 mm 間隔に試料溶液を順次，横にスポットしていく．

④ 試料溶液をスポットした TLC 板を乾燥させる．通常はドライヤーで風を軽く吹きつける程度で十分であるが，水など高沸点溶媒でスポットした場合には，TLC 板をデシケーター中，減圧下（1 mmHg 以下）で乾燥する．この操作を怠ると，展開後のスポットの形が三日月状に変形するので要注意である．

⑤ 展開槽の内壁に沪紙を貼り付け，底から 2，3 mm 程度の高さになるように展開溶媒を入れて蓋をし，展開槽の中で気-液平衡が成立するまで待ち（約 15 分程度），TLC 板の上の方をピンセットでつまんで静かに立て掛ける．

⑥ 展開溶媒が TLC 板の上から 2，3 mm のところまで上昇したら，TLC 板を展開槽からつまみ出し，ドライヤーで速やかに乾燥させる．

⑦ 乾燥した薄層板を紫外線（254 nm）照射下で観察した後，希硫酸などの呈色試薬を噴霧し，続いてホットプレート上でゆっくりと加温して発色させる．

■ 参考文献
1) 後藤俊夫・芝 哲夫・松浦輝男監修：有機化学実験のてびき 1―物質取扱法と分離精製法―，化学同人（1989）．
2) 富岡 清編：廣川化学と生物実験ライン 26 有機化学実験ガイド，廣川書店（1993）．
3) メルク・ジャパン薄層クロマトグラフィー用呈色試薬，メルク・ジャパン（2001）．

12. ガスクロマトグラフィー（1）充填カラムの作成 (preparation of packed columns)

I 概　　要
ガスクロマトグラフィー用の充填カラムを作るため，充填剤の調製と充填を行う．

II 器具・試薬
固定相液体（例：OV-1（メチルシリコン））；固定相担体（例：Chromosorb W AW DMCS（60～80 メッシュ））；カラム用管（例：ガラス（内径 3 mm，長さ 2 m））；固定相液体溶解用溶媒（例：トルエン，ジクロロメタン）；ロータリーエバポレーター；アスピレーター；ガラス棒；漏斗

III 操　　作
1) 充填剤の作成
① カラム用管内体積，あるいは将来の利用を考慮し，適当量の担体をとり量り取る（質量を W_1 とする）．例えば安全率を 1.3 として，2 本分作るときは約 40 mL の担体の質量を測定する．

② 所望の固定相液体担持量（A%）に応じ，計算量の固定相液体を量り取る．固定相液体量を W_2 とする．このとき，

$$A = \frac{W_2}{W_1 + W_2} \times 100 \text{ より,}$$

$$W_2 = \frac{A}{100 - A} \times W_1$$

となる．

③ 固定相液体をよく溶かす揮発性溶媒約 50 mL に溶解する．
④ ロータリーエバポレーターのナス型フラスコ（容量 200 mL）に固定相液体溶液を入れる．
⑤ フラスコに担体を少しずつ入れる．すべて入れたとき，ひたひたの状態がよい．
⑥ ロータリーエバポレーターを作動し，ゆっくり回転させ，また必要に応じて加熱しながら溶媒を揮散させる．
⑦ 内容物がさらさらの状態になったところで止める．

2) 充填剤の充填

① カラム用管の一端にシリカウールを長さ 1 cm 程度充填する．
② シリカウールをつないだ方へアスピレーター，他端に漏斗を接続する（図25）．
③ アスピレーターで吸引しながら充填剤を漏斗に入れ，管中に詰めていく．
④ 軽く棒で叩くなどの振動を与えて，十分密に充填するように努力する．
⑤ これ以上充填できなくなったところで，漏斗を外し，シリカウールを 1 cm ほどしっかり詰める．
⑥ 他端のシリカウールもしっかりと詰めて，カラムができあがる．

IV 解　説

吸着剤，ポーラスポリマー系充填剤の充填の仕方も同様である．吸着剤については，その活性度に応じて，分離性能が変化するので，充填前後の取り扱いに注意する必要がある．

充填したカラムをガスクロマトグラフに装着する場合，最初は入り口だけつないで，他端は開放する．検出器を汚さないために，検出器への入り口に栓をした状態で不活性なキャリヤーガスを $30 \sim 40$ mL min^{-1} の流量で流す．ついで，徐々に最高使用温度付近まで昇温し，数時間その温度に保つ．エージングと称するが，使用した溶媒や，不純物その他を追い出す効果で，カラムを使える状態にすることが大切である．吸着剤を充填した場合は水分を追い出す効果も求められる．エージングの後，カラム出口を検出器につなぐ．

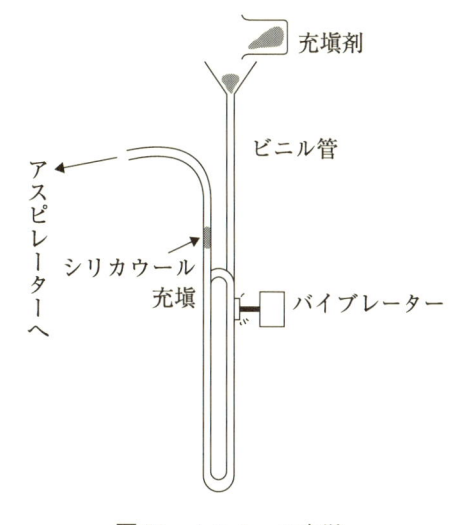

図 25 カラムへの充填

最近は充塡カラムの使用が少なくなってきたが，キャピラリーカラムに比較して，簡単に作れる，試料負荷容量が大きく，スプリット注入などを考えなくてもよい，カラムも扱いやすいなどの理由から，組成が複雑でない試料に対しては使いやすい．ガス分析には特に好まれる．

担体には特殊なけいそう土系耐火煉瓦粉が多用されてきた．シラノール基を不活性化処理するためにジメチルジクロロシラン（DMCS）やヘキサメチルジシラザン（HMDS）処理がされたものがよく使われる．他にガラスビーズ，フッ素樹脂粒なども使われる．

カラム用管材としては，ホウケイ酸ガラス，ステンレス鋼が主として使われてきた．不活性なものがよい．

固定相液体の溶解に使う溶媒としてはジクロロメタンが多用されている．メチルシリコンの場合にはトルエンを併用するとよい．

なお，固定相を担持した，商品としての充塡剤も入手可能である．その場合，固定相が担体に化学結合されたタイプの充塡剤も入手できる．

13. ガスクロマトグラフィー（2）試料注入法（sample injection methods for packed columns）：充塡カラムの場合

I 概　　要

ガスクロマトグラフィーにおいて定量的に試料を注入するには，注入時に発生する問題を理解しておく必要がある．ここでは，充塡カラムに試料を注入する場合について，気体と液体の試料に分け，説明する．特に液体試料の取り扱いでは，注入部の高温度により，「ディスクリミネーション」が起こることに注意を喚起した．

II 機器，器具・試薬

ガスクロマトグラフ；マイクロシリンジ（容量 10 μL）；気体試料用シリンジ；六

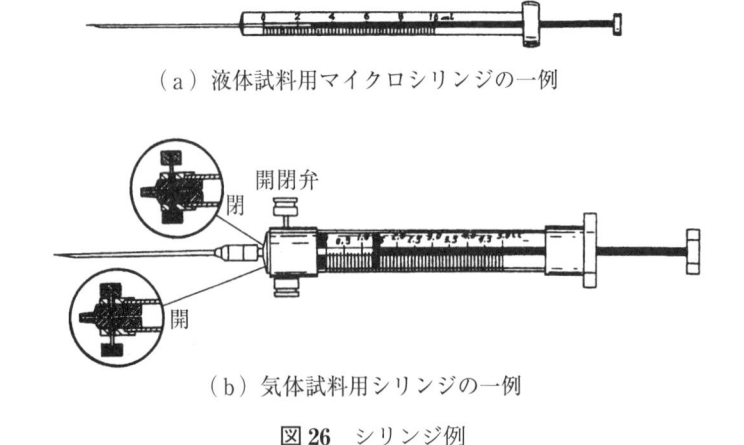

（a）液体試料用マイクロシリンジの一例

開閉弁
閉
開

（b）気体試料用シリンジの一例

図 26　シリンジ例

方バルブ式試料導入装置；試料（気体，液体，固体）；溶媒（例：アセトン，メタノール，ジクロロメタン）；ティッシュペーパー

III 操　作
a． 分析条件の設定
① 目的試料の分離に適したカラムの接続，ガス漏れチェック：例えばキャリヤーガス出口を閉じ，カラム接続部にせっけん液を塗って泡が生じるかどうかを調べる．

必要に応じ，注入口セプタムの交換（セプタムを押さえてある金具をねじを緩めて取り外し，その下にはめてあるセプタムを新しいものと交換する）．

② カラム温度，キャリヤーガス流量などの条件設定．

③ 検出器の温度，電圧等条件設定．

b． 試料導入法
1） 液体，固体試料
① 必要に応じて，溶媒に溶解し，溶液試料として取り扱う．

② 試料導入部温度を試料成分に応じて設定する．通常，最高沸点成分の沸点以上の温度．

③ マイクロシリンジに試料を採取する．針先に試料を入れ，プランジャー（シリンジ中に出入させる金属棒）を引いて，試料を吸い取り，マイクロシリンジを容器外に移動してプランジャーを押して，試料を吐き出す操作をして，プランジャー内を洗う．次いで，針先を試料中に入れたまま，プランジャーを上下させて試料を吸い取る．何回も繰り返すことにより，シリンジ内の空気が排出され，試料と置き換わる．

④ 針を試料注入口セプタムに突き通し，プランジャーを押して，ガラスインサート部に試料を吐出させる*．

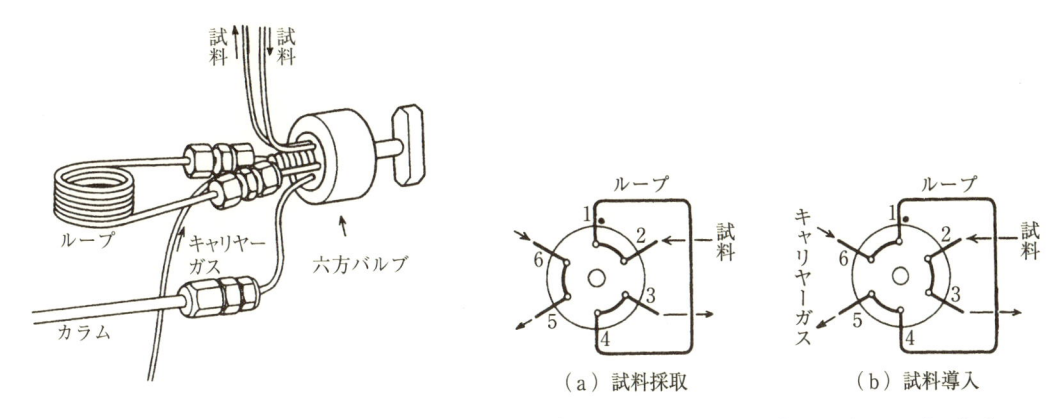

図 27　気体試料導入機構：六方バルブの例　　図 28　気体試料導入機構：六方バルブの作動

---

*　この際「ディスクリミネーション」と呼ばれる現象が往々にして起こる．すなわち，針先の内容積は通常 1 μL 程度あり，試料を吐出した後，針先に残った試料溶液が加熱されて，蒸留と同じ現象が起こる．針内の揮発性が高い化合物ほど多量に噴出してカラムに入ってしまう．

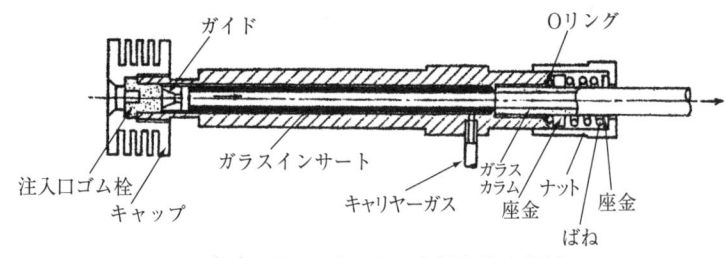

(a) ガラスインサート付き注入部例

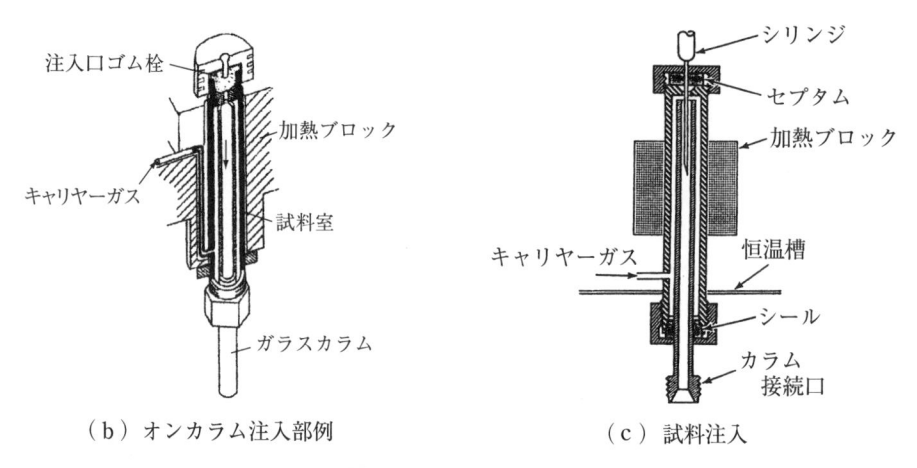

(b) オンカラム注入部例　　(c) 試料注入

図29　試料注入部の例

試料は加熱されたガラスインサート中で気化してカラムに運ばれる．

⑤ 検出器応答の記録をスタートさせる．

2） ディスクリミネーション対策例　　ディスクリミネーションと呼ばれる現象は起こりやすく，これを防止するのはかなり難しい．1つの対策例として，図30に示したように試料を扱うとディスクリミネーションが起こっても溶媒だけが針中にあり，試料は全部注入されることになる．

① まず，溶媒だけを 1 μL 程度吸入する．

② 空気を少量吸入後，試料を例えば 2 μL 吸入する．

③ プランジャーを動かして試料を目盛部に運び，試料量を測定する．

④ 針を試料注入口セプタムに突き通し，プランジャーを押して，ガラスインサート内に試料を吐出させる．

⑤ 検出器応答の記録をスタートさせる．

3） 気体試料　　気体試料をガスクロマトグラフ系に導入する場合，六方バルブ（図27）を使うのがよい．

① 図28(a)のバルブ位置で試料をループ内に流し，試料採取し，一定温度になるのを待つ．

② 図28(b)の位置まで，バルブを回して試料をキャリヤーガスで押し出し，カラムに導く．

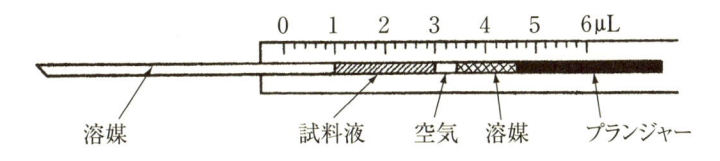

図30 マイクロシリンジへの試料採取例

　③ 検出器応答の記録をスタートさせる．
　シリンジ本体の先端に開閉バルブ機構を持つ気体試料用シリンジを止むを得ず使う場合がある．
　[操作]
　① プランジャーを引いて試料を吸入，また押し出して排出を繰り返し，最後に吸入採取，開閉バルブを閉じる*．
　② 注入時に開閉バルブを開き，針を注入口セプタムに突き刺して，プランジャーを押し，試料注入をする†．
　③ 検出器応答の記録をスタートさせる．

IV 解　　説

　ガスクロマトグラフに試料を注入する手法は，液体クロマトグラフの場合と比較して量に関する信頼性が低い．試料を加熱気化して，カラムに導く必要があるからである．瞬間的に気化しようとして温度を高く設定すると，差し込まれた針も加熱され，針内の試料まで気化して，一部注入されてしまう．そこで，カラム温度を低くしておき，カラムに直接針を差し込んで試料注入後，カラム温度をプログラム昇温するなどの工夫がされる．
　定量的な仕事をする場合，内標準物質を使い，混合比とピーク面積比の関係を使う，いわゆる内標準法（内部標準法）を使うことが勧められる．あらかじめ，対象成分量と内標準物質量の混合比のわかった試料を作り，ピーク面積比をとり，検量線を作っておく．未知試料に既知量の内標準物質を添加して，クロマトグラムを得て，ピーク面積比から内標準物質に対する量比を得て，対象成分量を求める．試料の注入量が厳密である必要がないため，操作が容易となる．

---

　*　試料成分のシリンジ内表面への吸着が考えられるため，平衡になることを目的として繰り返し吸入，排出を行う．吸着性微量成分の取り扱いの際には十分気をつける必要がある．
　†　この手法の問題点として，キャリヤーガスの圧力がシリンジにかかり，試料が圧縮されるため，プランジャーを最後まで押しても，針および開閉弁付近等に圧縮された試料が残り，試料全量は導入できない．

14. ガスクロマトグラフィー (3) ガラスアンプルの開封 (opening of glass ampoules)

I 概要

ガラスアンプルに封入した有機試薬は，外気から遮断された雰囲気が保たれており，保管温度や遮光などの注意を守れば長期間の保存に適している．封入時にアルゴンや窒素の雰囲気としたり，冷却しながら封じるものもある．開封後は，必要量を取り出した後再度溶封するか，内容物を他の容器に移し保管する．ここでは，再度溶封せずに内容物を他の容器に移す際の開封の方法について説明する．開封するときには，冷却しながら封じられたものについては揮発しないよう特に注意が必要である．開封後は速やかに希釈操作を行い，アンプル内に残った成分は保存容器に移す．

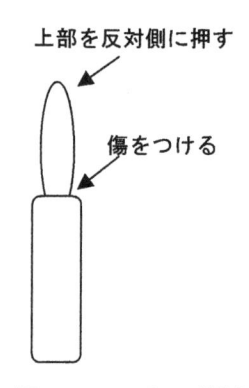

図31 アンプルの開封

II 器具

ガラス切り；ヤスリ

III 操作

① アンプルの首のところにガラス切りやヤスリなどで1/3周程度傷をつける．

② アンプルの傷をつけた部分を手前にして軽く握り，親指でアンプルの頭の部分を反対側に押す．大きなアンプルでは両手を使い，アンプルの頭の部分を持ち上げるようにして反応側に押す．

③ 必要量を採取し，希釈溶媒で希釈する．

アンプル内の成分を取り出し一定濃度の標準溶液を調製するには，次の二つの方法がある．

・質量で採取
・容量で採取

採取にはマイクロシリンジまたはピペッターなどを用いる．質量で採取するときには，空容器を用意し，てんびんで風袋を秤量した後アンプル内の成分を一定量入れ，秤量して採取量を求めた後希釈する溶媒を入れ，再度秤量し濃度を求める．

揮発性が高い物質を扱う場合には，質量を測定している間に揮発し，正確な秤量ができないので，ガスタイトシリンジなどを用い容量で採取する．質量濃度に変換するには比重から求める．このときは，希釈する溶媒をあらかじめ秤量し，容器に入れておき溶媒内に試料を静かに入れる．あらかじめ溶媒を入れておかないと容器に滴下したとたんに揮発する．

④ アンプル内に残った試料を再度使用するには，清浄なバイアルに移し，内容物

がわかるようラベルを貼り密閉し保管する．一般に長期保管は望ましくない．

IV 注意点

・切断時にガラスの細かい粉が内部に落ちる可能性があるのでガラス切りやヤスリであまり深く傷をつけない．傷跡をエタノールなどで拭くとガラス粉の飛散が防げる．

・傷をつけるときは一掻きで一本だけ傷をつけること．

・アンプルが大きい時は両手を使う．このときにはアンプル上部を上に持ち上げるようにして傷つけた部分と反対側に向けて力をかける．

・揮発性の高い成分を溶封したアンプルは，冷蔵庫から取り出した後，直ちに開封する．このときには，内容物の液面より下の部分には手で触れないようにする．手で触れると温度が上がり，開封時に内容物が揮散してしまう．

・揮発性の高い成分を取り扱うときにはマイクロシリンジやガスタイトシリンジなどの採取器具をアンプルと同じ温度にしておくとよい．
(これらの方法の他に，各研究室ごとにいろいろな作法や伝承がある．)

15. ガスクロマトグラフィー／質量分析法 (gas chromatography/mass spectrometry, GC/MS)

I 概要

GC/MS は GC の持つ優れた分離能力と MS の持つ高い同定能力，検出能力を併せ持つ手法で環境分析をはじめとする広い分野で使用されている．定性分析では主に質量スペクトルを利用した同定や構造解析に用いられ，定量分析では主に化合物特有のイオンの選択的検出を利用した高感度・高選択的検出法として用いられる．

II 機器，器具（装置）・試薬，ガス

GC/MS 用装置：データシステムによって制御され，ライブラリーサーチができるもの，また GC 部は測定目的に沿ったカラムが装着でき，適当な注入口を持つもの（通常はキャピラリーカラムを装着でき，スプリット／スプリットレス注入口を持つもの），MS 部は一定以上の測定質量範囲（通常 m/z 2～500以上），走査速度 2 scan s^{-1} 以上が可能なもので，電子イオン化（EI）あるいは化学イオン化（CI）のイオン源を装着したもの．

GC カラム：測定目的に合ったもの（通常は長さ 30 m，内径 0.25 mm，膜厚 0.25 μm 程度で液相の種類は測定成分による）．

試料注入（導入）用器具・装置：

・液体試料を直接導入する場合：マイクロシリンジあるいは試料注入用オートインジェクター（サンプラー），試料用のバイアル瓶（容量 0.1～2 mL のもの）．

・その他の場合：p. 167，IV項参照．

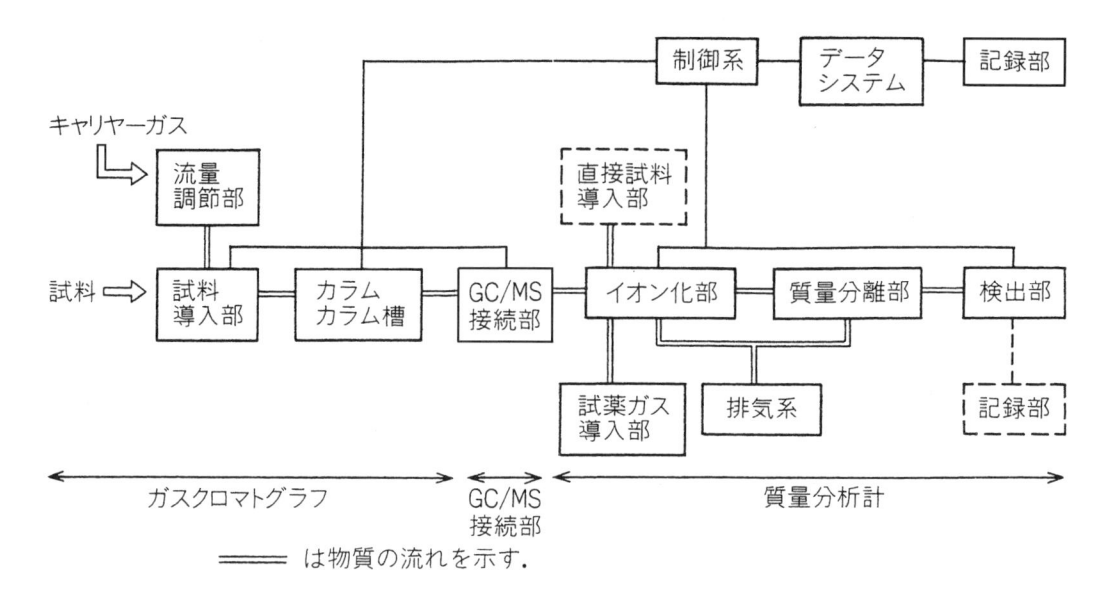

図32 GC/MS装置の構成例（JIS K 0123：1995, p. 2）[1]

キャリヤーガス用ヘリウム：高純度，例えば99.999%のもの．
・CI法を行う場合：試薬ガスとして純度99.9%以上のメタン，イソブタンなど（IV項参照）．
試料溶解用溶媒（ジクロロメタン，ヘキサンなど）；校正用標準物質（ペルフルオロトリブチルアミン（PFTBA）など）

III 操　作

参考のために装置構成の概略を図32に示す．以下はGCカラムにキャピラリーカラムの使用を想定している（IV項参照）．また，測定条件の設定のうち，MS条件については使用する装置の型によって若干，設定が異なる場合や装置に特有の条件設定がある場合があるので，マニュアルなどに従い設定する．なお，本文は四重極型の装置の使用を想定している．

1）装置の測定準備

① 分析目的に合わせてGCカラムの選択，GCの注入口形式とライナー（インサート）の選択，MSのイオン化のモードを選択する．この際，必要に応じ分析目的に適合した注入口の装着やイオン源の交換あるいは切り替えを行う．

② 選択したカラムの両端を注入口とイオン源に接続し，キャリヤーガスを流す．またオートインジェクター以外の試料導入装置を使用する場合は，これらの装置とGCの注入口を接続する．

③ MS装置のイオン化部と質量分離部の排気を開始し，真空度が所定の値に達するまで待機する．また，装置の各部の温度を所定の温度に設定する．

④ 真空度が所定の値に到達し，また各部の温度も所定の温度で一定になっている

ことを確認後，校正用標準物質を用いてMS装置のキャリブレーションを行う（質量軸の校正，質量域ごとの検出感度の調整，分解能の調整，質量ピーク形状の調整など）．

⑤ 化学イオン化を行う場合は試薬ガスを選択し，そのボンベを装置に接続しておく．

2） 測定条件の設定

① GC条件（キャリヤーガス流量または圧力，スプリット比（スプリット注入の場合），注入口温度，カラムオーブン温度プログラム（初期，昇温速度，最終温度など），およびGC/MS接続部の温度を設定する．

② MS条件（電子加速電圧，イオン化電流，イオン化室温度，イオン加速電圧，分解能，走査速度，測定質量範囲など）を設定する．また，選択イオン検出法による測定の場合は，モニターする特定イオン（m/z 値）および各イオンの取り込み時間を設定する．

③ 化学イオン化法を用いる場合は試薬ガスの流量または圧力をイオン化に適した一定の値とする．正イオン検出の場合はイオン化に適した反応イオンが生成されているか確認する．

3） 試料の導入

① 気体試料の場合，ガスタイトシリンジ（通常 0.5～5 mL 程度のもの）を用いて，適当量，試料注入口から注入する．必要に応じ，バルブシステムや各種濃縮装置などを介して導入する．

② 液体試料の場合，マイクロシリンジかオートインジェクターを使用して 1～5 μL を試料注入口から注入する．試料導入後は適当な溶媒を用いてシリンジの洗浄を行う．また，目的に応じ各種試料導入装置（例えばヘッドスペースサンプラー）を利用する．

③ 固体試料の場合，溶媒に溶解し②と同様に導入する．また，必要に応じ各種試料導入装置（例えば熱分解装置）を使用する．

4） 測　定
装置に試料を導入後，データシステムにより設定した条件に沿って装置を制御し，データの採取を行う．測定には主に全イオン検出（TIM）法と選択イオン検出（SIM）法がある．必要に応じ，測定を行いつつCRT上で全イオンクロマトグラム，質量スペクトル，マスクロマトグラム，SIMクロマトグラムなどを表示する．

5） データ処理，結果の表示
分析者の設定で質量スペクトルの表示（必要に応じコンピュータによる処理でバックグラウンドなどの差し引きも行われる），各種クロマトグラムの表示を行う．また，ライブラリーサーチ（次項6）を参照），クロマトグラム上の各ピーク高さや面積の計算，検量線の作成，定量なども分析者の設定で同様に行う．

6） 定性分析
EIスペクトルの場合，ライブラリーサーチに使用するライブラ

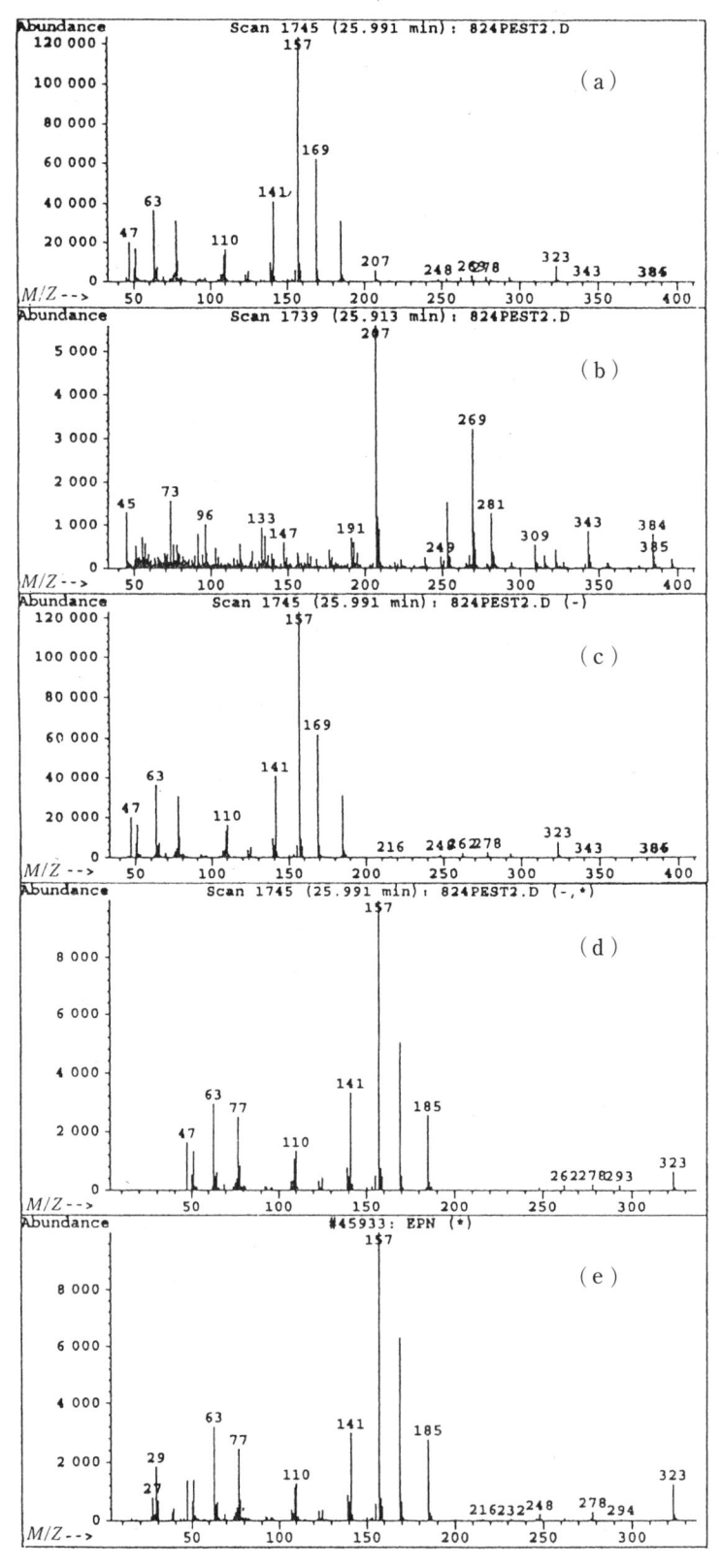

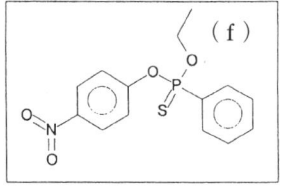

図33 質量スペクトル（EI）測定例とライブラリーサーチ（日本分析化学会，1996）[1]

化合物：EPN，(a)生のスペクトル，(b)バックグラウンド（BG）のスペクトル，(c)BG を差し引いたスペクトル，(d)ライブラリーサーチのもととなるスペクトル（(c)から微小のピークを取り除いたもの），(e)ライブラリーのスペクトル，(f)構造式の表示。
(a)～(e)はイオン強度（縦軸の目盛）が異なることに注意。

リーを選択し，未知成分の質量スペクトルを表示させた後，ライブラリーサーチを行い，類似度の高い候補化合物のリストアップ（化合物名，CAS番号，分子式，分子量）を行う．類似度を参考にしながら，未知成分のスペクトルと選択した候補化合物のスペクトルの並列表示を行い比較しながら同定を行う．ライブラリーサーチ結果の例を図33に示す．類似度の高い候補化合物がない場合は，マニュアルによる解析を行う．マニュアルでの解析は分子イオンの確認に基づく分子量の推定，分子式の推定，特殊な元素の確認，部分構造の推定等，いくつかのステップを踏みながら行う．

CIスペクトルの場合，プロトン化分子 $[M+H]^+$ や付加イオンを生じることが多い（例えばメタンを試薬ガスに用いた場合は $[M+H]^+$ と付加イオン $(M+29)^+$, $(M+41)^+$ が生じやすい）ので，それらの質量スペクトルパターンを利用して分子量推定を行う．

7) 定量分析 定量は通常，絶対検量線法か内部標準法を用いて行う．いずれも被定量成分の標品を用いてあらかじめ検量線を作成しておき，測定試料中の被定量成分のマスクロマトグラムあるいはSIMクロマトグラムのピーク面積を求め，濃度換算の計算を行い定量する．

IV 解　説

GC/MS装置への試料導入法としてはシリンジを用いて液体試料，気体試料を注入する以外に，バルブシステムによる方法（気体，液体）（以下主なもとの試料形態を示す），ヘッドスペースサンプラーによる方法（液体，固体），パージ&トラップ装置による方法（液体，固体），熱分解（熱抽出を含む）装置による方法（液体，固体），熱脱着装置による方法（気体，液体），固相抽出装置による方法（液体），マイクロ固相抽出法による方法（試料導入器具の形状はマイクロシリンジ様）（気体，液体），キャニスターシステムによる方法（気体）などがあり目的に応じて使い分けられる．

GCでは通常キャピラリーカラムが用いられるが，必要に応じ充塡カラムやワイドボアーカラムも使用されることもある．キャピラリーカラムの場合，イオン源に直結されて用いられるが，通常はGC単独で行っていた測定条件をそのままGC/MSのGC条件に置き換えることが可能である．また，注入方式にはスプリット法，スプリットレス法，オンカラム法，PTV法などがあり，目的に応じて使い分けられる．キャピラリーカラム以外の場合はセパレーターやオープンスプリット方式を用いてカラムとMSを接続する．

GC/MSで使用されるイオン化法には電子イオン化（elctron ionization, EI）法と化学イオン化（CI）法があり，通常はEI法が用いられる．ライブラリーサーチのための質量スペクトルデータベースはEIによるものがほとんどである．CI法には正イオン化学イオン化（PCI）法と負イオン化学イオン化（NCI）法があり，前者は分子量や分子構造推定に有用な情報を与える，後者は電子親和性の高い化合物の超高感度検出が可能といった特徴を持つ．試薬ガスにはメタン，イソブタン，アンモニアなど

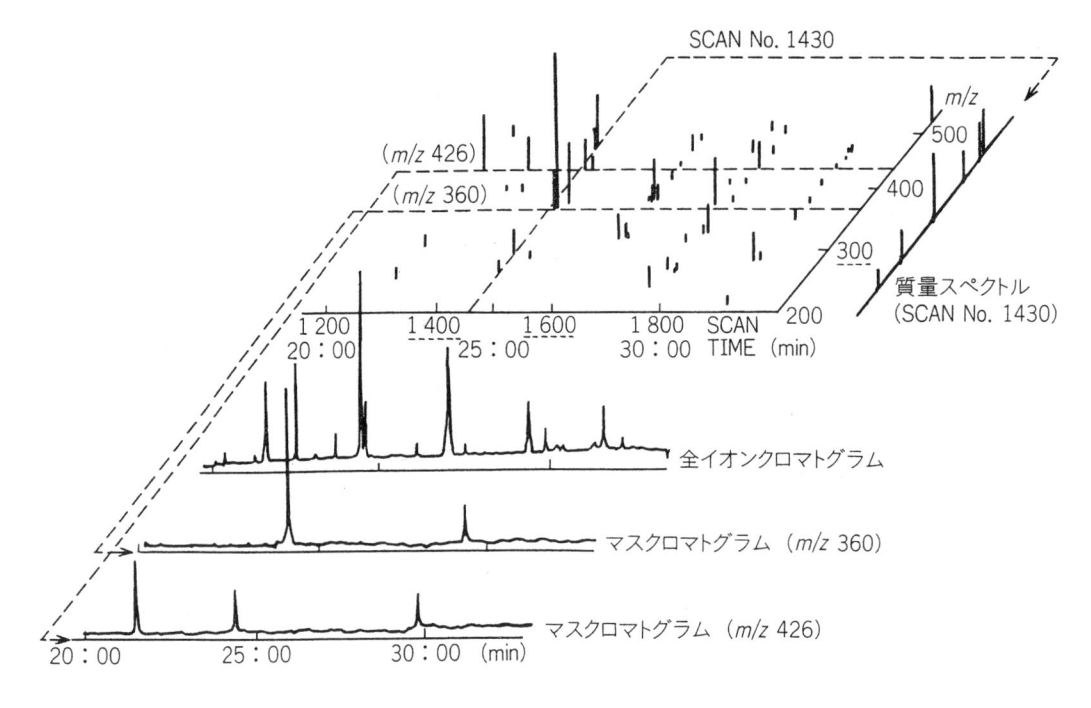

図34 GC/MSによる測定の概念図 (JIS K 0123：1995, p.11)[1]

が用いられるが汎用性が高いのはメタンである．

GC/MSに用いられるMSの型としては通常，四重極型の装置が用いられることが多いが，その他，二重収束型（電場および磁場），イオントラップ型，飛行時間型，三連四重極型，イオンサイクロトロン型などがあり，それぞれ特徴を持っている．なお，二重収束型やイオンサイクロトロン型では高分解能の測定が可能で，二重収束型ではリンク走査，イオントラップ型，三連四重極型などではGC/MS/MSとしての測定が可能である．

GC/MSにおける測定方法には大別して全イオン検出（TIM）法と選択イオン検出（SIM）法がある．TIM法で測定したクロマトグラムを全イオンクロマトグラム（TIC）という．また一度データシステムに取り込まれた質量スペクトルから，特定の m/z 値についてのイオン電流の時間変化を取り出して記したクロマトグラムをマスクロマトグラム，マスクロマトグラムの表示をさせる手法をマスクロマトグラフィー（MC）という．MCは定性，定量の両者に用いられる．これらの関係を図34に示す．また，SIM法は化合物に特有なイオンの m/z 値を設定してその m/z 値のイオンのみを一定時間ずつ検出する方法で，高選択的かつ高感度の検出が可能で定量に用いられる（特定の成分に対し，通常TIM法に比べ数倍から数十倍の検出感度を持つ）．

定量に際し，MCは定性的な情報も必要とする場合，および試料量に制限があり多数回の測定が困難な場合に用い，SIMはより高感度な測定を必要とする場合に用い

る．原理的には内部標準法の方が精度の高い測定が可能であるが，短時間内での測定であれば絶対検量線法で測定しても差し支えない．定量の場合の測定は，複数回行い平均値を求めることがほとんどで，統計的処理を行うには6回以上の測定が好ましい．また，内部標準法の場合の内部標準物資には重水素や ^{13}C などの安定同位体でラベルした標識化合物を用いると精度の高い測定が可能となる．なお，共存成分が多く含まれる場合や被定量成分がバックグラウンドとして存在する場合などは標準添加法を用いた方がよい．

■ 参考文献
1) JIS K 0123 : 1995（ガスクロマトグラフ質量分析通則）．
2) G. M. Message : Practical Aspects of Gas Chromatography/Mass Spectrometry, John Wiley & Sons (1984).
3) F. W. McLafferty, et al. : Interpretation of Mass Spectra (4th ed.), University Science Books (1993).

■ 引用文献
[1] 日本分析化学会編：機器分析ガイドブック，p. 186，丸善(1996)．

16. 質量分析法 (mass spectrometry, MS)

I 概　　要

　MS法はGC/MSやLC/MSといった分離分析法／質量分析法の組み合わせによる手法ではなく，試料を直接，MS装置に導入しイオン化して質量スペクトルを測定する手法で，質量スペクトルの持つ分子量情報，分子構造情報を利用し主に定性分析を行う．低分子量の化合物から高分子やタンパク質などの高分子量の化合物までを対象にし，種々の装置やイオン化法が利用できるため広い分野で用いられている．

II 機器，器具（装置）・試薬

　MS法の場合の測定手法は多様であるため，ここでは汎用性の高い固体試料直接導入プローブを用いるEI法，フローインジェクション法によるエレクトロスプレーイオン化(ESI)法，マトリックス支援レーザー脱離イオン化(MALDI)法について述べる．なお，使用する装置はそれぞれのイオン化で最も使用されている四重極型（EIおよびESI法），飛行時間型（MALDI法）を用いたものとする．

a. 固体試料直接導入プローブを用いるEI法の場合

　MS装置：GC/MSのMS部を用いるが，MS部は一定以上の測定質量範囲を持ち（通常 m/z 2～500以上），走査速度 2 scan s^{-1} 以上が可能で，EIのイオン源を装着し，固体試料直接導入プローブが挿入できるもの．また，ライブラリーサーチができるもの．

　固体試料直接導入プローブ：真空ロックを通してプローブの先端をイオン源の間近

まで挿入できるもの．また，先端部にヒーターを持ち，数十°C min^{-1} 以上の昇温速度で試料加熱が可能なもの（加熱の制御は通常，MS 本体に組み込まれたもので行うが，外部の制御装置によるものもある）（図 35）．

　試料管：ガラスまたは石英製のキャピラリーの一端を閉じたもので，固体試料直接導入プローブの先端に装着できるもの（大きさはプローブの仕様による）．

　試料ローディング用マイクロシリンジ：固体試料または液体試料を適宜溶媒に溶解した後，試料管に入れるために用いる．

　ピンセット：試料管をプローブの先端に装着するために用いる．

　試料溶解用溶媒：アセトン，メタノール，ヘキサンなど．

　校正用標準物質：ペルフルオロトリブチルアミン（PFTBA）など．

b. フローインジェクション法による ESI 法の場合

　MS 装置：LC/MS の MS 部を用いるが，MS 部は一定以上の測定質量範囲を持ち（例えば m/z 50〜1500 以上），走査速度 2 scan s^{-1} 以上が可能で，ESI のイオン源を装着したもの．装置はデータシステムによって制御され，デコンボリューション法などが利用可能なもの．

　LC 装置：LC/MS の LC 部のうち，送液ポンプとインジェクターのみを用いるが，システムとして 200〜500 µL min^{-1} 前後の流量で試料溶液をイオン化部に送液できるもの．

　試料溶解用溶媒：アセトニトリル／水，メタノール／水などの溶媒．

　送液用溶液：測定を行うイオン化モードや試料成分の pK_a や pK_b を考慮して調製（例えば正イオンモードのときは試料溶解用溶媒に 0.1% 程度のギ酸や酢酸を添加したもの，またイオン化を促進するためにギ酸アンモニウムや酢酸アンモニウムなどを添加することもある）．

　乾燥用窒素ガス：ボンベあるいは窒素発生器などにより供給される窒素．純度は各装置の仕様に合ったもの．流量も仕様に合った一定以上のものが必要．

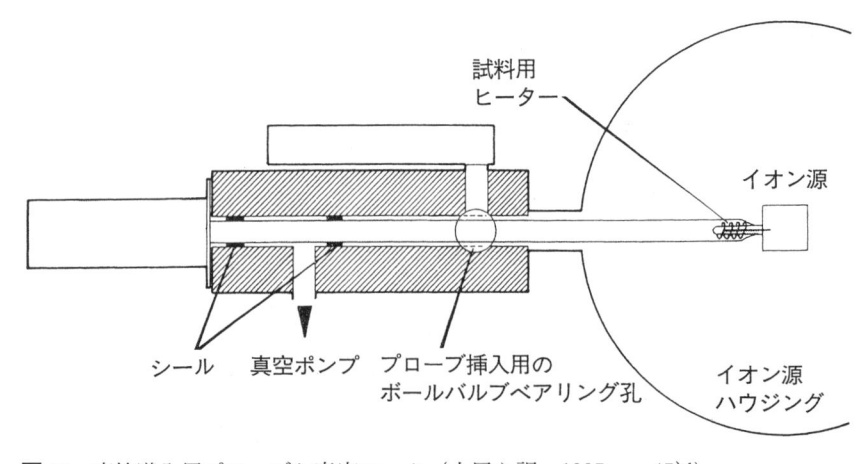

図 35　直接導入用プローブと真空ロック（土屋ら訳，1995, p. 45）[1]

マイクロシリンジ：試料溶液注入用．

校正用標準物質：各装置の仕様に合ったもの．

試料調製用容器：例えば 0.1～0.5 mL 程度のプロピレン製マイクロチューブ．

c. MALDI 法の場合

MS 装置：データシステムによって制御され，MALDI イオン源を装備した飛行時間型質量分析計．通常は 337 nm の窒素レーザーを装備しているリフレクトロン型．

試料およびマトリックス溶解用溶媒：水／アセトニトリル（50/50 v/v%）に TFA を 0.1% 添加したものなど．

マトリックス：α-シアノ-4-ヒドロキシケイ皮酸（CHCA），2,5-ジヒドロキシ安息香酸（DHB）など．

校正用標準物質：各装置の仕様に合ったもの（合成ペプチドや精製したタンパク質などを用いる）．

試料プレート：装置仕様に合ったもの．

試料・マトリックス調製用容器：例えば 0.5～1.5 mL 程度のプロピレン製マイクロチューブ．

マイクロピペット：試料溶液およびマトリックス溶液採取用（各種ピペットチップも用意）．

III 操　作

a. 固体試料直接導入プローブを用いる EI 法の場合

1) 装置の測定準備

① MS 装置のイオン化部，質量分離部および検出部の排気を開始し，真空度が所定の値に達するまで待機する．また，装置の各部の温度を所定の温度に設定する．なお，イオン源（イオン化室）は必要に応じ直接試料導入装置からの試料導入が可能なものに換えておく．

② 真空度が所定の値に到達し，また各部の温度も所定の温度で一定になっていることを確認後，校正用標準物質を用いて MS 装置のキャリブレーション（質量軸の校正，質量域ごとの検出感度の調整，分解能の調整，質量ピーク形状の調整など）を行う．

③ 固体試料直接導入プローブのコネクターを MS 装置に接続するなどしてスタンバイの状態にしておく．

2) 測定条件の設定

① MS 条件（電子加速電圧，イオン化電流，イオン化室温度，イオン加速電圧，分解能，走査速度，測定質量範囲など）をコンピュータの画面上で設定する．

② 固体試料直接導入プローブの加熱ヒーターの温度プログラムを行う．なお，揮発性の高い試料の場合，プローブの先端に冷媒などを流し，冷却して用いることもある．

3) 試料の導入

① 試料を適当な溶媒に溶解後，その溶液を試料管に入れ適宜加熱して溶媒を蒸発させる．

② 試料管を固体試料直接導入プローブの先端に装着し，MS 装置にセットし，挿入部を排気した後，真空ロックを介してプローブを挿入してその先端部をイオン源の間近に置く．

4) 測　定

① プログラムした条件に沿ってプローブの先端に装着した試料管を加熱し，試料成分を気化させ，試料成分をイオン源のイオン化室に入れる．

② プローブの加熱開始後，MS 装置のデータシステムにより設定した条件に沿ってデータの採取を行う．

5) データ処理，結果の表示

イオン電流を積算したプロファイルを表示し（通常の測定ならば加熱に従って試料が気化し，イオン化され，やがて試料成分がなくなるのでピーク状の形状となる），適当と思われる箇所の質量スペクトルの表示（必要に応じバックグラウンドなどの差し引きも行う）を行う．

6) 定性分析

ライブラリーサーチに使用するライブラリーを選択し，試料成分の質量スペクトルを表示させた後，ライブラリーサーチを行い，類似度の高い候補化合物のリストアップを行う．類似度を参考にしながら，試料成分のスペクトルと選択した候補化合物のスペクトルの並列表示を行い比較しながら同定を行う．類似度の高い候補化合物がない場合は，マニュアルによる解析を行う．なお，試料成分として推定されるものがある（例えば合成化合物）場合は，得られた質量スペクトルについて分子イオンの確認，推定構造からのフラグメンテーションの妥当性などを見る（p. 163「ガスクロマトグラフィー／質量分析法」参照）．

b. フローインジェクション法による ESI 法の場合

1) 装置の測定準備と測定条件の設定

① MS 装置の質量分離部および検出部の排気を開始し，真空度が所定の値に達するまで待機する．また，装置の各部の温度を所定の温度に設定する．なお，イオン源は ESI 用のものにしておく．

② 真空度が所定の値に到達し，また各部の温度も所定の温度で一定になっていることを確認後，装置を作動し校正用標準物質を用いて MS 装置のキャリブレーションを行う（所定の流量で乾燥ガスも流す）．また，必要に応じてスプレー電圧，スプレー先端部，スプレー位置の調整を行い ESI イオン源の最適化を行う．

③ LC の送液ポンプを用いて送液用溶液を一定流量で流し，スプレーが行われていることを確認する（送液用溶液は適宜調製したものを用いる）．

④ 試料を数〜数十 $pmol\,\mu L^{-1}$ 程度の濃度になるように試料調製用容器内で試料用溶媒に溶解する．（試料用溶媒はストックしておいたもの，あるいは適宜調製したものを用いる）．

⑤ 測定用の MS 条件（走査速度，測定質量範囲，各イオン光学系電圧など）を設定する．

2) 試料の導入と測定　試料溶液を 5～10 µL，インジェクターより注入し，設定した測定条件に沿ってデータの採取を行う．

3) データ処理と結果の表示　イオン電流を積算したプロファイルを表示し（試料溶液は送液用溶液にサンドイッチされた状態になるので，通常形状はクロマトグラフィーでのピーク状となる），適当と思われる箇所の質量スペクトルの表示（必要に応じバックグラウンドなどの差し引きも行う）を行う．

4) 定性分析　表示させた質量スペクトルから $[M+H]^+$ などの分子量関連イオンを推定し，分子量を推定する．また，可能であればフラグメントイオンから部分構造を推定する．推定される分子構造や分子量（分子式）がある場合は，相当する分子量関連イオンの確認や推定構造からのフラグメンテーションの妥当性などを見る．

タンパク質やペプチドの場合は多価イオン，$[M+nH]^{n+}$ が生成するので，デコンボリューション法により分子量を計算し，スペクトルなどとして表示させる（IV項参照）．

c. MALDI 法の場合

1) 装置の測定準備　MS 装置のイオン化部，質量分離部および検出部の排気を開始し，真空度が所定の値に達するまで待機する．また，装置の各部の温度を所定の温度に設定する．

2) 試料の調製　校正用標準物質もこれに準じる．また ①～④ の過程でマイクロピペットを用いる．

① 水／アセトニトリル（50/50 v/v％）1 mL に TFA 1 µL を添加し，試料およびマトリックス溶解用溶媒とする．

② 上記の溶媒を用い，調製用容器の中で試料は 10 pmol µL^{-1} 程度，マトリックスは 0.1 mol L^{-1} 程度の濃度になるように，それぞれ数十 µL，数百 µL を調製する．

③ 別の容器を用い，試料溶液とマトリックス溶液の比が 1/5 から 1/10 程度になるような混合溶液を 10 µL 程度調製する．

④ 試料プレート上に混合溶液を 0.5～1 µL 滴下する（IV項参照）．

⑤ 室温で放置し溶媒を蒸発させて乾燥し，試料プレート上に試料とマトリックスの混合結晶を析出させる．

3) 測定条件の設定　真空度が所定の値に到達し，また各部の温度も所定の温度で一定になっていることを確認後，装置を作動し試料プレート上に調製した校正用標準物質を装置のイオン化部にセットする．測定モード（リニアーあるいはリフレクターモード）と検出イオンの極性を選択した後，測定条件（レーザー強度，加速電圧，遅延引き出しパラメーター，測定質量範囲，積算回数など）を設定し，レーザーを照射して質量スペクトルを測定しながら MS 装置のキャリブレーション（質量軸校正と測定条件の最適化）を行う．

4） 試料の導入と測定

① 調製した試料プレートを装置のイオン化部にセットする．

② CCDカメラからの映像を見るなどして試料／マトリックス混合結晶へのレーザー照射位置を決め，あらかじめ設定した測定条件で仮測定を行い，良好な質量スペクトルが得られるような条件の微調整を行う．また必要に応じレーザーの照射位置をずらして最適化を図る．質量スペクトルの積算は通常50～200回程度行い，積算したスペクトルとして数スペクトル/sのデータ採取を行う（図36）．

5） データ処理と結果の表示

個々の積算質量スペクトルあるいは一定時間内に測定した平均の積算質量スペクトルを表示させる．また，特定イオンについては標準物質との比較データを用い精密質量を計算し，表示させる．

6） 定性分析

表示させた質量スペクトルから $[M+H]^+$ などの分子量関連イオンを推定し，分子量を推定する．正イオンモードでは $[M+H]^+$ が，負イオンモードでは $[M-H]^-$ が生成しやすい．

モノアイソトピックなピークの精密質量を測定してイオンの元素組成の推定やペプチドのアミノ酸配列の推定，確認などに用いる．

IV 解 説

MS法において主に用いられるイオン化法としては，電子イオン化

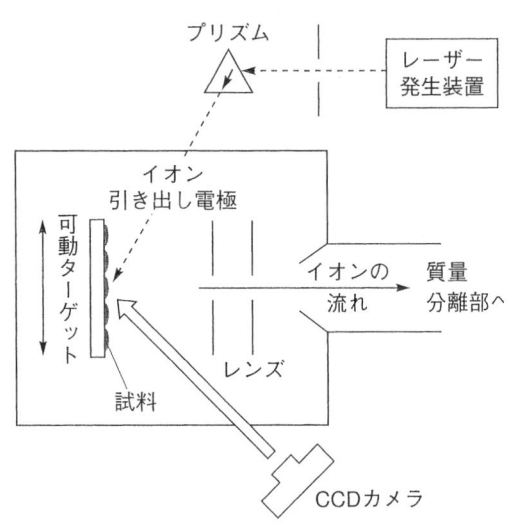

図36 MALDI法に用いるイオン源（志田ら，2001）[3]

表8 試料を直接導入で測定するイオン化法と装置の関係

イオン化法	装 置	主なMS装置の型式[*1]
EI, CI	GC/MS[*2]	四重極型(Q)，磁場型(EB)，イオントラップ型(IT)，飛行時間型(TOF)
ESI, APCI, FAB[*3]	LC/MS[*4]	Q, EB, IT, TOF, 三連四重極型(QqQ)，各種ハイブリッド型(Q-TOF等)
MALDI	MS(/MS)[*5]	TOF, IT, 各種ハイブリッド型

*1　必ずしもすべての装置がすべてのイオン化に対応しているわけではない．磁場二重収束型は電場(E)と磁場(B)の順序によってEB(正配置)型とBE(逆配置)型があるが，ここでは便宜上，EB型とした．
*2　GC/MS装置付属（あるいはオプション）の固体試料直接導入プローブを使用．
*3　FABはLC/MSのイオン化手法として使用される他，MS単独装置に装着した形での測定にも使われる．
*4　LCカラムを通さない，インフュージョン方式の測定．
*5　MALDIの場合はMS/MS機能を持つ装置での測定が多い．

(EI）法，化学イオン化（CI）法，高速原子衝撃（FAB）法，エレクトロスプレーイオン化（ESI）法，大気圧化学イオン化（APCI）法，マトリックス支援レーザー脱離イオン化（MALDI）法などがある．EI と CI は GC/MS で，FAB，ESI，APCI は LC/MS で用いられるイオン化法であるが，装置的に GC や LC を介さないで直接，試料を導入しての測定が可能である．MALDI は最近よく用いられるイオン化法で専用の装置も普及している．また，これらのイオン化法は使用する MS 装置の型式と深く関係している．これらを表 8 にまとめた．

a. 固体試料直接導入プローブを用いる EI 法の場合

適切な試料量は測定条件によっても異なるが，通常は 10〜100 nmol（分子量が 100 として 1〜10 µg）程度あれば十分に質のよいスペクトルが得られる．固体試料を直接，固体のまま試料管に入れることもあるが，試料量がコントロールしにくく過剰になりやすいので注意が必要である．

加熱速度は試料成分の沸点，蒸気圧などによるが通常は室温レベルから $20 \sim 100$ ℃ min^{-1} 程度の昇温速度で 300〜350℃前後まで加熱する．再構成イオン電流のプロファイルを見ながら，すべての試料が気化したと判断される場合は途中で加熱を止めてもよい．沸点が低く蒸気圧が測定前に高くなってしまうときは試料管の上部にシリカウールを詰め揮散を防ぐ場合もある．また，プローブの先端に冷却用の冷媒を流せるものもある．なお，熱的に不安定な試料の場合は加熱速度が遅いと気化よりも分解の方が支配的になり，目的とした成分の質量スペクトルが得られない場合があるので注意が必要である．

b. フローインジェクション法による ESI 法の場合

試料溶液の送液にシリンジポンプを用いることがあり，インフュージョン法と呼ばれる．長時間にわたり，試料溶液をイオン源に送り，イオン化できるため，主に MS/MS 法の場合に用いられる．この場合も $10\,\mu L\,min^{-1}$ 前後の流量で試料溶液を送る．

デコンボリューション法は多価イオンを利用する一定のアルゴリズムに従って分子量計算を行う手法で装置に組み込まれていることが多い．タンパク質などの測定では，あらかじめ予想される分子量（分子式）があることが多いので，その分子量と測定した成分の分子量が一致するかを確認する．また修飾などにより分子量がシフトする場合があるので，その質量差により修飾の種類などの推定を行う．なお，デコンボリューション法は複数の成分が混在していても適用可能である（図 37）．

c. MALDI 法の場合

本書では汎用性の高い代表的なマトリックスをあげたが，これら以外に多くのものがあり，本来は測定成分に合わせた選択が必要である．また，マトリックス溶液は光によって劣化するので測定ごとに調製する必要がある．

MALDI 法の場合，試料調製には経験を要し，測定がうまくいくか否かは試料調製（マトリックスとの混合結晶作り）にかかっている．標準的な調製法の他に，薄膜法

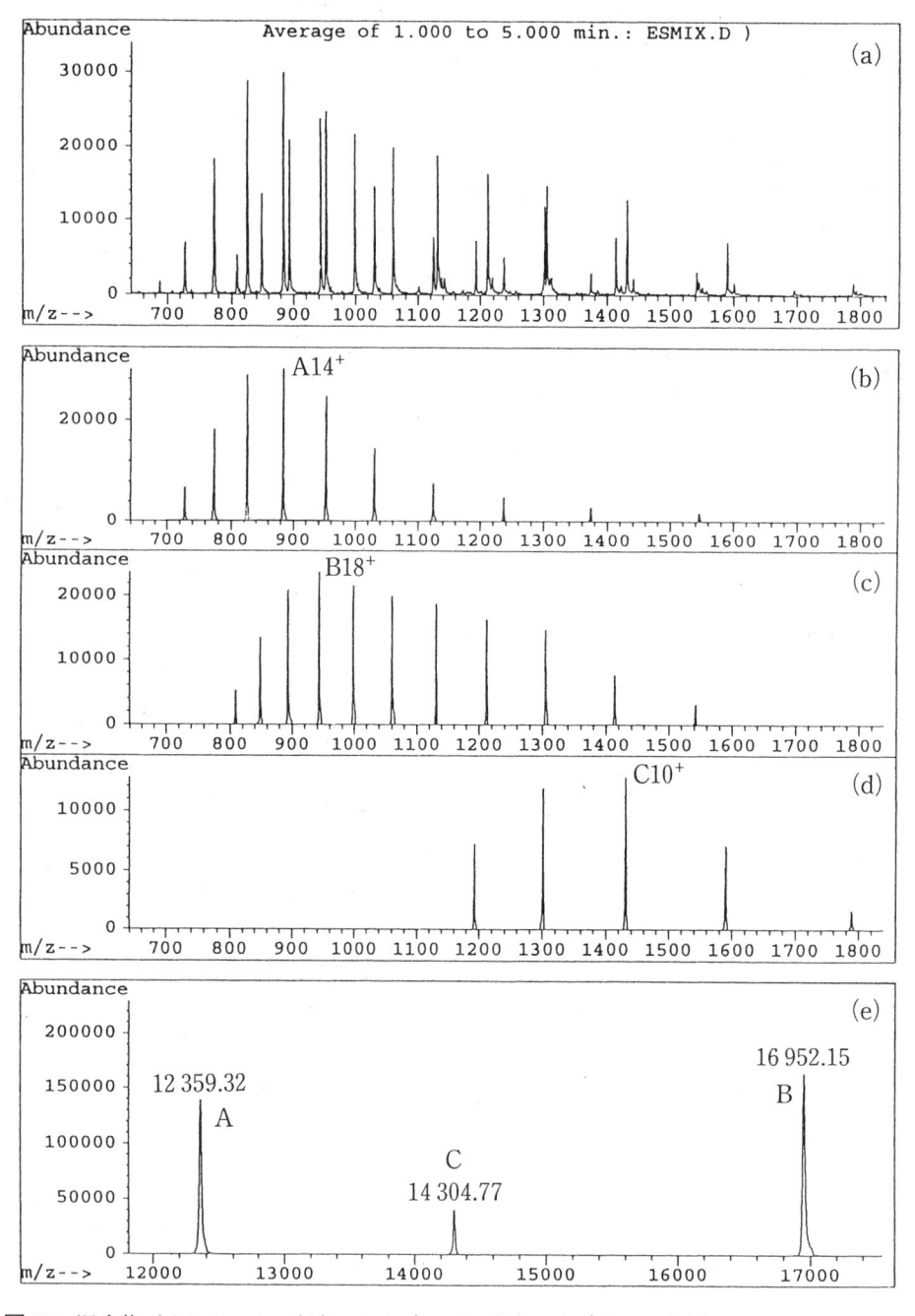

図37 混合物（チトクロム c(A)，ミオグロビン(B)，リゾチーム(C)）のESIスペクトルと各種抽出データ（日本分析化学会，1996）[1]
(a)混合物のESIスペクトル，(b)(a)から抽出したチトクロム c(A)のESIスペクトル，(c)同ミオグロビン(B)のESIスペクトル，(d)同リゾチーム(C)のESIスペクトル，(e)分子量への変換（デコンボリューション）データ．

や二層法などがある．乾燥も室温で自然に乾燥させる方法の他に風を当てたり，真空下で乾燥する方法もある．また，タンパク質やペプチドの測定では試料プレート上での試料調製に先立ち，十分な脱塩や精製が望ましい．

質量校正の方法には測定試料と標準物質を別々に測定して行う外部標準法と測定試料と標準物質を混合して測定を行う内部標準法がある．後者の方が質量精度が高いが，簡便性などを考えるといずれも一長一短で，測定目的に合ったものを選択するとよい．

マトリックスの種類によっては多価イオン（2価か3価程度）も生成する．また，マトリックスの量が相対的に少なかったり，レーザー強度が高すぎると多量体のイオン $[nM+H]^+$ が生じることがあるので注意が必要である．なお，低質量域にはマトリックス由来のピークがあるので注意を要する．

TOFMSでは装置によっては分解能が1万以上の測定が可能であるが，対象成分の分子量が大きくなると各種の同位体由来の同位体ピークを必ずしも分離して検出できない．リニアー型の低分解能での測定の場合も同様である．また，分子量が1万以上と大きくなると最も質量の小さいモノアイソトピック質量のイオンを十分な感度で検出できないこともあるので注意が必要である．観測されたイオンからの分子量推定や構造解析などの際にはモノアイソトピック質量と最大強度質量の区別をはっきりさせて行う必要がある．

■ 参考文献
1) 土屋正彦ら訳：有機質量分析法，丸善（1995）．
2) 日本質量分析学会出版委員会編：マススペクトロメトリーってなあに，日本質量分析学会（2001）．
3) 志田保夫ら：これならわかるマススペクトロメトリー，化学同人（2001）．
4) 原田健一ら編：生命科学のための最新マススペクトロメトリー，講談社（2002）．
5) R. C. Cole ed., : Electrospray Ionization Mass Spectrometry, John Wiley & Sons (1997).

■ 引用文献
[1] 日本分析化学会編：機器分析ガイドブック，p. 190, 丸善(1996)．

17. 高速液体クロマトグラフィー（high performance liquid chromatography, HPLC）

I 概　　要

高速液体クロマトグラフィー（HPLC）はGCとともに代表的なクロマトグラフィーの一手法で，GCの適用が難しい難揮発性物質や熱不安定物質などに好適な分離分析手法である．適用可能な試料は液体試料である．多様な分離モード（逆相分配，順相分配，サイズ排除，イオン交換など）があり，分離モードと検出法の組み合わせにより広範囲な化合物に適用することができる．

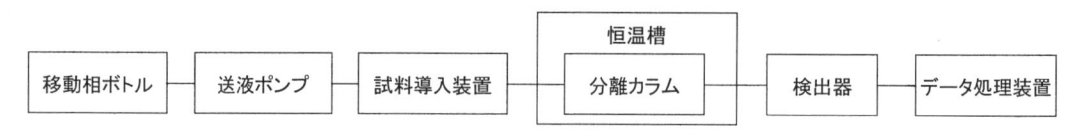

```
[移動相ボトル] → [送液ポンプ] → [試料導入装置] → [恒温槽 / 分離カラム] → [検出器] → [データ処理装置]
```

図 38　HPLC システムの装置構成

II　機器，器具（装置）・試薬

装置構成の概略を図 38 に示す．

HPLC 装置：移動相送液ポンプ，試料導入装置，検出器およびデータ処理装置（システム制御機能を同時に有するものもある）からなるもの．必要に応じてカラム恒温槽を使用する．

・カラム：測定目的に適ったものを選択する．内径 4～4.6 mm，長さ 100～250 mm のステンレス製パイプに粒径 3～5 μm のオクタデシルシリル化（ODS）シリカゲルを充塡したものがよく用いられる．

・試料導入装置：高圧下での流路切り換えが可能なバルブを用いたもので，マニュアルインジェクターもしくはオートサンプラーを使用する．

・検出器：必要とされる感度（定量下限，検出下限）や精度を満足できる検出器を選択する．

・移動相：分離や検出に影響を与えない純度のものを使用する．試薬メーカーから販売されている HPLC グレードなどの溶媒（水も含む）か同等レベル以上の純度のものを使用する．必要に応じて脱気してから使用する（p. 101「脱気」参照）．

III　操　作

1)　装置の準備

① 分析目的に合わせて LC カラム，検出器および移動相を選択する．

分離モード選択の一般的な考え方を図 39 に示す．移動相は選択した分離モードと検出法に最適なものを選択する．なお，移動相の pH などに制限のあるカラムがあるのでカラムの取扱説明書を必ず参照する．

② 装置の電源を入れる．

③ 移動相を調製し適当な貯槽に入れポンプに接続する．

④ ポンプを始動しポンプから試料導入装置，カラム接続部までを移動相で完全に置換する．LC システム内にこれから使用する移動相と相溶性のない溶媒が残っているときは，両者に相溶性のある溶媒で一度，LC システム内を置換した後，分析に使用する移動相へ置換する．

⑤ いったん，ポンプを止めてからカラムを接続する．

⑥ 再びポンプを始動し，カラムの平衡化，検出器のウォーミングアップを行う．カラムの平衡化時の流量，時間についてはカラムの取扱説明書に従うこと．

⑦ 検出器のウォーミングアップ時間が終わったら，必要に応じて波長校正などを

行う．

⑧ 検出器からの信号をモニターし，ベースラインが安定するまで待機する．

2) 試料の準備

① 検量線作成用試料：定量分析を行うためには，あらかじめ検量線を作成しなければならない．

検量線は濃度既知の測定対象成分を含む溶液で，定量する濃度範囲が検量線の直線範囲に含まれるような濃度系列溶液を測定しそのデータから作成する．

② 試料の準備：試料に不溶物，固形物が含まれていないことを確認する．必要に応じて沪過などを行う．また試料濃度が検出器の直線性範囲を超えるような場合は適宜希釈などを行う．

3) 試料の導入　ベースラインが安定したら試料を注入する．

オートサンプラーを使用する場合は，測定試料をバイアルに入れ装置にセットす

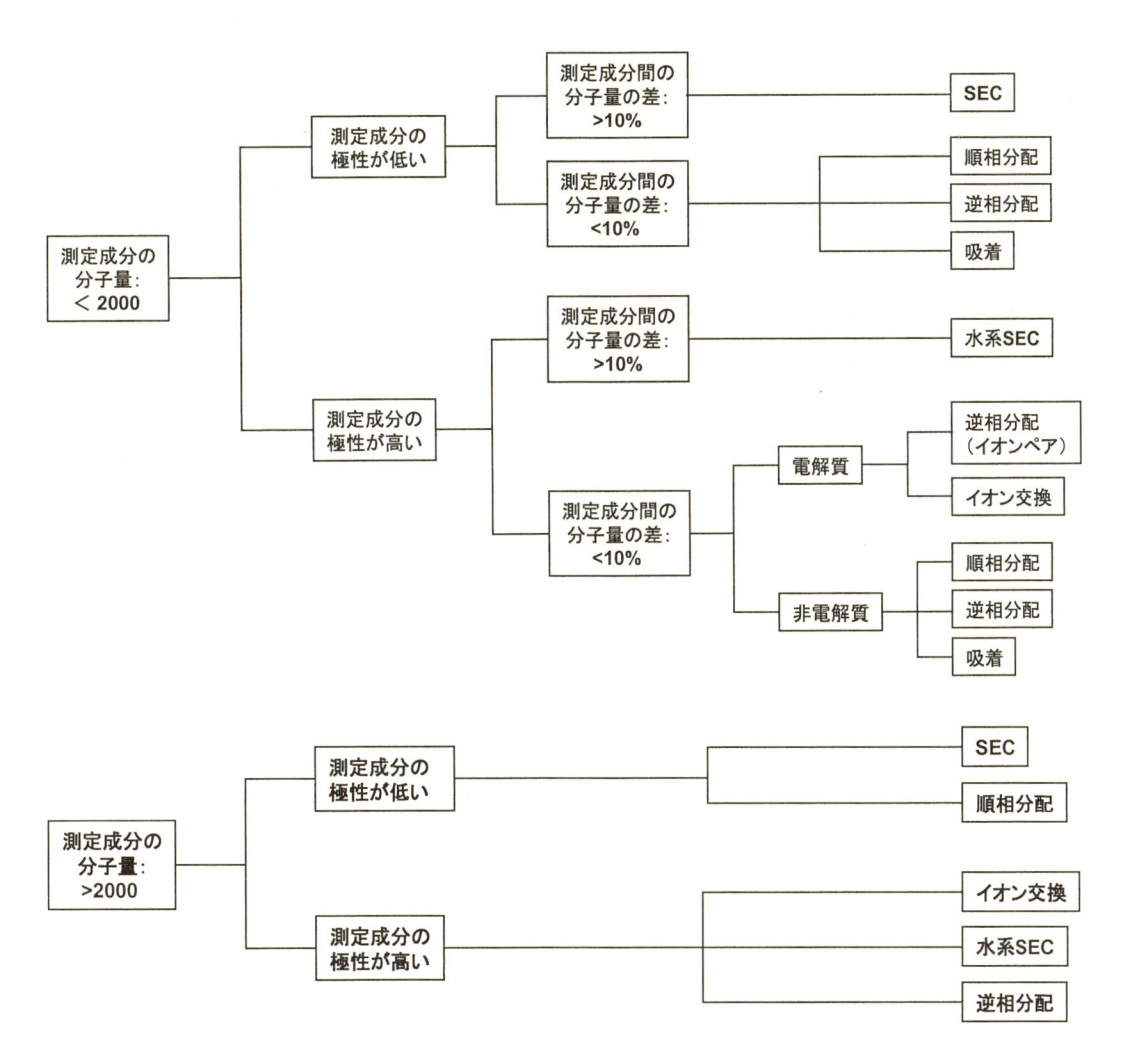

図39　カラム選択の考え方

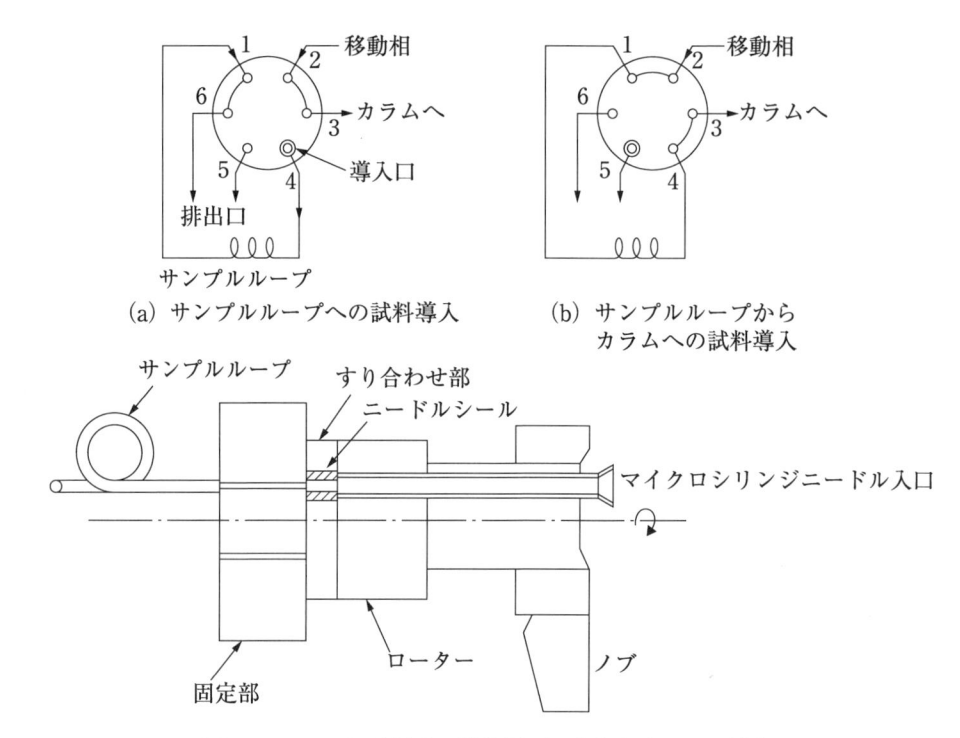

図 40　HPLC 用試料導入機構例（日本化学会，1984）[1]

る．
　マニュアルインジェクター（図40）を使用する場合は，マイクロシリンジを使用して試料をループ中に注入する．ノブを回して，カラムにループ中の試料を送りこむ*．試料導入直後，スタートボタンを押す．
　なお，グラジエント分析では最初の1，2回は保持時間の変動が大きいことがあるので，予備分析を行ってから実際の試料を分析する．

4）測　定　装置が安定したことを確認した後，試料を導入し，設定した条件でクロマトグラムを採取する．

5）データ処理　採取したクロマトグラムをもとに，データを処理する．
　① 標準溶液のクロマトグラムから得られた保持時間をもとに，試料のクロマトグラム中のピークを同定する．スペクトルデータを同時に採取できる（例えばフォトダイオードアレイ型 UV-Vis 検出器など）を使用する場合は，スペクトルデータなどをもとにピーク同定することも可能である．
　② あらかじめ作成した検量線をもとに試料のクロマトグラムから目的成分の定量を行う．

　＊　サンプルループの体積が小さい導入機構の場合は，サンプルループに試料を満たした後，ノブを回して試料を送りこむ．

IV 解　説

1) アイソクラティック溶出法とグラジエント溶出法　分析中に移動相組成を変化させないアイソクラティック溶出法と移動相組成を変化させながら分離を行うグラジエント溶出法がある．保持時間が大きく異なる成分の混合物を分離する場合，アイソクラティック溶出法では分析時間が長くなる，保持の大きい成分のピークが広がるなどの問題が起こる．このようなときは，グラジエント溶出法を用いると分析時間の短縮や保持の大きい成分のピーク形状の改善が可能である．グラジエント溶出法を行うには，2～4種類の移動相を混合し送液できるグラジエント仕様のポンプが必要である．一般に，保持時間，ピーク面積の精度はアイソクラティック溶出法の方がよい．なお，グラジエント溶出法では，分析終了時の移動相組成が分析開始時（試料注入時）の移動相組成とは異なるため，分析終了後次の試料を注入する前に分析開始時の組成の移動相でカラムを再平衡化する必要がある．

2) カラムの選択　カラム選択の一般的な考え方を図39に，主な分離モードの概略を表9に示す．

3) 移動相の調製　移動相の組成は保持時間に大きく影響する．

① 移動相の混合比は通常，体積比（v/v）を使用する．混合する際は，メスシリンダーで溶媒または緩衝液を計量し，マグネチックスターラーなどを用いてよく混合する．

② 緩衝液を使用する際は以下の点に注意する．

・目的とするpHで緩衝能のある緩衝液を選択する．

・緩衝液の調製法は文書化しておく．例えば，リン酸緩衝液を調製する際に一水素塩水溶液と二水素塩水溶液を一定の比率で混合して調製するのか，あるいはpH計を使用し酸または塩基を加えて所定のpHとするのかを区別し，そのどちらで調製したのかを明らかにしておく．

・緩衝液は孔径0.45 μmのメンブランフィルターで沪過してから使用する．

・無機塩の緩衝液の中には有機溶媒に対する溶解度があまり高くないものもある．

表9　主な分離モードの概略

分離モード	主な分離機構	主な対象化合物	主な充塡剤
分配モード	分配	順相：低極性もしくは高極性化合物の分離	化学結合形シリカゲルポリマーゲル
		逆相：低極性から中極性の広範囲な化合物の分離	化学結合形シリカゲルポリマーゲル
吸着モード	吸着	低極性もしくは高極性化合物の分離	シリカゲル，アルミナ
イオン交換モード	イオン親和性	イオン性化合物	化学結合形シリカゲルポリマーゲル
サイズ排除モード	溶媒中の分子サイズ	高分子化合物	化学結合形シリカゲルポリマーゲル

有機溶媒と混合したときに塩が析出した場合は，緩衝液の塩濃度を下げるか，有機溶媒の比率を下げる．あるいは有機溶媒に対する溶解度の高い別の緩衝液を使用する．

・グラジエント溶出法で緩衝液を使用する場合は，有機溶媒比率が最も高い組成比で有機溶媒と緩衝液をビーカーなどで混合し，塩の析出が起こらないかどうかを事前に確認する．

4) 移動相の脱気(p.101「脱気」参照)　移動相中のガスはポンプの泡かみやベースラインノイズの原因となる．真空方式やヘリウムパージ方式のオンラインデガッサーを用いるのが望ましい．オンラインデガッサーを使用できないときは，耐圧性のボトルに移動相を入れ超音波洗浄機中で減圧脱気してもよいが，この方法は長時間にわたる分析には適していない．

5) 試料溶媒　試料を溶解する溶媒には，分析に使用する移動相と相溶性のあるものを使用する．

また，試料中の有機溶媒比率が移動相の有機溶媒比率より大きい場合，ピークのブロードニングや変形が起こることがある．このようなときは，試料中の有機溶媒比率を下げるか，注入量を下げる．

■ **参考文献**
1) JIS K 0124：1994（高速液体クロマトグラフ分析通則）．
2) 髙橋　昭，荒木　峻訳：高速液体クロマトグラフィーの実際，東京化学同人 (1992)．
3) 中村　洋監訳：廣川化学と生物実験ライン 41　HPLC 入門　基礎と演習，廣川書店 (1998)．

■ **引用文献**
[1] 日本化学会編：実験化学ガイドブック，p.229，丸善 (1984)．

18. 液体クロマトグラフィー／質量分析法 (liquid chromatography/mass spectrometry, LC/MS)

I 概　　要

LC/MS は高速液体クロマトグラフィーと質量分析法を結合させた分析手法である．GC/MS はすでに広範囲な分野で定性，定量に優れた分析手法として利用されているが，LC/MS も近年急速な進歩を遂げ，GC の適用が難しい難揮発性物質や熱不安定物質などの分析や，紫外吸光検出器（UVD），蛍光検出器（FLD）では感度，定性能力に問題がある分析などに利用されている．

II 機器，器具（装置）・試薬

装置構成の概略および質量分析部の概略を図 41 に示す．

LC/MS 用装置：移動相送液ポンプ，試料導入装置，質量分析器およびデータ処理装置（システム制御機能を同時に有するものもある）からなるもの．必要に応じてカラム恒温槽を使用する．

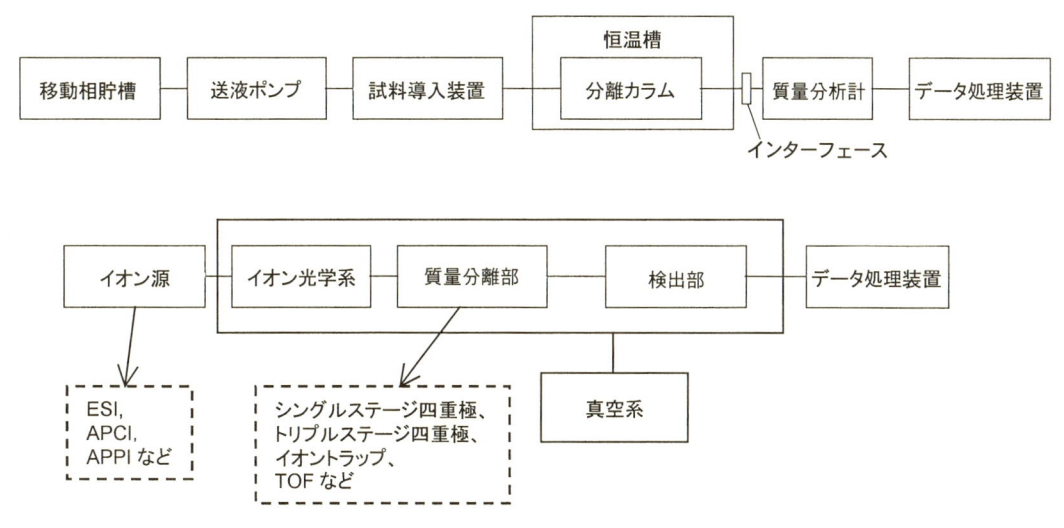

図41 LC/MSシステムの構成(上)および質量分析計(下)の概略

・カラム：測定目的に適ったものを選択する．インターフェースの仕様に適した内径2 mm前後のステンレス製パイプに粒径3〜5 μmのオクタデシルシリル化(ODS)シリカゲルを充塡したものがよく用いられる．長さは目的に応じて30〜150 mmくらいのものを選択する．

・試料導入装置：高圧下での流路切り換えが可能なバルブを用いたもので，マニュアルインジェクターもしくはオートサンプラーを使用する．

・質量分析計：LC/MS法にはさまざまなタイプの質量分析計が利用可能であるが，よく用いられるのは大気圧イオン化法のインターフェースを装備したシングルステージ四重極型質量分析計，トリプルステージ四重極型質量分析計，イオントラップ型分析計などである．トリプルステージ四重極型質量分析計，イオントラップ型質量分析計では，MS/MSの測定が可能である．分析の目的に応じて，必要とされる感度(定量下限，検出下限)や精度を満足できるタイプを選択する．装置の制御とデータ解析はコンピュータで行う．

・移動相：分離や検出に影響を与えない純度のものを使用する．試薬メーカーから販売されているHPLCグレードなどの溶媒（水も含む）か同等レベル以上の純度のものを使用する．必要に応じて脱気してから使用する．

III 操　　作
1) 装置の準備
① 分析目的に合わせてLCカラム，インターフェース，イオンの測定モード（正イオン測定モード，負イオン測定モード）および移動相を選択する．

分離モード選択の一般的な考え方はp. 177「高速液体クロマトグラフィー」を参照すること．なお，後述するがLC/MSでは通常移動相に使用する塩類は揮発性がある

ことが望ましいこと，高濃度の塩類の添加は感度面などで好ましくないことなどの理由により，イオン交換法はあまり一般的ではない．

② 装置の電源を入れる．

通常質量分析計の真空状態は維持したまま装置をスタンバイ状態にするので，ここではLC/MSシステムの電源を入れ，質量分析計は分析可能な状態にする．

③ 移動相を調製し適当な貯槽に入れポンプに接続する．

④ ポンプを始動しポンプから試料導入装置，カラム接続部までを移動相で完全に置換する．LCシステム内にこれから使用する移動相と相溶性のない溶媒が残っているときは，両者に相溶性のある溶媒で一度，LCシステム内を置換した後，分析に使用する移動相へ置換する．

⑤ いったん，ポンプを止めてからカラムを接続する．

⑥ 再びポンプを始動し，カラムの平衡化，検出器のウォーミングアップを行う．カラムの平衡化時の流量，時間についてはカラムの取扱説明書に従うこと．

⑦ 必要に応じてマス軸の調整や感度，分解能の調整を行う．

⑧ 質量分析計からの信号をモニターし，ベースラインが安定するまで待機する．

2) 試料の準備

① 検量線作成用試料：定量分析を行うためには，あらかじめ検量線を作成しなければならない．

検量線は濃度既知の測定対象成分を含む溶液で，定量する濃度範囲が検量線の直線性範囲に含まれるような濃度系列溶液を測定しそのデータから作成する．

② 試料の準備：試料は不溶物，固形物がないことを確認する．必要に応じて沪過などを行うこと．また試料濃度が検出器の直線性範囲を超えるような場合は適宜希釈などを行う．

3) 試料の導入　ベースラインが安定したら試料を注入する．

オートサンプラーを使用する場合は測定試料をバイアルに入れ，装置にセットする．

マニュアルインジェクターを使用する場合はマイクロシリンジを使用して試料を注入する．

なお，グラジエント分析では最初の1，2回は保持時間の変動が大きいことがあるので，予備分析を行ってから実際の試料を分析する．

4) 測　定　ベースラインが安定したことを確認した後，分析の目的に応じて測定モード（スキャンモード，SIMモードなど）を選択し，試料を導入してクロマトグラム，マススペクトルを採取する．

5) データ処理　採取したクロマトグラム，マススペクトルをもとに，データを処理する．

① 標準液のクロマトグラムから得られた保持時間およびマススペクトルをもとに試料のクロマトグラム中のピークを同定する．

② あらかじめ作成した検量線をもとに試料のクロマトグラムから目的成分の定量を行う．

IV 解　　説

1) MSの選択　　現在LC/MSによく用いられる質量分離部は大気圧イオン化法のインターフェースを装備したシングルステージ四重極型質量分析計，トリプルステージ四重極型質量分析計，イオントラップ型質量分析計である．いずれも，質量分解能は単位質量程度である．

四重極型質量分析計は操作が容易であること，高速に質量をスキャンできること，価格が安いことなどの理由によりGC/MSでは中心的な質量分析計であるが，LC/MSにおいても広く利用されている．四重極型質量分析計は定量分析に向いているが，トリプルステージ四重極型質量分析計ではMS/MSの測定が可能なので，ある程度の構造解析にも利用できる．

イオントラップ型質量分析計は，原理的に四重極型質量分析計よりも高感度であるが，イオン検出のダイナミックレンジが四重極型質量分析計に比べて狭いので，定量分析にはあまり向いていない．イオントラップ型質量分析計ではMS/MSやMS/$(MS)^n$の測定が容易なので，構造解析に向いている．

2) インターフェースの選択　　現在LC/MSでよく利用されているインターフェースは，ESI，APCI，大気圧光イオン化（APPI）である．ESIは一般に中極性から高極性の化合物（溶液中でイオン化している化合物やイオン化しやすい化合物）の分析に適しており，広範囲な化合物に適用できるが，極性の低い化合物には向いていない．一方，APCIやAPPIはあまり分子量が大きくない低極性から中極性の化合物の分析に適している．APCI，APPIは熱や光に不安定な化合物や溶液中で電荷を持っている化合物には適していない．

3) イオン検出条件の検討　　測定成分の標準品などが入手できる場合は，フローインジェクション法などによりその化合物の検出条件を最適化しておく．

4) カラムの選択　　カラム選択についてはp.181を参照すること．

5) 移動相の調製

① 移動相に使用する有機溶媒，水の純度には十分留意し高純度なものを使用する．LC/MSは高感度であるため，移動相由来の不純物が質量測定に影響することが珍しくない．

② 緩衝液や移動相のpH調整に酸，塩基を使用する際は以下の点に注意する．

・LC/MSでは揮発性の緩衝液や酸，塩基を利用するのが一般的である．不揮発性の緩衝液や酸，塩基を使用すると十分な感度が得られないことが多い．

・代表的な揮発性緩衝液としては，酢酸アンモニウム，ギ酸アンモニウムなどがある．また，pH調整に使用する酸，塩基としては，ギ酸，酢酸，アンモニア水などがある．

③ イオンペア剤を用いる場合は揮発性のものを使用する．不揮発性のイオンペア剤の使用は著しい感度低下を引き起こすことがある．

④ その他の注意事項は p.181 を参照すること．

6) 全イオン検出（TIM）法と選択イオン検出（SIM）法 TIM法では設定した質量範囲を走査してイオンを検出する．測定した質量範囲の検出イオン量をもとに全イオンクロマトグラム（TIC）が得られる．この手法は，未知試料の同定やピーク純度の検定，分子量決定などに用いる．TICから特定の質量を抽出して得られるクロマトグラムをマスクロマトグラム（MC）という．TIM法で測定した場合，定量はMCで行うのが一般的ある．

SIM法では選択した m/z のイオンのみを検出する．したがって，検出するイオンの m/z があらかじめわかっていないと適用できない．SIM法はTIM法に比べて高感度かつ高選択性であるため，定量分析に向いており，混合物中の微量成分の定量などに好適である．

7) MS/MS および MS/(MS)^n トリプルステージ四重極型質量分析計，イオントラップ型質量分析計はMS/MS測定が可能である．MS/MS測定ではイオンの構造に関する情報が得られる．複雑なマトリックス中の微量成分の定性，定量をMS/MS測定で行うと，精度，感度の改善が図られることが多い．イオントラップ型質量分析計ではMS/(MS)^n が可能である．

8) スペクトルライブラリー GC/MSではスペクトルライブラリーを利用したライブラリーサーチにより未知成分の同定を行うことが一般的になっているが，LC/MSではGC/MSのように利用できるスペクトルライブラリーはまだない．個々の装置ではライブラリーを作成することも可能だが，メーカー間のスペクトルの互換性はないことが多いので注意を要する．

9) 試料溶媒 試料を溶解する溶媒には，分析に使用する移動相と相溶性のあるものを使用する．

また，試料中の有機溶媒比率が移動相の有機溶媒比率より大きい場合，ピークのブロードニングや変形が起こることがある．このようなときは，試料中の有機溶媒比率を下げるか，注入量を下げる．

■ 参考文献
1) JIS K 0124：1994（高速液体クロマトグラフ分析通則）．
2) 日本質量分析学会出版委員会編：マススペクトロメトリーってなあに，日本質量分析学会（2001）．
3) 志田保夫ら：これならわかるマススペクトロメトリー，化学同人（2001）．
4) 丹羽利充編著：最新のマススペクトロメトリー―生化学・医学への応用―，化学同人（1995）．

19. 赤外分光法（1）KBr 法 (Infrared spectroscopy：KBr method)

　赤外スペクトルは官能基に応じて特定の吸収波長を有するため，赤外分光法（IR）は試料分子中に存在する官能基を検出するのに優れた方法である．特に，カルボニル官能基の種類を識別する上で必要不可欠な分光分析法である．また，$1400\ cm^{-1}$ 以下の波数の領域は指紋領域と呼ばれ，化合物の同定に利用される．

I　概　　要

　KBr（臭化カリウム）と試料の混合粉末に高圧をかけて打錠し，できあがった透明な錠剤に赤外線を照射し，吸収スペクトルを測定する方法である．透明な KBr 錠剤（直径 13 mm）を作成するのに多少の経験を必要とする．また，KBr の結晶は吸湿性であり，打錠の際に多少なりとも湿気を取り込んでしまうため，水酸基の吸収を明確に観察できないことも多い．

　ここでは，透明な KBr 錠剤作成のための注意点について解説する．

II　器具・試薬

　KBr（IR 測定用の結晶が市販されている）；めのう乳鉢および乳棒；錠剤成型器および油圧プレス（図 42）；真空ポンプ

III　操　　作

　① 約 1 mg の試料をめのう乳鉢に入れて乳棒で粉砕し，KBr の結晶を少しずつ加

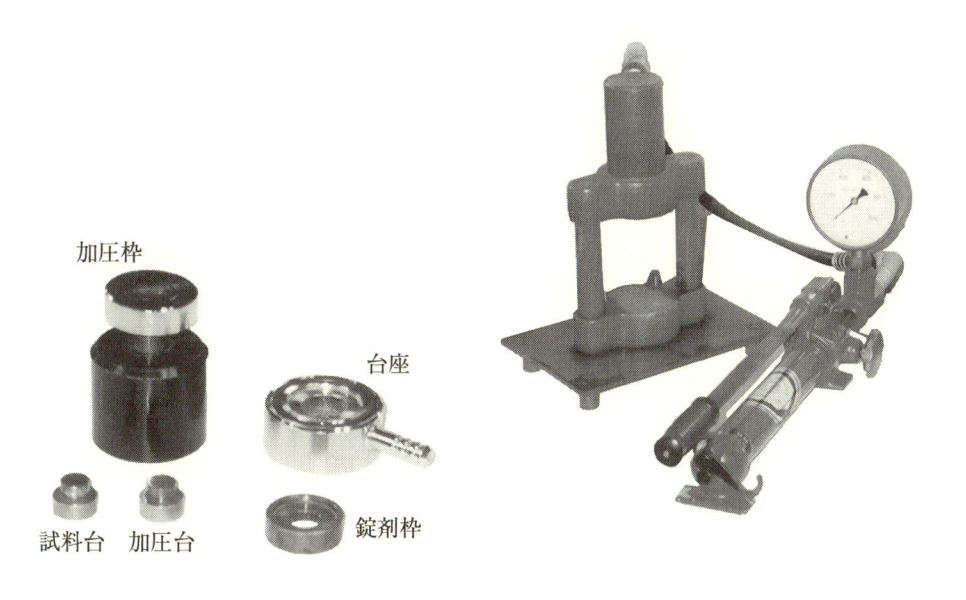

図 42　KBr 錠剤成型器（左）と油圧プレス（右）

えて十分にすりつぶす（試料は約 0.5% 程度になるように KBr で希釈し，きらきらと光る結晶がなくなる程度まですりつぶすのが目安である）．

② 錠剤成型器の台座の中央に試料台を置き，錠剤枠をかぶせ，できた円形の溝に①で調製した粉末を均一な高さになるように入れる（実際には，円の中央部がわずかに盛高になるのがよい．中央部に圧力がかかって中央が透明な錠剤になるためである）．

③ 試料の上から加圧台を差し込み，さらに台座の上に加圧枠をかぶせる．

④ これを油圧プレスの台にのせ，台座側壁の排気口に真空ポンプをつなぎ減圧にする．

⑤ 油圧プレスのハンドルを操作して錠剤成型器に圧力（5～8 t）をかける．

⑥ 数分後，油圧プレスを緩め，真空ポンプを外し，錠剤成型器を分解して錠剤を取り出す．

IV 解　説

最近では光の利用率が高い FT-IR の普及により，ハンディプレス（図 43）で作成可能な直径 1～7 mm の KBr 錠で十分なスペクトルが測定できるようになっている．ハンディプレスを利用する最大のメリットは真空を必要としないことであり，FT 法

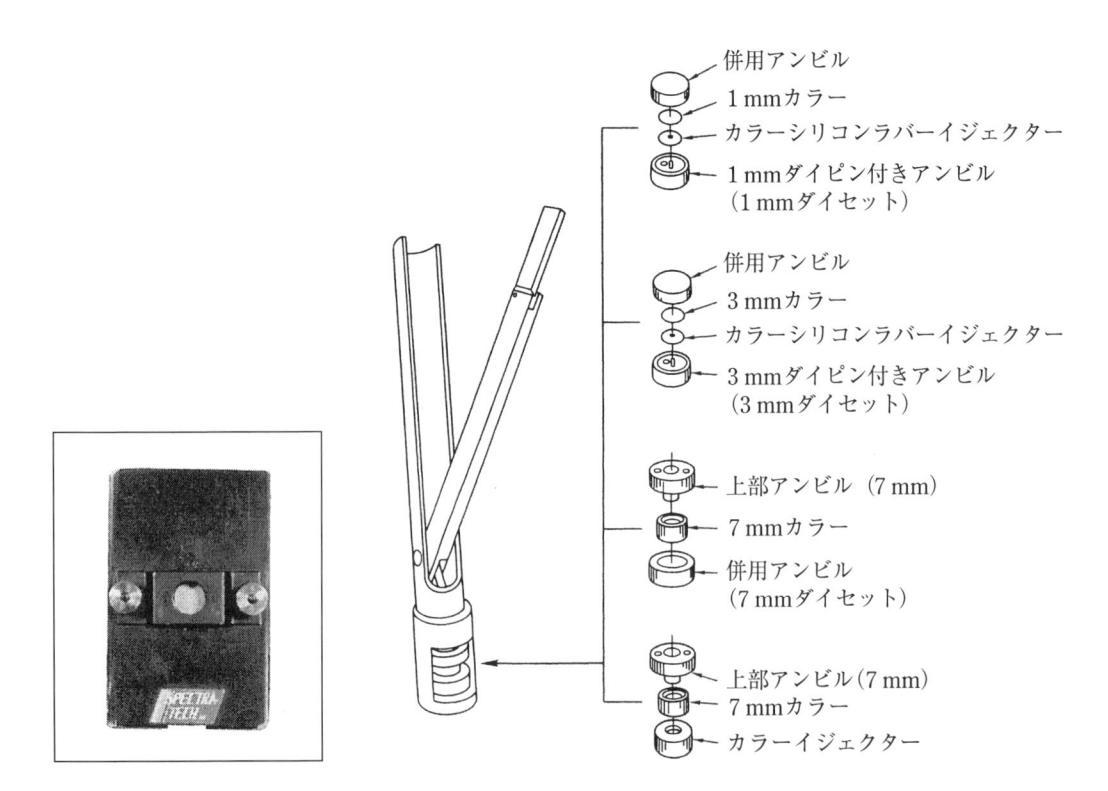

図 43　KBr 錠剤作成用ハンディプレス（右）と作成したペレット（錠剤とカラーのセット）のホルダー（左）[2]

の利用によってわずか1%の透過率でもきれいなスペクトルが得られる.

■ **参考文献**
1) 泉　美治ら監修：機器分析のてびき1,化学同人 (1979).
2) FT-IR分析ガイドブック,堀場製作所.

20. 赤外分光法（2）ヌジョール法（nujol method）

I 概　　要
　粉末または結晶状の化合物を流動パラフィンに懸濁して測定する方法である.流動パラフィン自体は $1500\sim2500\ cm^{-1}$ の範囲に吸収バンドが存在しないため,試料中に存在する種々の官能基の検出に支障をきたさず,IRスペクトル測定法としては最も簡便な測定方法である.しかし,粉砕困難な硬い試料の測定には利用できないだけでなく,概して試料の回収が困難であり,貴重な試料の測定には不適である.

II 器具・試薬
　めのう乳鉢と乳棒；流動パラフィン；ヌジョール法測定用セルまたは塩化ナトリウム（あるいは臭化カリウム）窓板

III 操　　作
　① 粉末または結晶性の試料（約5 mg）をめのう乳鉢に入れ,めのう乳棒で丁寧にすりつぶして均一な微粉末とする.
　② この微粉末に流動パラフィン1,2滴をたらし,乳棒で練りこんで,均一なペースト状にする.流動パラフィンの量は少ない方がよい.ただし,少なすぎるとペースト状にならないため,注意を要する.
　③ 得られたペーストを組み立てセルの窓ガラスに気泡を入れないように注意してセルの窓ガラスまたは塩化ナトリウム板に塗って吸収スペクトルを測定する（図44）.

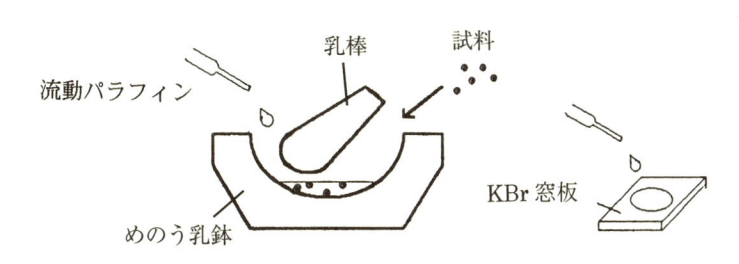

図44 ヌジョール法の前処理（文献[1]を改変）

IV 解　説

　流動パラフィンのC-Hの吸収が存在する3000〜2800cm^{-1}および1500〜1300cm^{-1}の領域では，試料化合物に吸収があってもスペクトルが重なるため正確な判断ができない．これら領域の吸収を観察する場合には，流動パラフィンの代わりにヘキサクロロブタジエン（HCB）を利用することもあるが，HCBは1000 cm^{-1}以下の波数領域に複雑な吸収バンドを示すことから積極的に使用されることは少ない．

■ 参考文献
1) FT-IRガイドブック，堀場製作所．

21. 赤外分光法（3）全反射測定法（attenuated total reflection spectrometry, ATR）

I 概　要

　ATR法は，KRS-5（ヨウ化タリウムと臭化タリウムの混晶）やZnSeなどでできた高屈折率のプリズムの表面に試料を密着させてIRスペクトルを測定する方法であり，反射光を利用するため，透過法では測定困難なゴム，紙，布などのシート状の試料を測定するのに適している．また，溶液用プリズムを使用すると水溶液試料も容易に測定できるという特長を有している．測定の原理は，入射した赤外光が反射しながら進行している高屈折率プリズムに試料を接触させると，プリズムと試料の界面で赤外光が反射するたびにわずかに（数μm程度）試料内に染み込んで吸収される現象を利用している．試料を物理的または化学的に処理する必要がない利点を持つ測定法であるが，FT-IRでのみ測定可能な方法である．

II 器具・試薬

　固体・フィルム用セル（45°ZnSe液体用セルなど）とセルカバー（図46下）；液体用セル（45°ZnSe液体用セルなど）とセルカバー（図46上）

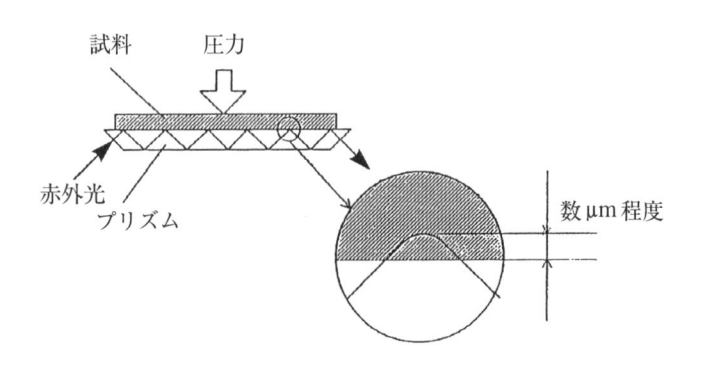

図45　ATR法の原理と赤外光の光路（文献[1]を改変）

III 操　　作
a. フィルム試料の場合
① プリズムをキムワイプなどできれいに拭いた後，固体・フィルム用セルに試料を密着させる．

② セルカバーをのせて上から圧力をかける（セルの形状によっては，ねじを締めて圧力をかける）．

③ セルホルダーにセルをのせてIR測定装置にセットし，測定を開始する．

b. 水溶液の場合
① プリズムをキムワイプなどできれいに拭いた後，溶液用セルのくぼみに水溶液試料をピペットで入れる．

② セルホルダーにセルをのせてIR測定装置にセットし，測定を開始する．

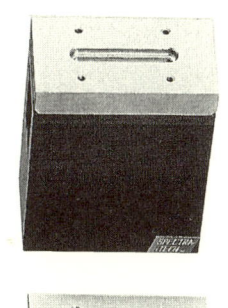

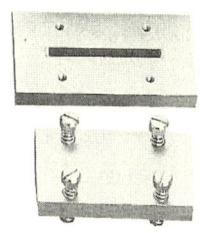

図46　ATR法で使用するセル（水平型）[1]

IV 解　　説
ATR法で測定するには，プリズムに対して臨界角以上の角度で赤外光を入射させる必要があり，かつ，プリズムの屈折率が試料よりも大きいことが条件となる．また，赤外光の界面に染み込む深さが波数に反比例するため，スペクトルの吸収強度は，高波数側は小さく低波数側は大きく現れる．スペクトルは赤外光の透過強度に合わせて補正（ATR補正）する必要がある．

■ 参考文献
1) FT-IR分析ガイドブック，堀場製作所．

22. 核磁気共鳴 (nuclear magnetic resonance spectrometry, NMR)

I 概　　要
NMRは分子の構造を推定，決定するのに最も有力な分析法である．核磁気共鳴スペクトルを与える核種には，^1H，^{13}C，^{15}N，^{19}Fおよび^{31}Pなど数多くが存在するが，一般に^1Hまたは^{13}Cの共鳴吸収スペクトルが最も広く利用されている．NMRチャートから直接得られるデータは，化学シフト，積分値およびカップリング（定数）であり，これら三つの情報をもとに試料の化学構造式を推定することができる．今日では^1H-^1H COSY，HMQC，HMBCをはじめ種々の二次元スペクトルの測定もルーティン化している．

ここでは，仕上がりのきれいなNMRチャートを得るためのサンプル調製法を筆

者の経験に基づいて列記する．

II 器具・試薬

NMR 測定管：Φ5 mm×18 cm（パイレックス製）の試料管が汎用されている．

重水素化溶媒（以下，重溶媒と略す）：CDCl$_3$，メタノール-d$_4$，DMSO-d$_6$，D$_2$O が汎用される．

内部標準試薬：TMS（tetramethylsilane, テトラメチルシラン：重溶媒が有機溶媒の場合），DSS（sodium 2,2-dimethyl-2-silapentane-5-sulfonate, 2,2-ジメチル-2-シラペンタン-5-スルホン酸ナトリウム：重溶媒が D$_2$O の場合）が汎用される．

III サンプル調製法

① 試料を真空条件下で十分に乾燥する．試料の入ったサンプル管をデシケーターに入れ，真空ポンプで減圧乾燥する（0.1 mmHg 以下で乾燥し，必要に応じて加温デシケーターを用いる）．

② 減圧乾燥した試料に窒素ガスを吹き込んで常圧に戻し，試料を手際よく NMR 測定用の重溶媒で溶解し，試料溶液とする．試料が吸湿性である場合や，測定溶媒としてメタノール-d$_4$，DMSO-d$_6$ など極性溶媒で試料を溶解する際には，特に空気中の湿気の混入に気をつけるべきである．デシケーターでの乾燥で不十分な試料の場合には，試料を重水（D$_2$O）で溶解し，一度凍結乾燥してから試料溶液を作成すると H$_2$O や DOH のシグナル強度が小さくなってよい結果が得られる．

また，CDCl$_3$ は保存状態が悪いと DCl（塩化重水素）を発生し，試料が酸に不安定な場合には NMR 測定中に分解することがある．DCl の発生が懸念された場合には，パスツールピペットに少量の中性アルミナを詰めた小型のカラムを作成し，このカラムを通過させた CDCl$_3$ を使うとよい．

③ パスツールピペットに脱脂綿（またはガラスウール）を詰めて簡易の沪過器を作成し，この沪過器の出口（細い方）を NMR 管に突き刺し，試料溶液を沪過しながら NMR 測定管に入れる．最後にピペットキャップを使って脱脂綿やガラスウールに染み込んでいる溶液を NMR 測定管に出し切る．

④ 内部標準試薬を希釈した重溶媒溶液を NMR 管に入れる．

⑤ NMR 測定管にテフロン製キャップをつけて，溶媒の高さが NMR 測定装置の SHIM 条件に設定されている高さに一致していることを確かめる（最近の NMR 測定装置はチューブの側面から磁場を照射するように設計されているため，NMR 測定管中の溶液の高さが分解能に影響を及ぼす）．試料溶液の高さが十分でない場合には，重溶媒を足す．

⑥ NMR 測定管の外壁をキムワイプまたは鹿皮などで丁寧に拭く．

■ 参考文献
1) 泉　美治ら監修：機器分析のてびき 1，化学同人 (1979).
2) 柿沼勝己：廣川化学と生物実験ライン 4　エッセンス NMR，廣川書店 (1990).
3) 安藤喬志，宗宮　創：これならわかる NMR　そのコンセプトと使い方，化学同人 (1997).

23. ICP 分析法（ICP 原子発光分析法（ICP atomic emission spectrometry, ICP-AES），ICP 質量分析法（ICP mass spectrometry, ICP-MS））

I　概　　要

高周波の電磁誘導で生成した高温のプラズマ中で試料中の分析元素を励起，イオン化させ，発光分析法（ICP-AES）では発光強度を，質量分析法（ICP-MS）ではイオン量を測定する．発光スペクトルまたは質量スペクトルから成分の定量，定性分析を行う．この方法を ICP 分析法という．

II　器具・試薬

装置の概略を図 47 に示す．

試料導入部：ネブライザー，スプレーチャンバーおよびドレインからなる．試料は負圧による自然吸引かペリスタポンプによる送液によりネブライザーに導入される．励起，イオン化部は石英製の三重管トーチと誘導コイルで構成され，プラズマ生成ガスには通常アルゴンが用いられる．

発光分析計：分光器にはシーケンシャル形分光器（ツェルニー・ターナー形）と多元素同時測定形分光器（パッシェン・ルンゲ形，エシェル形）がある．検出には光電子増倍管，あるいは半導体検出器が用いられる．

質量分析計：プラズマ中からイオンを取り込むインターフェース部のサンプリングコーン，スキマーコーンにはニッケル製，銅製，白金製がある．質量分離部には四重極型，磁場型二重収束，飛行時間型，三次元四重極型の質量分析計が市販されている．イオンの検出にはファラデーカップを用いたアナログ検出器（高濃度域）と二次電子増倍管（低濃度域）が用いられる．

III　操　　作

1) **分析条件の設定**　　分析試料，分析元素によって最適な分析条件が異なるの

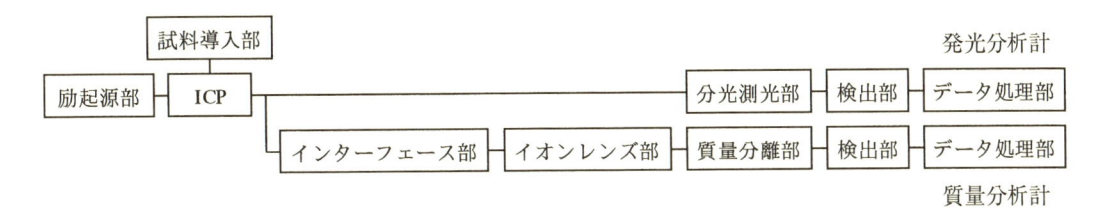

図 47　ICP 分析装置の構成

で，事前に下記の各条件を検討し，分析目的に合った条件（分析目的に対して十分な感度・精度が得られるか，分析範囲での検量線の直線性はどうか，共存元素の干渉を受けないかなど）を選択する．

① プラズマ条件の最適化：高周波出力，ガス流量（プラズマガス，補助ガス，キャリヤーガス）など．

② 測定条件の最適化

・発光分析：観測位置，測定波長，スリット幅，光軸，検出器の電圧，積分時間，など．

・質量分析：サンプリング位置，サンプリングコーン・スキマーコーンの材質，イオンレンズ部の電圧，測定質量数，分解能，積分時間，など．

2) 試料溶液の調製

① 溶液化

・液体試料：水溶液は懸濁物を除去するか，酸・アルカリなどで分解後，必要ならば純水で希釈して試料溶液とする．有機物は酸で分解して溶液化するか，そのまま蒸気圧の比較的低いキシレン，ケロシンなどで溶解または希釈する．

・固体試料：金属・セラミックスなどの無機試料は酸分解，またはアルカリ融解法により溶液化する．生体試料などの有機物は一般に硝酸で分解し，必要に応じて他の酸を添加する．密閉式の加圧分解容器を用いると分解中の元素の揮散を抑制できる．

② 分離・濃縮：試料溶液中のマトリックス濃度が高く，測定を妨害する場合には，イオン交換，溶媒抽出，共沈分離，気化分離などにより目的成分を濃縮・分離する．特にICP-MSでは，高濃度のマトリックスの導入はインターフェース部の詰まりやメモリーの原因となるので，高濃度の共存物質はあらかじめ除去しておくことが望ましい．

③ ブランク溶液の調製：試料をまったく処理せずに測定する場合には，ブランクには検量線ブランク溶液を用いることができるが，上述のような溶液化や分離・濃縮などの前処理操作を行った場合には，試料を加えずに試料とまったく同じ操作を行った溶液をブランク溶液として調製する．試料溶液中に多量のマトリックスが共存する場合には，ブランク溶液中にも，分析元素を含まない高純度のマトリックスを試料と同量共存させる．

3) 測定および定量

試料溶液を一定流量でプラズマ中に導入し，得られた発光強度あるいはイオン強度から，次の方法によって元素濃度を求める．各測定法の詳細については別項に記載する．

[測定操作]

① プラズマを点灯し，30分程度の暖機運転を行う．

② 装置が安定した後，1)の②に示した分析条件を最適化する．

③ 試料溶液およびブランク溶液（あるいは検量線溶液）を負圧吸引あるいはポンプを用いてプラズマ中に導入する．強度が一定になったら測定を開始する．

④ 試料溶液およびブランク溶液（あるいは検量線溶液）はできるだけ，分析元素の濃度が低い順に測定し，次の溶液を測定する前には純水を吸引して，前の溶液のメモリーを低減する．

[測定法]

① 検量線法：発光強度法と内標準法（強度比法）がある．検量線法では，用いる検量線溶液の組成（酸・アルカリ濃度，マトリックス濃度など）を試料溶液となるべく類似したものとなるように調製する．

・発光強度法では，装置の長時間使用によるドリフトの影響を受けやすいので，一定時間ごとに検量線の校正を行う必要がある．

・内標準法に用いる内標準元素としては，その元素が試料溶液中に含まれないものを選ぶ．また，発光分析では，測定に用いる内標準元素の分析線と分析元素の分析線は，原子線またはイオン線同士で，励起エネルギーのできるだけ近いものを用いる．質量分析では，分析元素と質量数の近い元素を選択する．

② 標準添加法：この方法は，スペクトル干渉がないか，あるいは正しく補正されていて，かつ分析元素濃度と発光強度あるいはイオン量との関係が良好な直線関係を保つ場合にのみ適用できる．

③ 同位体希釈法：この方法はICP-MSで，同位体を2種類以上持つ元素にのみ適用できる．

どの測定法を用いた場合でも，ブランク溶液の値を試料溶液の値から差し引いて，操作時に混入した汚染の影響を補正する．

[干渉の補正]

① ICP-AESにおいては，必要に応じて分光干渉の補正を行う．補正の方法には，(1) 分析線に及ぼす影響を共存元素の発光強度または濃度の関数として求めておき，分析元素を測定する際に共存元素も同時に測定してその影響を補正する元素間干渉補正，(2) 分析元素と共存元素の差スペクトルを求めるスペクトル分離補正，(3) バックグラウンド強度を差し引くバックグラウンド補正などがある．干渉の種類により適切な補正法を選択して用いる．

② ICP-MSにおけるスペクトル干渉の低減には，低温のプラズマを用いてアルゴン起因の干渉を抑制する方法や，干渉となる多原子分子イオンを四重極あるいは八重極セル内で反応ガスと反応させて解離，脱イオン化などの反応を起こさせる反応セル法などがある．最近ではこれらの機構を搭載した装置も市販されているので，干渉の種類や分析元素によって適切な補正法を選択して用いる．

■ 参考文献
1) 原口紘炁：ICP発光分析の基礎と応用，講談社 (1986)．
2) JIS K 0116：2003（発光分光分析通則）．

24. X線回折分析法 (X-ray powder diffractometry, XRD)

I 概　　要

X線回折法は結晶情報を得るための装置として，古くから物理・化学を問わず多くの分野で研究だけでなく現場の品質管理などで広く用いられてきた．X線回折法には，単結晶の評価や構造解析をするためのX線単結晶回折法と，粉体や多結晶体・非晶質などの評価や分析に使われる粉末X線回折法がある．ここでは粉末X線回折法を用いた結晶性物質の定性分析と定量分析[1]について述べる．

II 装　　置

X線回折装置の基本的な構成（図48）は波長分散型蛍光X線分析装置（図49）と同様である．X線管からのX線は発散スリットを経てゴニオメーターの中心にある試料に当たる．ブラッグ条件を満足する角度で回折したX線はモノクロメーターやKβフィルターでKα成分のみに単色化されシンチレーション検出器で計数される．検出器から出たシグナルは増幅され，波高分析器でノイズや不必要なシグナルを取り除いてからデータ処理・分析用のコンピュータに送られる．光学系や測定系のバリエーションは極めて多い．

III 試料調製
a. 固体試料

金属やセラミックス・プラスチックなどのように比較的均質で微細な結晶組織と十分な厚さ（2 mm以上）を持つ固体試料は表面を平たんかつ清浄にして測定に供する．結晶粒が大きいときには回転試料台や回転揺動試料台に取り付けて測定する．

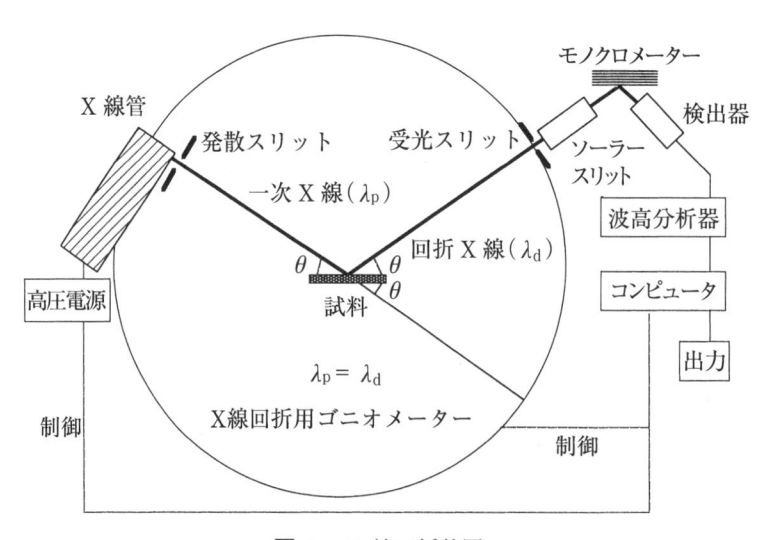

図48 X線回折装置

b. 粉体試料

粉体や不均質な固体試料は均一になるまで（粒径 10 μm 以下，指先に粒子が感じなくなるくらい）に粉砕してから粉末試料ホルダーに測定面が平滑になるようにスパーテルなどを使って手で詰める．

IV 測 定

① 試料を詰めた試料ホルダーをゴニオメーターの中心のゴニオヘッドに取り付ける．

② 定性分析の場合は回折角 5～90°（2θ）の範囲を 2～4° $\min^{-1}$ の走査速度で回折図形を測定する．

③ 定量分析の場合は分析線や内標準線の ±1～2°（2θ）の範囲を走査速度 1/2～1° $\min^{-1}$ で測定し，回折線のピーク面積を求めておく．

a. 定性分析

1) データ整理　X 線回折図形は横軸が回折角（2θ），縦軸が X 線強度（cps または counts）で表されているので以下のようにデータを整理する．

① 回折ピークの位置を 0.01° の精度で読み取る．

② ブラッグ条件に代入して格子面間隔（d Å）を求める．

③ 最大ピークの強度を 100 に規格化して，各回折ピークの強度（I/I_1）を計算する．

2) 分析用データベース　結晶相同定用のデータベースは ICDD の PDF（Powder Diffraction File of International Center for Diffraction Data，無機物約 5 万種類，有機物 2 万種類）が用いられている．Book フォームには Hanawalt 法の Index book で検索が可能なようになっている．

3) 同定方法　格子面間隔と強度比の組み合わせ，例えば強度が高いもの 3 本の組み合わせに該当する物質を粉末 X 線回折データベースから選び出す Hanawalt 法が最もよく使われている．以下に Hanawalt 法を用いた定性操作を示す．

① 最強回折線の d_1 値から Index book の d 値グループを選び出す．

② 次に，第二強度回折線の d_2 値から角度グループ内で d_1d_2 の近似したものを選び，この中から第三強度回折線の d_3 値の一致するものを見つける．

③ もし一致しなければ，d_1d_3 の組み合わせ，d_1d_4 の組み合わせについて該当する d 値を探す．

④ 三つの d 値の組み合わせの一致するものが見つかったら，他の d 値と相対強度が一致していることを確認する．

⑤ よく一致したならばデータ番号からデータカードを引き出し，回折図形全体にわたって d 値と I/I_1 値が一致していることを確認する．

⑥ 帰属させられないピークがあるときは以上の操作を繰り返す．

現在では前記のデータベースからコンピュータを用いてデータ検索する方法が一般的である．同定の正確さは必ずしも高くないので元素組成や試料の履歴などの情報を

十分に加味しなければならない．

b. 定量分析

X線回折法による結晶相の定量は結晶の濃度（量）と回折X線強度が比例することを利用して，試料中の結晶濃度を求めるものである．特別な場合を除いて，分析成分とマトリックスの元素組成が異なるために吸収効果が起こり，回折X線強度と濃度の間には直線関係は成立しないので，内標準法[2]が用いられている．

1) 内標準法

① 分析結晶相を試料に近似した組成を持つマトリックスに混合し，ここに一定量の内標準物質を加え，十分に均一になるように混合して検量用標準を調製する．3点以上必要である．

② ①と同様に試料中に内標準物質を加えよく混合しておく．

③ 分析結晶相の分析線と内標準線[2]の回折強度を積分法で求める．

④ 分析結晶相の濃度に対して分析線と内標準線の回折強度の比をプロットして検量線を作成する．

⑤ 試料についても分析線と内標準線の回折強度の比を求め，検量線に代入して濃度を計算する．

定量に当たっては，検量用標準のマトリックスの組成を試料のマトリックスと近似させると直線性のよい検量線を描くことができる[3]．検量線を作成せずに吸収補正する回折吸収法[4]やマトリックスフラッシング法は簡便であるが標準を1点しか用いていないので正確度は内標準法に劣る．回折法による結晶相の定量は試料が不均質であるだけでなく，結晶性が著しく低く非晶質と区別がつかない部分が存在するなど問題があり[5]，必ずしも正確度が高いとはいえない．5～10回以上の繰り返し測定を行い強度の正確さを確保しなければならない．

■ 参考文献

1) 大野勝美, 川瀬 晃, 中村利廣：X線分析法, 共立出版 (1987)．
2) 中村利廣, 貴家恕夫：分析化学, **22**, 7 (1974)．
3) T. Nakamura, M. Ishikawa, T. Hiraiwa and J. Sato：*Anal. Sci.*, **8**, 539 (1992)．
4) T. Nakamura, T. Kodama and M. Ishihara：*Analyst*, **113**, 1737 (1988)．
5) T. Nakamura, K. Sameshima, K. Okunaga and J. Sato：*Powder Diffraction*, **4**, 9 (1989)．

25. 蛍光X線分析法（X-ray fluorescence spectrometry, XRF）

I 概　要

元素分析の手法として最も広く用いられている蛍光X線分析法は試料にX線や電子・荷電粒子を当てたときの内殻軌道電子の励起・緩和過程での固有X線の放出に基づくものである．いわゆるX線発光法の一つで，励起源にX線を用いた場合のみ蛍光X線分析法と呼んでいる．蛍光X線を分光結晶でブラッグ条件に基づいて分光

するか，半導体検出器と波高分析器で電気的にエネルギー選別するかによって，装置は波長分散型とエネルギー分散型にわかれる．

II 装置と試料・検量用標準

装置：図49は平板の分光結晶を用いた波長分散型蛍光X線分析装置（WDS）の概念図である．試料と分光結晶・検出器はブラッグ条件を満足する光学系を構成している．X線源は主としてSc・Cr・Mo・Rh・Wなどを対陰極とするX線管が用いられている．試料から発生するX線は分光結晶で分光されスリットを経て検出される．検出器から出たシグナルは増幅され，波高分析器でノイズや不必要なシグナルを取り除いてからデータ処理・分析用のコンピュータに送られる．分析対象元素と分光結晶・検出器の組み合わせはいくつかあるが自動的に設定される．

一方，エネルギー分散型蛍光X線分析装置（EDS）（図50）はX線の検出効率を上げるようにX線源と試料・半導体検出器をできるだけ近くに配置している．検出器から出たシグナルは増幅後，マルチチャンネル波高分析器によってエネルギー別に分光されデータ処理・分析用のコンピュータに送られる．

両装置ともに必要に応じて真空中・He中・大気中の3種類の測定雰囲気が選べる．

試料：試料は固体・粉体・液体の状態で分析に供することができるが，固体試料と粉体試料ともに十分な均質さが要求される．

検量用標準：検量用標準は固体・液体試料ともに試薬を混合して調製するが，組成や状態が試料に近似するようにしなければならない．鉄や非鉄金属の一部には検量線作成用の標準物質のセットが市販されているものもある．検量線を必要としないファンダメンタルパラメーター法[1]では組成がわかった標準を一つ以上必要とする．

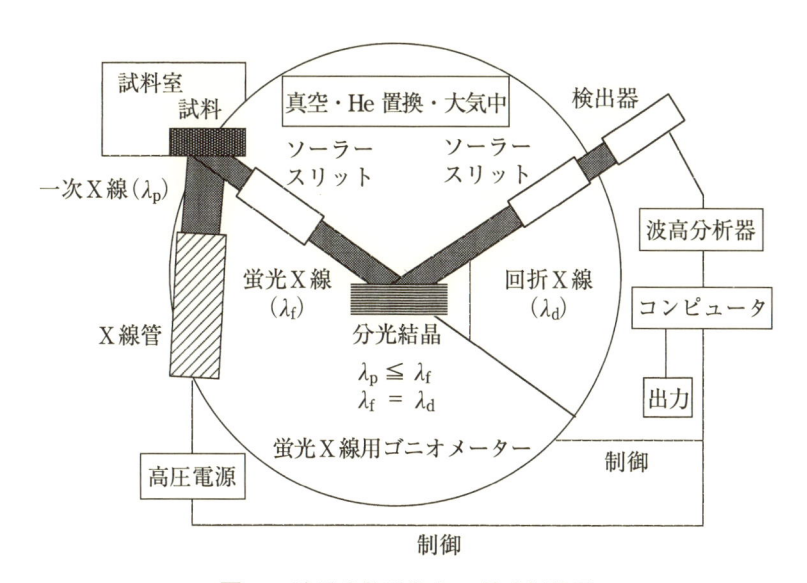

図49 波長分散型蛍光X線分析装置

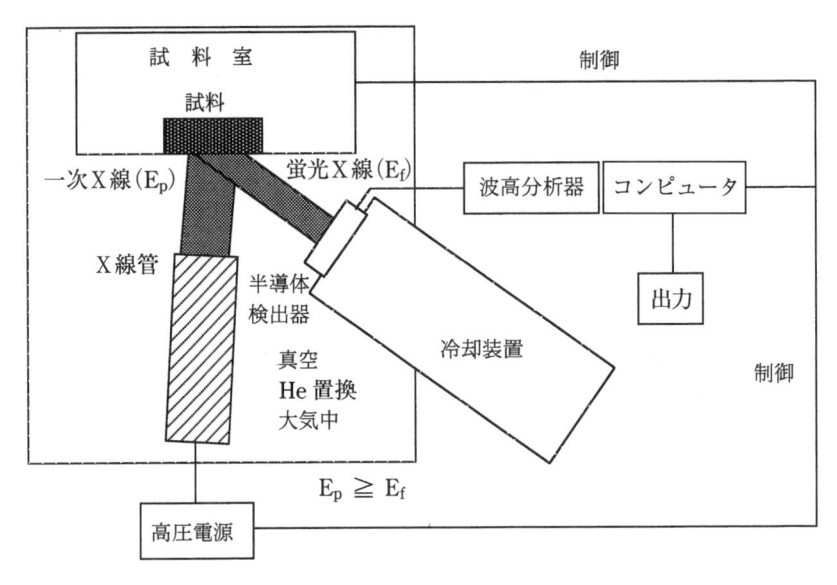

図50 エネルギー分散型蛍光X線分析装置

III 試料調製

a. 固体試料

　金属やセラミックス・プラスチックなどのように比較的均質な組成と十分な厚さ（5 mm 以上）を持つ固体は表面を平たんかつ清浄にして測定に供することができる．表面の粗さは 10 μm 以下程度である．固体や粉体用の試料ホルダーのマスクの内径は 3〜40 mm のものが用意されている．

b. 粉末ブリケット法

　粉体や不均質な固体試料は十分に均一（粒径 10 μm 以下，粒子が指先に感じなくなるくらい）になるまで粉砕してから直径 10〜45 mm，厚さ 3〜5 mm 程度のアルミニウム製リングに詰め，ハンディプレスで圧縮成形して測定に供する．粉末ブリケットの大きさは試料の量と試料ホルダーのマスクの内径（前述）に合わせて調製する．成形圧は 10〜500 kg cm^{-2} くらいである．固まりにくい場合はセルロース粉末・デンプン・パラフィンなどを 10 mass％程度加える．

c. ガラスビード法

　均一化を図り，吸収効果や励起効果などを低減するために無水ホウ酸リチウム中に試料粉末（10〜30 mass％）を混合し，加熱融解してガラスディスク化する方法もよく用いられており，専用の装置も市販されている．融剤の無水ホウ酸リチウム 700℃で十分に乾燥しておく．試料は結晶水・付着水を完全に除去しておく．検量用のガラスディスクは，分析元素の酸化物や塩などで揮発成分を完全に取り除いたものを試料と近似した組成になるように分け取り（0.4〜1.2 g），無水ホウ酸リチウム（4 g 程度）と混合し，Pt-Au るつぼ中で溶融・急冷してガラスディスクを作る．

d. 液体試料

液体は専用の液体試料容器に入れて測定に供するが，測定中に気泡の発生や沈殿の生成などの化学反応が起こらないように注意する．液体試料を直接測定することが困難な場合は，沪紙上に液体試料を滴下乾燥する沪紙点滴法[2]や微量金属をDDTCなどで沈殿にしてから沪紙上に捕集する沈殿法[3]，イオン交換樹脂やイオン交換沪紙でイオンを捕集する方法などで，平たんな試料を作成し測定に供する．

IV 操 作

a. 定性分析

蛍光X線スペクトルの数は各元素が持つ電子状態の数に依存しているので極めて少なく，かつ単純である．現在市販されている装置は自動定性機能を持っているが，スペクトルの同定は次のような手順で行われる．

① X線管の対陰極物質の特性X線を探し出し，取り除いておく．
② 最強ピークの横軸を読み取りスペクトル表[4]と照合して同定する．$K\alpha$ スペクトルが同定されたら，$K\beta$ スペクトルが必ず存在しているはずである．$K\beta$ が見つからない場合は最強線を $K\alpha$ と同定したのは誤りである．
③ Lスペクトルが現れる場合は，$L\alpha$ について②と同様の操作を行う．
④ 同定された特性X線とそれに付随するX線のピークの帰属をすべて明らかにする．
⑤ 帰属が明らかにならないピークがある場合は②の操作をやり直す．

スペクトルを同定するときには以下のことに注意する．

(1) WDSのスペクトルを読むときは主成分元素の高次線（$n=2$ 以上のスペクトル）とサテライトピークの存在に注意を払う．
(2) EDSのスペクトルではエスケープピークやサムピークが強いスペクトルに付随して現れることがある．
(3) 試料以外のスペクトルの存在を確認するためにブランク試料の測定をしておいた方がよい．

b. 定量分析[5]

蛍光X線分析法は元素の定量分析法としては最も精度のよい分析法である．定量方法は検量線法あるいは検量線法に吸収効果などに補正を加えたものと理論計算を用いたファンダメンタルパラメーター法に大別できる．

1) 検量線法

① 3点以上の検量用標準を用いて分析元素の $K\alpha$ X線の強度を測定する．検量線の点数は多いほどよく，1点について3〜5個の試料を測定し，平均値を求める．また，試料のX線強度が検量線のプロット範囲を外れないように注意する．
② 分析元素の濃度または量に対して蛍光X線強度をプロットして検量線を作成する．

③ 検量線が直線にならないときは吸収効果や励起効果が起こっているので，吸収補正を施すか，内標準法を使う．

④ 検量用標準と同一の測定条件で試料を測定する．1試料について3〜5個の測定を行い平均値と繰り返し精度を求めておく．

⑤ 近似した組成を持つ標準物質を分析して分析値の正確さを確かめる．

2) ファンダメンタルパラメーター法[1]

① 理論X線強度と測定X線強度の関係はあらかじめ元素ごとに組成既知の試料1点以上で求めておく．

② 一次X線の種類・質量吸収係数・光電吸収係数・吸収端のジャンプ比・蛍光収率・分析線の系列内強度比・装置定数・分析元素名・試料の平均組成・密度・厚さなどのパラメーターを入力する．装置が決まると実際に入力するのは分析元素名・試料の平均組成・密度・厚さの4パラメーターである．

③ 近似した組成を持つ標準物質を分析して分析値の正確さを確かめる．

V 解 説[5]

検量線法は，あらかじめ，分析元素の濃度とその蛍光X線強度の関係線（検量線）の数式を作っておき，ここに試料中の分析成分の蛍光X線強度を代入して濃度を求める方法である．検量線は吸収効果などのために直線にならないこともある．多くの場合，二次曲線ならば検量線が描けることが多い．検量線が著しく湾曲したりして，共存元素の影響が無視できない場合には補正計算をすることもある．また，コンプトン散乱X線の強度を内標準に用いる内標準法で補正することもできる．測定に際して，$K\alpha$ スペクトルが現れていない場合には，$L\alpha$ X線を用いる．ただし強度は著しく低下する．

ファンダメンタルパラメーター法は一次X線のスペクトル分布・試料の組成と厚さ・質量吸収係数などの数値（ファンダメンタルパラメーター）で計算した理論蛍光X線強度が試料の蛍光X線強度と一致するように，逐次近似計算によって試料の組成を求める方法である．この方法は均一な組成を持ち，平たんな試料について適応できる．組成がわかっていれば厚さを，厚さがわかっていれば組成を求めることができるので非常に有効な方法であるが，常に適切な標準物質を測定し分析結果の確かさを確認しなければならない．

■ 参考文献

1) T. Shiraiwa, N. Fujino : *Jpn. Appl. Phys.*, **5**, 886 (1966).
2) 中村利廣，早川哲司，目崎浩司，佐藤 純：温泉工学会誌，**22**, 1 (1988).
3) 貴家恕夫，戸田裕之，中村利廣：X線分析の進歩，**9**, 63 (1977).
4) E.W. White, G.G. Johnson, Jr. : X-Ray Emission and Absorption Wavelengths and Two-Theta Tables, ASTM Data Series DS-37A, ASTM (1970).
5) 大野勝美，川瀬 晃，中村利廣：X線分析法，共立出版 (1987).

標 準 物 質

1. 純物質の取り扱い (handling of high purity materials)

I 概　　要
　高純度金属，高純度塩などの取り扱いについて説明する．有機溶媒などの純物質については水分の混入防止などの別の注意が必要であるが，ここでは取り上げない．

II 器具・試薬
　乾燥器，電気炉，その他，物質ごとに適切な器具を用いる（図1）．乾燥のための容器としては，一般に乾燥温度が200～800℃の場合は白金るつぼ（図2(a)）を用い，200℃以下の場合はガラス製平形はかり瓶（図2(b)）を用いることができる．試薬は特別に高純度なものは必要ないが，希釈の程度によっては高純度な酸・アルカリが必要な場合もある．

III 操　　作
　① 洗浄：金属は表面を洗浄できる場合が多いが（洗浄方法は個別に異なるので省

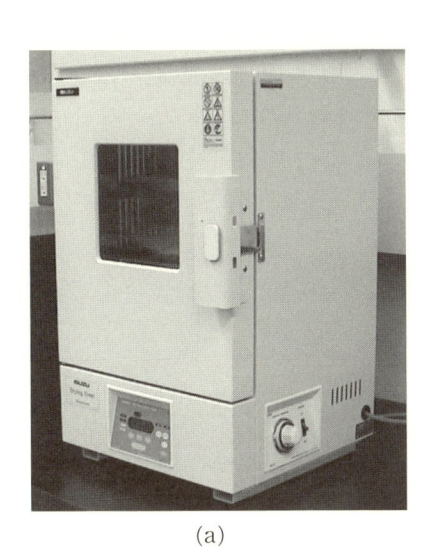

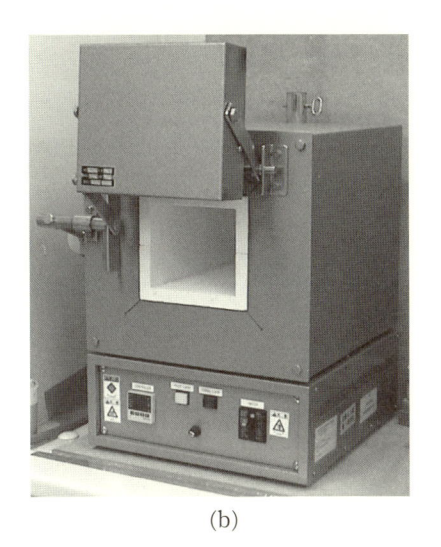

(a)　　　　　　　　　　　　　　　(b)

図1　乾燥機(a)と電気炉(b)

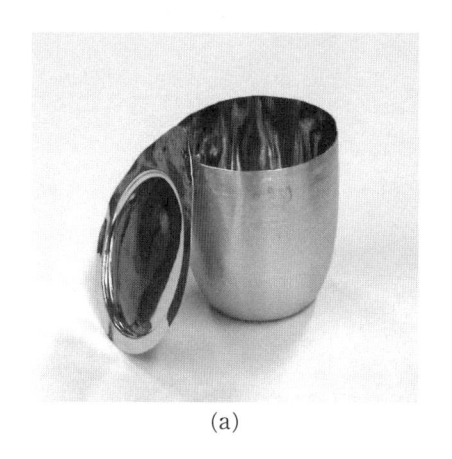

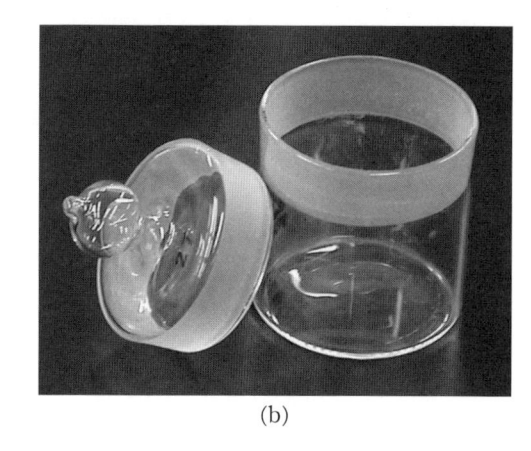

図2　白金るつぼ(a)とガラス製平形はかり瓶(b)

略するが，一般に表面の油分，酸化物を除くことを考慮する），その他の多くの場合には洗えないので，特に保存には注意を要する．保存環境からの酸・アルカリの混入に注意する．物質（例えば低融点物質）によっては保存温度にも注意する．

② 乾燥：同種の物質であっても温度などの乾燥条件が他と異なる場合があるが，認証標準物質（certified reference material, CRM）の場合，その条件下で認証されているので忠実に守る．

③ 秤量：てんびん，分銅は適切に管理され，校正されているものを用いる．必要に応じて一連の秤量のたびに分銅を用いててんびんを校正する．試料の密度をハンドブックなどで調べ，浮力補正を行う[1]．採取量についての指示がある場合には，指定最低量以上をとるようにする．

④ 溶解：物質ごとに適切な溶解法を選択するが，溶解後の処理や使用時の都合も考慮して決める．主な非鉄金属の溶解法の例が文献[2]にある．

⑤ 希釈：金属イオンの場合，加水分解，沈殿反応などが起こらないように適切な酸などを用いる．体積計を用いる場合には，正しく校正されているものを用いる．秤量のみで質量比混合（gravimetric preparation）によって調製する場合には浮力補正を行う[1]．

⑥ 調製後の保存：濃度が変化しないように注意し，できるだけ速やかに使用するのが望ましい．保存条件・期間について特に規定のある場合には忠実に従う．

IV　解　　説

CRM では，いずれの操作についても認証書（certificate）に従う．浮力補正が効くことが多いので，密度が必要になる．純物質でも微量不純物が含まれており，複数を混合するときに問題になることがあるので，混合する物同士の濃度レベルが異なる場合には特に注意が必要である．

純物質標準物質の代表的な物としては，NIST の Stoichiometry 用の 12 種の

SRM (standard reference material) や JIS K 8005 の容量分析用標準物質がある．後者については p. 42「容量分析用標準物質の乾燥」の表1を参照．

元素標準液も純物質系の標準物質に分類されることがある．ここでは詳しくは取り上げないが，例えば，元素標準液を混合する場合には，上記と同じで相互の不純物が濃度値に影響を与えないことや酸などの共存物が沈殿を生成するものでないことを確認する必要がある．

■ **参考文献**
1) 日置昭治，ぶんせき，348-353 (2001)．
2) 日本化学会編：新実験化学講座9 分析化学I，p. 485，丸善 (1976)．
3) 久保田正明編：標準物質—分析・計測の信頼性確保のために—，化学工業日報社 (1998)．

2. 組成標準物質の取り扱い (handling of matrix reference materials)

I 概　　要

組成標準物質の取り扱いに関しての注意事項を中心に説明する．

II 器具・試薬

乾燥器などのほか，適切なものを用いる．分析対象物質（アナライト，分析種：analyte）が微量であると，試薬ブランクが問題になる場合もあるので，必要に応じて高純度試薬を用いて溶解，希釈などの操作を行う．また，クリーンルームあるいはクリーンベンチの設備が要る場合もある．

III 操　　作

① 洗浄：洗浄は不可能な場合も多いし，可能でも部分溶解のおそれがあるので，一般に洗浄は行わないか，行ってもバルクの溶解が起こらない程度の表面の軽い洗浄に留める．認証書などに指示があればそれに従う．粉体などであるために洗浄できない場合が多いので，汚染には特に注意する．

② 乾燥：必要量を上回る量を清浄な容器に分け取り，認証書などの指示する条件に従って乾燥する．その条件下で認証されているので忠実に守る．

③ 秤量：てんびん，分銅は適切に管理され，校正されているものを用いる．浮力補正が望ましいが[1]，不確かさ（uncertainty）を考えたときの寄与が小さければ省略可能のこともある．浮力補正の程度は試料密度 $1\,\mathrm{g\,cm^{-3}}$ で 0.1% で，試料密度が分銅の密度（通常 $8\,\mathrm{g\,cm^{-3}}$）に近づくほど補正量は少なくなる．粉体などで静電気の発生しやすい場合には，いわゆる除電器を利用することもできる．

④ 溶解：1回の溶解量は，認証書などに最低量が指示されていればそれよりも多くする．一般に，この段階から併行して試料の操作および空試験を行う．

独立行政法人　産業技術総合研究所
計量標準総合センター　標準物質認証書

認証標準物質
NMIJ CRM 7302-a
海底質（有害金属分析用）
Trace Elements in Marine Sediment
No. 100

本標準物質は、底質やそれに類似したマトリックス試料中のいくつかの微量元素濃度の定量において、分析の精度管理や分析方法や分析装置の妥当性確認に用いることができる。

【認証値】
11元素の乾燥質量あたりの濃度（Mass Fraction）の認証値を表に示す。乾燥方法は本認証書に記載された方法による。

元素	認証値（mg/kg）	分析方法（下記参照）	元素	認証値（mg/kg）	分析方法（下記参照）
Sb	1.22 ±0.05	1,2	Mo	1.98 ±0.24	1,2
As	22.1 ±1.4	2,4,5	Ni	25.8 ±1.2	1,2,3,4
Cd	1.32 ±0.04	1,2,4	Ag	0.49 ±0.02	1,2
Co	12.4 ±1.5	2,3,4	Sn	18.5 ±0.8	1,2
Cu	57.8 ±2.3	1,2,3,4	Zn	401 ±16	1,2,3
Pb	82.7 ±3.8	1,2,3,4			

分析方法
1) 同位体希釈-ICP質量分析法
2) ICP質量分析法
3) ICP発光分析法
4) 黒鉛炉原子吸光分析法
5) 高分解能ICP質量分析法

【認証値の決定方法】
本特性値は、産業技術総合研究所計量標準総合センターでの複数の測定結果を重み付け平均して決定した。測定法の組み合わせとしては、以下の通りである。
（1）　一次標準測定法と精確さが確認された他の方法の組み合わせ。
（2）　精確さが確認された3つ以上の方法によるもの。
なお、外部機関にも分析を依頼し、値の妥当性を確認した。
不確かさは、各測定方法の不確かさ、測定方法による違い、試料の均質性による不確かさを合成し、包含係数 k=2 として決定された拡張不確かさで、推定された95%信頼区間である。

【参考値】
以下にいくつかの元素の乾燥質量あたりの濃度（Mass Fraction）を参考値として示す。

元素	参考値（%）	分析方法（下記参照）	元素	参考値（mg/kg）	分析方法（下記参照）
Al	7.3	3	Mn	710	3,4
Ca	4.2	3	P	650	3
Fe	5.4	3	Rb	74	2
Mg	1.2	3	Sr	330	2,3
K	1.6	3	V	166	3
Na	1.9	3			
Ti	0.42	2,3			

分析方法
1) 同位体希釈-ICP質量分析法
2) ICP質量分析法
3) ICP発光分析法
4) 黒鉛炉原子吸光分析法
5) 高分解能ICP質量分析法

図3　組成標準物質

【取り扱い上の注意点】
（1）分析に用いる試料量
均一性の観点から1回の分析に用いる試料量は100mg以上を推奨する。
（2）水分含量（乾燥質量）の求め方
認証値、参考値はすべて乾燥質量あたりで示している。従って、成分測定時に試料の水分含量を測定し、分析値を補正する必要がある。乾燥方法は以下の方法を指定する。ただし、以下の方法で乾燥した場合、成分によっては分解・蒸発などによる損失がありうるため、原則として成分分析用と水分含量測定用とは別の試料を用いること。なお、およその水分含量は3%である。
　　①試料約1gを採取し精確に秤量後、１１０℃のオーブンで6時間加熱する。
　　②シリカゲルデシケーターで放冷後、秤量して質量減少分を水分とする。
（3）保存
試料の保存は室温で行う。遮光し、高温多湿の場所はさけること。一度開封した場合はできるだけ密栓した状態で保存すること。
【認証値の有効期限】
認証値の有効期限は、上記の保存条件が守られることを前提として、2012年3月31日である。

【調製方法および均質性の確認】
北部九州地方の湾内にて採取した底泥（底質）を、風乾し、粉砕後、104μmのふるいを通過したものを混合した後、約60gずつ褐色ガラス瓶に瓶詰めした。瓶詰め後、滅菌のためガンマ線照射（20kGy）を行った。
作製した1000本からランダムに10本選び、認証した元素の含有量を測定し、均質性の確認した。ビン間差は認証値の不確かさの範囲内である。

【協力機関】
本標準物質の調製は、環境テクノス株式会社が行った。

【生産担当者】
本標準物質の生産に関わった技術管理者は倉橋正保、生産責任者は高津章子、値付担当者は稲垣和三、黒岩貴芳、仲間純子である。

　　　　　　　　　　　　　　　　　　平成１４年　３月２５日
　　　　　　　　　　　　　　　　　　独立行政法人　産業技術総合研究所
　　　　　　　　　　　　　　　　　　　　理事長　吉川　弘之

　　　　　　　　　本標準物質に関する質問等は以下にご連絡ください。
　　　　　　　　　独立行政法人　産業技術総合研究所　計量標準総合センター
　　　　　　　　　　　　計量標準管理部　標準供給保証室
　　　　　　　　　〒305-8563　茨城県つくば市梅園１－１－１
　　　　　　　　　電話：0298-61-4050、ファックス：0298-61-4240

の認証書の例

⑤ 希釈：希釈によって加水分解，沈殿反応などが起こらないように適切な酸などを用いる．秤量のみで調製する場合には，必要ならば浮力補正を行う．

IV 解　　説

認証標準物質では認証書に記されている保存や乾燥などに対する指示や注意には必ず従う．特に有機物をアナライトとする場合，試料の全分解をできないことが多いので，指示に忠実に従うように努める．使用期限あるいは有効期限が示されていればそれを守る．可能ならば使用者登録し，追加項目の認証や保存安定性などについての追加情報の有無にも気を配る．図3に組成標準物質の認証書の例を示す．この例では，きちんと不確かさが評価されている認証値の他に，参考値も示されている．

現在では不確かさが付与されていることがCRMの必要条件になっているので，分析値の不確かさを算出する場合には，CRMの不確かさも考慮するようにする．

組成標準物質の選択に当たっては，マトリックス効果を意識して，できるだけ試料と組成の近いCRMを選ぶことも重要である．

微量成分を対象とする組成標準物質の場合には，雰囲気，器具，試薬などからの汚染が問題になることが多いので，特に注意する．

■ 参考文献

1) 日置昭治：ぶんせき，348-353（2001）．
2) 久保田正明編：標準物質—分析・計測の信頼性確保のために—，化学工業日報社（1998）．

定　　量

1. 検量線 (calibration curve)

I　概　　要
　分析機器などの種類にはかかわらず，標準物質（reference material）を用いて試料中の分析対象物質（アナライト）の濃度を求める手法として，検量線法（calibration curve method），標準添加法（standard addition method），内標準法または内部標準法（internal standard method）と呼ばれる方法が用いられる．

II　器具・試薬
　分析方法に応じた分析機器；全量ピペット；全量フラスコ；分注用ピペット；上皿電子てんびん

III　操　　作
　a. 検量線法（図1(a)）
　① 濃度を段階的に変えた複数（通常は3～5点）の標準液を調製し，当該の分析法で測定する．
　② 標準液の測定信号 I_s とそれらの濃度 C_s の関係を検量線（図または式）として求める．
　③ 試料の測定信号から検量線を使って試料中のアナライトの濃度を計算する．
　測定信号を濃度に関係付ける最も一般的な方法である．標準液の濃度範囲に試料のアナライト濃度が含まれるようにする．測定信号と濃度の関係は，通常，直線関係で

（a）検量線法　　（b）標準添加法　　（c）内標準法

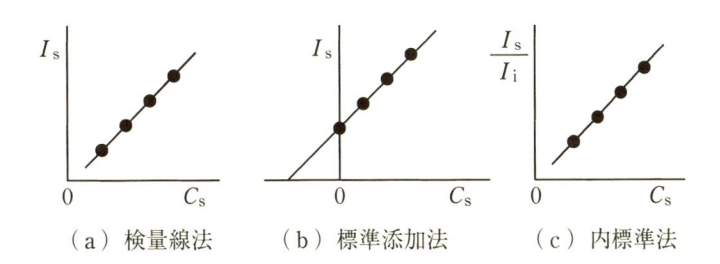

図1　検量線法，標準添加法，内標準法の違い

あるが，まれに直線以外の検量線を用いる場合もある．直線関係がはっきりしている場合には，一つの標準液の結果と原点を結んだ1点検量線を使うこともある．

b. 標準添加法（図1(b)）

試料のマトリックスの分離が十分ではない，あるいはその他の理由で標準とは共存する成分が異なり，試料と標準の間で測定信号と濃度の関係が一致しない場合には，よく用いられる方法である．ただし，適用は直線関係がはっきりしている場合に限られる．

① 試料を一定量ずついくつか（通常は3～5個）に分け，1個を除いた残りへ濃度を段階的に変えた標準を添加した後，全体の体積または質量を一定とする．添加する標準の量は，試料中のアナライトの量に近い方がよい．

② 測定信号 I_s とそれらの濃度 C_s の関係（直線関係の場合に限る）を求める．

③ 測定信号0へ外挿したときの濃度（負の値）の絶対値を試料濃度として求める．なお，測定信号にバックグラウンドが含まれている場合には，必要に応じてあらかじめ適切に差し引かれていなければならない．

試料の前処理がある場合に，その初期から標準を添加しておく場合と最終段階での測定操作の直前に標準を添加する場合がある．なお，ほぼ同じ組成の複数の試料がある場合には，一つの試料についてだけ標準添加法を行い，そこで得られた測定信号と濃度の関係を他の試料についても用いることができる場合がある．これを，添加検量線法（addition calibration method）と呼ぶ．

c. 内標準法（図1(c)）

測定信号が不安定な場合や試料の特性による影響が大きい場合によく用いられる方法である．

① 試料に実際上含まれていない成分で分析法に対してアナライトと類似の挙動をする一方で妨害しない成分を，試料溶液および標準液のすべてに内標準（一般に一定量）として加える．ただし，固体分析では一般に主成分を内標準として用いる．

② 通常，アナライトと内標準として加えた成分の信号強度の比 I_s/I_i をアナライトの濃度 C_s と関係付ける．内標準が一定量でない場合には，信号強度の比に補正を加えるべきときもある．

③ この比とアナライトの濃度の関係から，通常の検量線法や標準添加法と同じように試料中のアナライトの濃度を計算する．

d. 計算方法

濃度を x，信号強度を y とおくと，x と y の関係は直線関係にあるとき，$y = ax + b$ と表すことができ，最小二乗法によって a, b を求めることができる．最も一般的な最小二乗法の取り扱いとして，残差標準偏差が各標準液について一定であると仮定するときを説明する．標準液ののべ測定点数を n，試料溶液の繰り返し測定回数を m とする．残差標準偏差の平方 s_y^2 を，

$$s_y{}^2 = \sum_{i=1}^{n} \frac{(ax_i + b - y_i)^2}{n-2}$$

とおくと，a と b の標準不確かさ $u(a)$，$u(b)$ および a と b の共分散 $u(a, b)$ は，次のようになる．

$$u^2(a) = \frac{s_y{}^2}{\sum(x_i - \bar{x})^2}, \qquad u^2(b) = \frac{s_y{}^2 \times \overline{x^2}}{\sum(x_i - \bar{x})^2}, \qquad u(a, b) = \frac{s_y{}^2(-\bar{x})}{\sum(x_i - \bar{x})^2}$$

試料の信号強度を y_A（標準不確かさ $u(y_A)$），それに対応して検量線から得られる試料濃度を x_A とすると，通常の検量線法（図2の②）に対応する x_A の標準不確かさ $u(x_A)$ は，次のようになる（直線性の程度は考慮外）．

$$\begin{aligned}
u^2(x_A) &= \frac{(y_A - b)^2}{a^4} u^2(a) + \frac{1}{a^2} u^2(b) + \frac{2(y_A - b)}{a^3} u(a, b) + \frac{u^2(y_A)}{a^2} \\
&= \frac{s_y{}^2}{a^2}\left\{\frac{1}{m} + \frac{1}{n} + \frac{(y_A - \bar{y})^2}{a^2 \sum(x_i - \bar{x})^2}\right\}
\end{aligned} \tag{1}$$

図2の①〜④のおのおのに対応する不確かさは表1の通りである．標準添加法の場合の取り扱いは①のようになり，検量線法のうちでも，y 切片が，検量線用標準液と試料溶液の両方に対して共通のバックグラウンドやブランクに起因している場合の取り扱いは②のようになる．一方，検量線法でも，y 切片が検量線用標準液のブランクに起因し，それが試料溶液と無関係であるならば，求める試料溶液濃度（試料溶液に関係するブランクを含む値）は③のようになる．また，添加検量線法の場合にも③のようになる．検量線法においてブランクを差し引く場合には，ブランクがそれほど大きくなければ，③の y_A を y_A からブランクの信号強度を差し引いたものに変えた値になる．ついでに示すと，y 切片が求める値の場合には④のようになる．

IV 解　説

検量線法の一種であるが，試料と比べてわずかに濃度を増減させた二つの標準液を利用する方法はブラケティング法（bracketing method）と呼ばれる．狭い濃度範囲でのみ直線性が成り立つ場合や，特定の狭い濃度範囲の試料しか扱わない場合などに

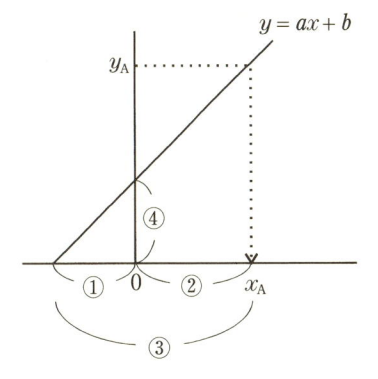

図2 検量線法，標準添加法，内標準法から得られる値

表1 検量線法，標準添加法などで求める値とその標準不確かさ

	求める値	求める値の標準不確かさ
① 標準添加法	b/a	式(1)で $1/m=0$ から
② 検量線法(通常)	$(y_A - b)/a$	式(1)から
③ 検量線法(特殊)・添加検量線法	y_A/a	式(1)で $1/n=0$，$\bar{y}=0$ から
④ 切片が意味を持つとき	b	$u(b)$

用いられる．検量線法においてマトリックスマッチング法（matrix matching method）を併用すれば，標準添加法の長所と同じ効果を引き出せる場合もある．

内標準法の変法とでもいうべき方法として，サロゲート（surrogate）を使う方法がある．サロゲートとは，回収率の確認などの目的で添加されるもので，試料中に含まれていない物質で，目的成分と化学構造が同じで同位体の一部が異なる物質，あるいは化学構造が類似した物質が用いられる．

標準添加法で複数の種類の標準を同時に加える場合や内標準法の場合には，添加する標準の間の相互の不純物が濃度値に影響を与えないことを確認する必要がある．濃度レベルが大きく異なる場合には特に注意が必要である．

濃度の標準の不確かさが全体の不確かさに影響を与える場合には適切に合成する．一つの標準を希釈して各検量線用標準液を調製した場合で，それらの希釈操作の不確かさは無視できる場合には，検量線に基づく不確かさの算出をした後にもとの標準物質の不確かさを合成する．

■ **参考文献**
1) 久保田正明編：標準物質―分析・計測の信頼性確保のために―，p. 102，化学工業日報社（1998）．
2) 日置昭治，ぶんせき，114-119（2001）．
3) EURACHEM/CITAC Guide：Quantifying Uncertainty in Analytical Measurement（2nd ed.）（2000）．
　　http://www.measurementuncertainty.org/
4) JIS Z 8461：2001（標準物質を用いた校正（検量線が直線の場合））．

2. 同位体希釈法（ID法：isotope dilution method, ID method）

I 概　　要

同位体希釈法の原理の概要を示す．ある試料中のある元素Zを定量したい時，その元素の同位体が二つ以上あれば，そのうちの二つの同位体をA，Bとし，AとBの同位体比をR_1とする（図3）．その試料にA，Bどちらかを濃縮したもの（スパイク：spike）をある量加えると，その混合物（ブレンド：blend）のAとBの同位体比R_2はもとの試料のR_1とは異なるものになる．加えたスパイク中の元素Zの物質量と同位体組成がわかっているならば，ブレンドの同位体比R_2を測定することによって，もとの試料中の元素Zの物質量を知ることができる．この際，ブレンドに含まれるもとの試料由来の元素Zとスパイク由来の元素Zのすべてが，同位体が異なる点は別として化学的に区別なく混ざっている，すなわち同位

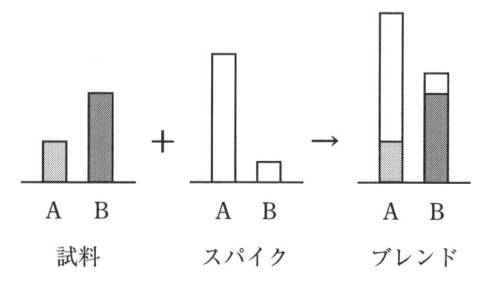

図3 同位体希釈法の原理
A，Bは同一元素の異なる同位体．

体平衡に達している必要がある．化合物として定量する場合には，どれかの原子を同位体で標識したスパイクが必要になる上に，化合物が分解しないような試料処理が求められる．以下では，元素を定量する場合について説明する．

原理的には同位体の違いを識別できる検出法があればよく，質量分析法で検出する必要はないが，放射性同位体を定量するのでなければ，事実上，同位体希釈質量分析法（IDMS）に限られている．IDMSのためには，従来，表面電離型質量分析計（TIMS）が用いられてきたが，誘導結合プラズマ質量分析計（ICP-MS）が導入されてからはその利用が増えている．通常のICP-MSには四重極型質量分析計を用いるものと高分解能の二重収束型質量分析計がある．

II 機器・試薬

質量分析計（ICP-MSなど）；濃縮安定同位体；分析用標準

必要かつ入手可能な場合には，同位体標準を用いる．

III 操作

干渉の観点から見て単純な鉛分析を，ICP-MSを用いて行う場合を例に操作手順を説明する．

① 未知試料溶液，分析用Pb標準およびスパイク溶液を準備する．スパイク溶液については，濃縮安定同位体から自分で調製する場合と溶液として入手する場合の両方がある．

② 図4に示したように，未知試料溶液とスパイク溶液，分析用Pb標準とスパイク溶液，ブランク溶液とスパイク溶液の3種類のブレンドを質量比混合によって調製する．少量の液体を蒸発の影響を受けずに秤量するためには，シリンジの先端にテフロン管をつけた器具などを利用することができる．また，浮力補正を行う．ブランクについては未知試料溶液の1/100の濃度を想定している．ブレンドの調製後は必要に応じて適切な前処理を行うが，回収率は100％である必要はない．最後には測定上都合のよい濃度に希釈する．この際に正確

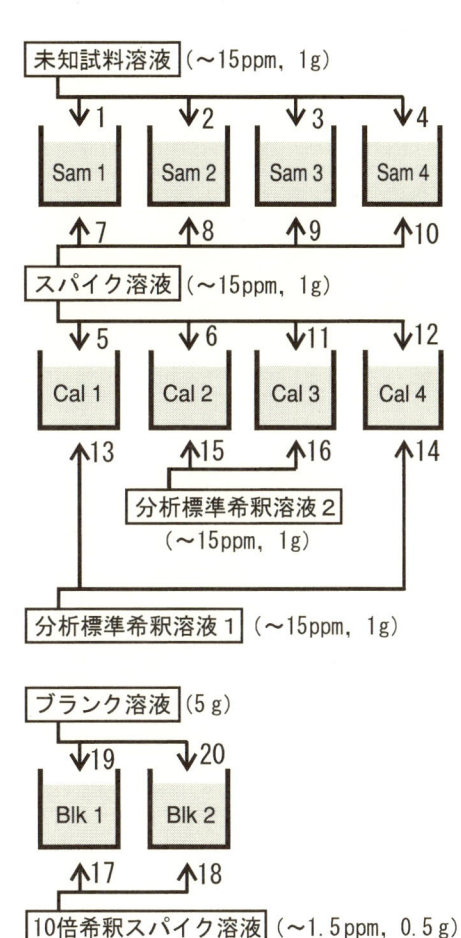

図4 同位体希釈法のためのブレンド調製手順の例
図中の1〜20の番号は添加の順序を表す．濃度（質量分率），採取量は一例．

な希釈率を記録する必要はない．

③ 同位体組成の測定（質量数202，204，206，207，208）：分析用Pb標準および未知試料溶液の同位体組成を測定する．質量数202のHgを測定して質量数204のPbへの質量数204のHgの干渉を除く．他の干渉のないことが明らかな場合しかこのような補正はできない．したがって，その元素の正確な同位体組成を分離なしでは測れない場合もある．鉛のように出所によって同位体組成の違いがあるのでなければ，一般に知られている同位体組成（IUPACの表）をそのまま使うことが多い．測定する試料を交換するときは，導入系の洗浄のために，例えば$1\,mol\,L^{-1}$硝酸を3分間導入する．同位体組成を測定する前後には共通試料（通常は，既知の天然同位体組成を持った分析用標準あるいは未知試料溶液のうち十分な量のあるもの）の同位体組成を測定して，ICP-MSによる測定の質量差別効果（mass-discrimination effect）や時間変動を補正する．これは最も一般的な補正法で，比較標準化法と呼ばれる．鉛の場合には，例えばNIST SRM 981（天然類似組成）を測定する．二つの同位体組成の測定の前後に共通試料を測定して，二つの共通試料の結果から1/3と2/3の時間按分をして補正する．さらに必要に応じて，試料と同濃度の酸溶液を測定ブランクとして適宜測定する．初めて用いるスパイクの場合にはその同位体組成の確認も行う．

④ 同位体比の測定（Pb-208/Pb-206）：分析用Pb標準とスパイク溶液のブレンド（逆ID用ブレンド），ブランク溶液とスパイク溶液のブレンド（ブランクID用ブレンド），未知試料溶液とスパイク溶液のブレンド（ID用ブレンド）の，3種類のPb-208/Pb-206の同位体比を測定する．三つ以上の同位体が存在する場合にどの組み合わせの同位体比を測定するのかは，同位体の存在度，干渉，濃縮安定同位体の入手の容易さなどから判断して決定する．測定する試料を交換するときは，導入系の洗浄のために，例えば$1\,mol\,L^{-1}$硝酸を3分間導入する．同位体比を測定する前後には共通試料（通常は，ID用ブレンドまたは逆ID用ブレンドのうち十分な量のあるもの）の同位体比を測定して，ICP-MSによる測定の質量差別効果や時間変動を補正する．鉛の場合には，例えばNIST SRM 982（質量数208と206の等モル組成）を測定する．③と同様に，測定の前後に共通試料を測定して，時間按分をして補正する．また，測定ブランクを適宜測定する．

⑤ 必要に応じて③，④の測定全体を2日目に繰り返す．

⑥ 計算：後述の解説で示す式を用いて濃度を計算する．さらに，不確かさを適切に見積もる．同位体比の繰り返し測定（例えば10回）の標準偏差や同位体比の標準として用いたものの不確かさが全体の不確かさの計算の基礎になるが，同等の複数のブレンド間のばらつきの方が大きい場合には，それで置き換えることも考慮すべきである．また，逆IDの過程の計算の最後の段階で分析用標準の不確かさも合成する．ここでは，これ以上の詳細は省略する．

表2 ID法の原理を説明するためのパラメーター

	目的元素の濃度 (μmol g^{-1})	質量 (g)	同位体Aの存在度 (%(mol/mol))	同位体Bの存在度 (%(mol/mol))
未知試料(X)	C_X	W_X	A_X	B_X
スパイク(S)	C_S	W_S	A_S	B_S

IV 解説

ID法の原理を表2のパラメーターを用いて説明する．未知試料（X）とスパイク（S）のブレンド中の目的元素の同位体Bの同位体Aに対する同位体比 R は

$$R = \frac{C_X \times W_X \times B_X + C_S \times W_S \times B_S}{C_X \times W_X \times A_X + C_S \times W_S \times A_S}$$

である（ID過程）．したがって，

$$C_X = \frac{C_S \times W_S}{W_X} \times \frac{(R \times A_S - B_S)}{(B_X - R \times A_X)}$$

となる．一方，スパイク中の目的元素の濃度は，スパイクを未知試料と考え，分析用標準（RM）をスパイクの代わりに用いて，同様の式から求められる（逆ID過程）．逆ID用ブレンド中の同位体Bの同位体Aに対する同位体比を R' とおくと，

$$C_S = \frac{C_{RM} \times W_{RM}}{W_S} \times \frac{(R' \times A_{RM} - B_{RM})}{(B_S - R' \times A_S)}$$

となる．

以上の，同位体組成（試料と類似）が既知（あるいは独自に測定）の分析用標準を用いてスパイク濃度を測定する，いわゆる逆ID過程を同時に実施する方法は，二重ID法（double ID method）と呼ばれる．一方，直接ID法（direct ID method）は，濃度と同位体組成が既知のスパイクを使って，いわゆるID過程のみを行う方法で，究極的には，試料溶液とスパイクのブレンドをただ一つ調製して，その中の対象同位体比を測定するだけでも定量できる．スパイク量の決定のためには，スパイクと試料を等モルで混合するという概ね妥当な経験則があり参考になる[1]．

操作に示したように初めて用いるスパイクの場合にはその同位体組成の確認も行うが，スパイクの同位体組成の不確かさの最終結果への影響はIDと逆IDとで相互に強い補償関係にあるので，二重ID法の場合はスパイク供給元の提供する同位体組成を一般にそのまま使うこともできる．

ID法は，長寿命放射性核種などを用いるのでなければ，単核種元素には適用できない．適用の可能性を周期（律）表上に示した（図5）．

同位体比は回収率に無関係で，ブレンド調製後の前処理過程での不十分な回収，濃縮，希釈は最終結果の正確さに影響を与えない．また，同位体比の測定はマトリックスが残っていてもその影響を受けにくく，このことは精度はともかく正確さ（accuracy）の点でIDMSが優れている理由の一つである．ただし，汚染には無防備であ

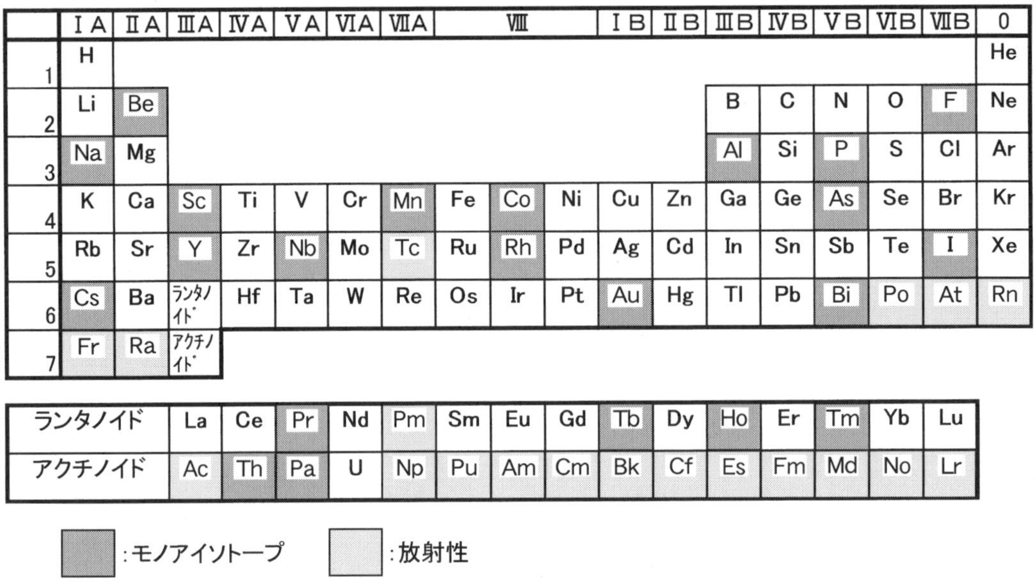

	IA	IIA	IIIA	IVA	VA	VIA	VIIA	VIII			IB	IIB	IIIB	IVB	VB	VIB	VIIB	0
1	H																	He
2	Li	Be											B	C	N	O	F	Ne
3	Na	Mg											Al	Si	P	S	Cl	Ar
4	K	Ca	Sc	Ti	V	Cr	Mn	Fe	Co	Ni	Cu	Zn	Ga	Ge	As	Se	Br	Kr
5	Rb	Sr	Y	Zr	Nb	Mo	Tc	Ru	Rh	Pd	Ag	Cd	In	Sn	Sb	Te	I	Xe
6	Cs	Ba	ランタノイド	Hf	Ta	W	Re	Os	Ir	Pt	Au	Hg	Tl	Pb	Bi	Po	At	Rn
7	Fr	Ra	アクチノイド															

ランタノイド	La	Ce	Pr	Nd	Pm	Sm	Eu	Gd	Tb	Dy	Ho	Er	Tm	Yb	Lu
アクチノイド	Ac	Th	Pa	U	Np	Pu	Am	Cm	Bk	Cf	Es	Fm	Md	No	Lr

■:モノアイソトープ　　■:放射性

図5　周期（律）表上に示した原理的に同位体希釈法の適用可能な元素と不可能な元素

るので，ブランクには最大限の注意を払う必要がある．

■ 参考文献
1) R.L.Watters, Jr., K.R.Eberhardt, E.S.Beary, J.D.Fassett：*Metrologia*，**34**，87-96 (1997).
2) 野々瀬菜穂子，日置昭治，倉橋正保，久保田正明：分析化学，**47**，239-247 (1998).
3) 河口広司，中原武利編：プラズマイオン源質量分析，学会出版センター (1994).
4) M.Sargent, C, Harrington, R.Harte, eds.：Guidelines for Achieving High Accuracy in Isotope Dilution Mass Spectrometry (IDMS), The Royal Society of Chemistry (2002).

試薬の精製

1. 再結晶による精製 (purification by recrystallization)

I 概　　要

　合成試薬は目的生成物以外の物質との混合物として得られるため，分離精製が必要である．また，市販の試薬で純度が低いと考えられる場合，不純物を取り除いて純品を得るために精製の操作を行う．再結晶は少量の不純物を含む固体試薬の場合に最も汎用される精製法であり，溶解度の差に基づいて純粋な結晶を得る方法である．

II 器具・試薬

　三角フラスコ；還流冷却器；水浴；三角漏斗；減圧沪過装置；沪紙；ガラス棒；溶媒

III 操　　作

　① 精製する固体を三角フラスコに入れ，沸点付近に加熱したときに全量が溶解する量を見込んで溶媒を加える．
　溶媒の選択は，通常は文献に従う．未知の場合は，あらかじめ少量の固体を用いて

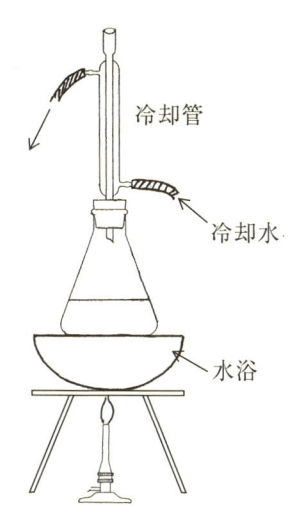

図1　還流冷却器を用いる加熱溶解　　　　図2　ひだ沪紙を用いる熱時沪過

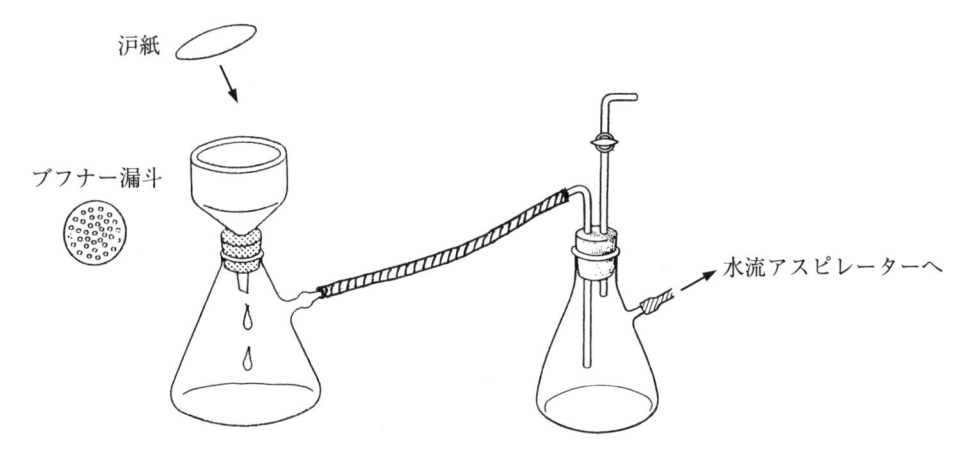

図3 減圧沪過

溶解性および冷却時の析出を試験して選択する．

② 還流冷却器をつけて，水浴で沸点付近まで加熱し（図1），固体を溶解して高温の飽和溶液を調製する．

③ 不溶の不純物が存在する場合には，三角漏斗と沪紙を用いて，火気厳禁のもと，温めた三角フラスコへ沪過する（熱時沪過，図2）．溶液量が多い時には，沪液の沸騰に注意しながら，減圧沪過装置（図3）を用いる．また，図4に保温漏斗の一例を示す．漏斗内部に入れた水をあらかじめ加熱し，火を消した後に沪過を行う．水以外の溶媒では火気に十分注意する．

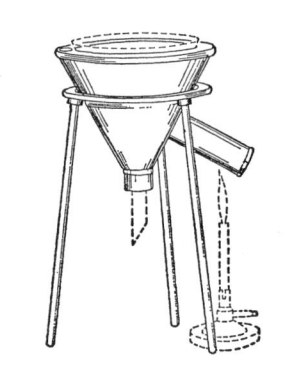

図4 保温漏斗と台(武者・滝山，1979)[1]

この操作で，不溶の不純物が高濃度溶液から除去されるが，沪別が必要と認められない場合には省略できる．また，不純物による溶液の着色が著しい場合には，熱沪過の前に活性炭による吸着除去を併用する．

④ ゆっくりと室温まで冷却して，結晶を析出させる．過飽和のまま析出が停滞する場合には，ガラス棒で器壁をこすって結晶の核を生成させる方法が析出の促進に有効である．

⑤ 減圧沪過して目的試薬を純結晶として得る．三角フラスコ内に残る結晶の洗い込みと，ブフナー漏斗上の結晶の洗浄には，少量の再結晶用溶媒を用いる．

⑥ 得られた純結晶を時計皿などに移して風乾する．

IV 解　説

混合溶媒を用いて室温における再結晶が可能な物質では，第一溶媒に固体を高濃度に溶解し，第二溶媒（目的物質が難溶かつ第一溶媒と相互溶解する）を少量ずつ加えて析出させることによって簡便に精製できる．

いずれの操作においても溶媒の選択が重要である．不純物は溶解して除去され目的物質は結晶として回収されるために，溶解度の差，沸点と操作性，目的物質と反応しないことを考慮して再結晶溶媒を選択する．また，高温で多量の固体を溶解して操作を開始する方法においては，目的物質の溶解度が温度に依存して大差を有することが望ましい．

再結晶を繰り返すことによって，収量に損失は出るが純度をより高めることができる．

なお，再結晶による精製は，多量の不純物を含む場合には純粋な結晶の析出が困難であるため適用できない．その場合には，あらかじめ適当な方法によって混合物から目的物質を分離した後に再結晶を行わなければならない．

■ 参考文献
1) 畑　一夫，渡辺健一：基礎有機化学実験（新版），丸善（2000）．
2) 山田静之：ぶんせき，724（1975）．

■ 引用文献
[1] 武者宗一郎，滝山一善：分析化学の基礎技術，p.136，共立出版（1979）．

2. 蒸留による精製（purification by distillation）

I 概　　要

蒸留は沸点の差を利用して，液体の混合物から特定の成分を分離する方法であり，有機溶媒や酸などの精製に用いられる．気化した物質を集めて純度の高い試薬を得る方法として，ここでは常圧下での通常の蒸留について記述する．

II 器具・試薬

水浴または油浴；枝付きフラスコ；栓（蒸留フラスコの温度計用，冷却器頭部用，冷却器末端から受け器へのアダプター用）；綿（受け器口用）；温度計；連結管；スタンド；冷却器；分留管；沸石；留出液受け器用の三角フラスコ；バーナー（引火性物質に十分注意すること）；伸縮架台

III 操　　作

① フラスコに約半量の液体と沸石数個を入れ，温度計をつけた栓をする．温度計はフラスコの分岐部よりやや下方に置く．フラスコを水浴の中に入れ，クランプを締めてスタンドに固定する（水浴の水は装置全体が組み上がってから最後に入れるとよい）．

② 蒸留装置を組み上げる．リービッヒ冷却管を用いる通常の常圧蒸留装置を図5に示す．はじめは軽く，次第に完全にクランプを締めながら，各パーツの位置を少し

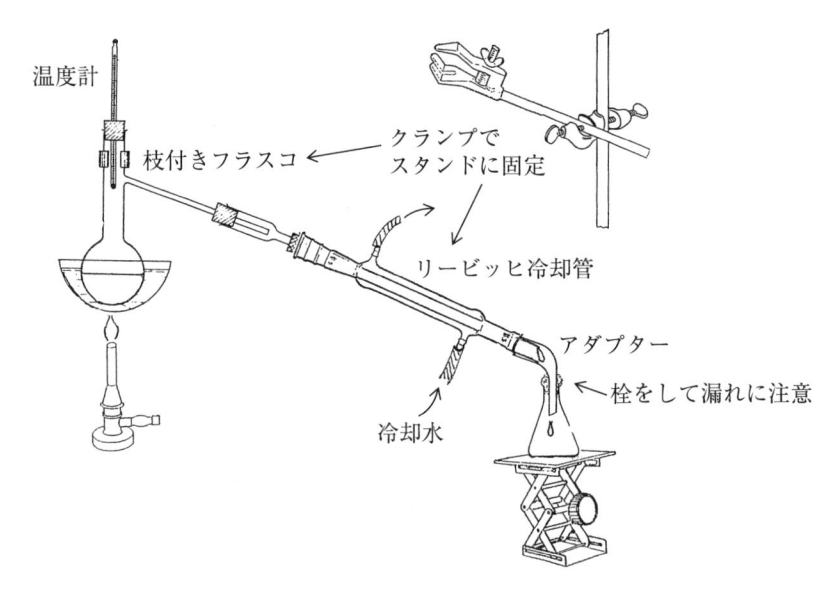

図5　常圧蒸留

ずつ調整してバランスをとり，最後にすべての接続部に漏れがないよう十分に確認する．アダプターから受け器への導入部に当たる三角フラスコの口は，引火防止のために綿で軽く栓をする．

より注意深い蒸留が必要とされる低沸点引火性物質（エーテルなど）の場合には，図6のように蛇管冷却器を垂直に設置して用い，受け器からの漏れの防止に十分注意する．

③ 冷却水を静かに流して，流れを確認する．

④ 水浴に水を8分目まで入れ，バーナーに点火する．一定の沸点に達するまでの初期留分は捨てて，受け器を取り替え，目的物質を得る．危険防止のために，沸点を維持できる限りの弱火を使用し，冷却水の流れを常時確認する．

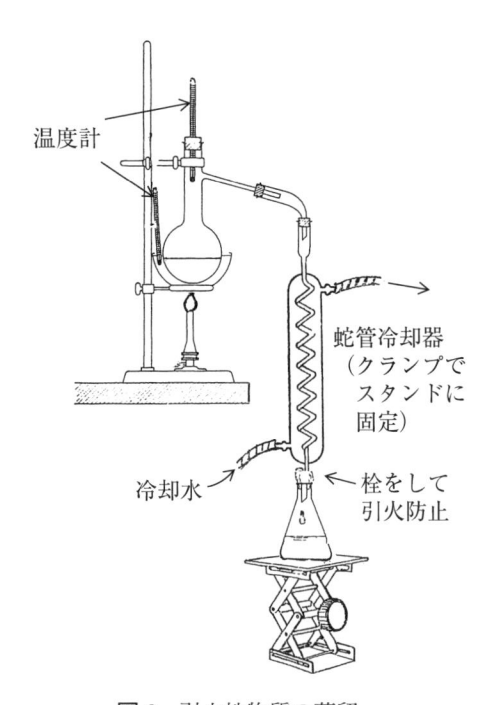

図6　引火性物質の蒸留

⑤ 必ずフラスコ内に液体が残っている段階で火を止めて（爆発の防止），蒸留を終了する．電気加熱を利用してもよいが，引火に注意する．

IV 解　　説

　分解性または高沸点で常圧蒸留が困難な物質では，沸点を低下させて蒸留を行う減圧蒸留，もしくは水蒸気をフラスコ内の液体に吹き込んで目的物質を 100℃以下で留出させる水蒸気蒸留を用いる．また，塩酸，硝酸，アンモニア水などでは非沸騰蒸留による精製が行われている．

　なお，蒸留精製に際しては共沸を考慮する必要がある．例えば，エタノールは水との共沸混合物として気化するため，無水アルコールを得るにはさらに脱水の操作が必要である．

■ 参考文献
1) 三木太平：ぶんせき，724 (1975).
2) 三木正博，米沢　勤：ぶんせき，402 (1991).
3) 海老原　寛：ぶんせき，402 (1998).

3. 昇華による精製 (purification by sublimation)

I 概　　要

　ドライアイスやナフタレンの例に見られるように，固体から液体を経由せずに直接気化する現象が昇華である．固体試薬の中にはこの現象を利用して精製できるものがあり，再結晶よりも簡単な操作で損失も少ない．

II 器具・試薬

　ヒーター；沪紙（多数の穴をあける）；スパーテル

　昇華した物質を付着させる容器：昇華の方法によって，三角漏斗または水冷装置付きフラスコなど．

III 操　　作

　① 昇華のための装置を組む．一般には図 7 または図 8 に示すように，物質を入れた容器を穴あき沪紙で覆い，純物質を冷却固化して付着させるための受け器を上方に置く．
　② 未精製の物質を粉砕し，容器の底に広げるように置く．
　③ ヒーターで穏やかに加熱する．
　④ 昇華して受け器に付着する純物質をときどきスパーテルでかきとりながら，精製を進行させる．

IV 解　　説

　少量かつ加熱分解のおそれがない場合には，図 9 に示すように試験管を用いる簡便

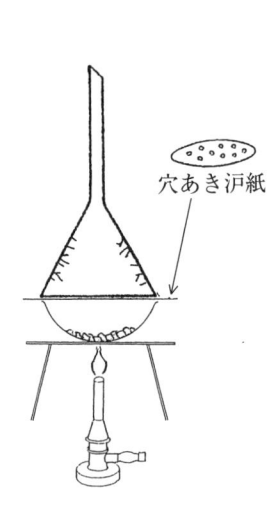

図7　三角漏斗を用いる昇華精製

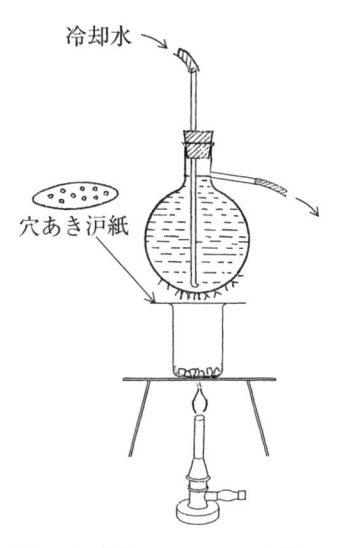

図8　冷却したフラスコを用いる昇華精製

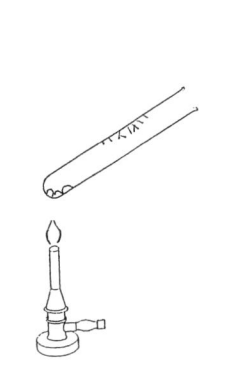

図9　試験管を用いる簡便な昇華精製

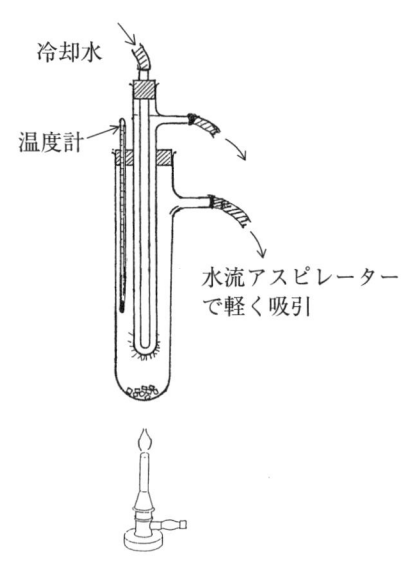

図10　減圧下の昇華精製

法で昇華と回収を行うことができる．

　加熱で分解しやすい物質や昇華しにくい物質の場合には，吸引ポンプで減圧しながら低温で昇華させる方法が用いられる（図10）．

■ 参考文献
1)　畑　一夫，渡辺健一：基礎有機化学実験（新版），丸善（2000）．

4. カラムクロマトグラフィーによる精製（purification by column chromatography）

I 概　　要

　カラムクロマトグラフィーは，ガラス管に吸着剤を詰めた柱状の固定相（カラム）および適当な溶離液（展開溶媒）を用いて分離を行う手法で，各種クロマトグラフィーの中で最も基本的な方式である．天然化合物の分離・同定と同様に，合成試薬の精製に用いられている．

II 器具・試薬

　コック付きガラス管（カラム）とクランプ付きスタンド；分液漏斗とそのスタンド；ガラスウールまたは脱脂綿；海砂；受け器（目盛付き試験管など）；ビーカー；駒込ピペット（先端の開口部がやや太いものがよい）；ガラス棒（カラムより長いもの），吸着剤（シリカゲル，活性アルミナなど目的に応じて選択する）；試料溶媒；展開溶媒

III 操　　作

　① カラムをセットする．管をクランプで垂直に固定し，下方コックを閉じて，展開溶媒と同一の溶媒を管の半分程度まで入れる．ガラス棒を用いて少量のガラスウールまたは脱脂綿（用いる溶媒であらかじめ洗浄しておく）をコック上に詰め，付着している気泡を軽く叩き出して除去する．以降，各段階で気泡が入らないように十分注

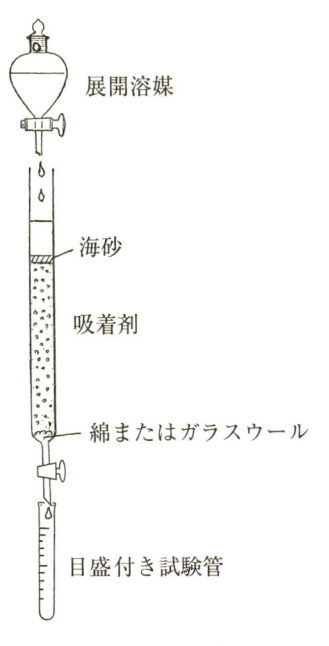

図11　カラムクロマトグラフィー用装置　　　　　**図12**　クランプとリング

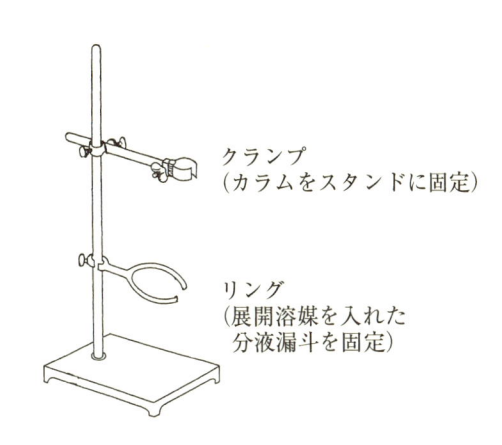

② 吸着剤をカラムに詰める．空隙を作らず均一なカラムを作成する方法として，ビーカーに吸着剤を量り取って溶媒を加え，よくかくはんして脱気した後，駒込ピペットを用いて少量ずつ落下させるとよい．上方 10 cm 以上を残して詰め終わり，管の外側を軽く叩いて吸着剤を落ち着かせる．さらに，カラム上端に少量の海砂をのせて固定相の舞い上がりを防止する．

③ コックを開いてカラム上端まで溶媒を落とす（全操作を通して，吸着剤上端が露出することなく常に溶媒に満たされているように注意する）．

④ 試料溶液を静かにのせる．

⑤ 試料を上端まで落下させ，分液漏斗に用意した展開溶媒を上方に設置して，適当な流速で滴下させ，溶離を行う．

⑥ 目盛付き試験管などの受け器へ，カラム先端から流出する必要な分画（フラクション）を集める．目的物質が有色の場合には，バンドの色で判別してその分画を捕集する．

IV 解　　説

本法は，試料が適当な溶媒とともにカラムへ導入されて吸着し，次いで展開溶媒によって順次溶出される現象に基づいているため，溶媒の選択が重要である．目的物質とカラムとの親和力ならびに展開溶媒の溶離力（溶出強度）を考慮して，シクロヘキサン，アセトン，エタノール，メタノールなどの中から適当な溶媒を選択する．

気泡などが原因となってカラムに空隙や不均一な箇所が生じると，流路が乱れて分離に影響を与えるので注意を要する．

■ 参考文献
1) 畑　一夫，渡辺健一：基礎有機化学実験（新版），丸善（2000）．
2) 河淵計明：ぶんせき，786（1975）．

5. 溶媒の脱水（乾燥）と保存 (dehydration and storage of solvents)

I 概　　要

有機溶媒に含まれている水がその後の用途に支障をきたす場合，その溶媒と反応しない乾燥剤を用いて水分を除去する操作が行われる．溶媒の脱水に最も一般的に使用される乾燥剤は無水硫酸カルシウムであり，蒸留と併用すれば溶媒中の水を 0.005% 程度に低減できる．液体の乾燥に用いられる乾燥剤の例を表1に示す．

II 器具・試薬

三角フラスコ；沪過装置；溶媒に適した乾燥剤

表1 液体の乾燥に用いられる乾燥剤（武者・滝山，1979)[1]

	乾燥剤	適用される液体	適用できない液体	備　考
金属と金属水素化物	Al, Ca Na, K, Na-K, Pb-Na	アルコール 炭化水素，エーテル	ハロゲン化炭化水素，アルコール，エステル，酸，ケトン，アルデヒド，二硫化炭素，アミンなど	添加したまま蒸留反応が激しいから注意
	CaH_2	炭化水素，四塩化炭素，アミン，エーテル		水とは膜を作らず優秀な乾燥剤
中性乾燥剤	$CaSO_4$, Na_2SO_4, $MgSO_4$	炭化水素，エーテル，エステル		
	$CuSO_4$	エーテル，エステル，アルコール	メタノール	
	CaC_2	アルコール		不純物あり，PH_3，H_2Sなど
	$CaCl_2$	炭化水素，オレフィン，エーテル，二酸化炭素	アルコール，アンモニア，アミン，フェノール，ケトン，アルデヒド，エステルなど	
	Al_2O_3	ピリジン，炭化水素		
塩基性乾燥剤	KOH, NaOH	ジオキサン，ピリジン，アニリン	アルデヒド，ケトン，アルコール，酸，エステル，酸性物質など	
	K_2CO_3	ケトン，ハロゲン化炭化水素，ニトリル，塩基		
	BaO, CaO	アルコール，アミン	アルデヒド，ケトン，酸	
酸性乾燥剤	P_2O_5	炭化水素，四塩化炭素，二硫化炭素	エーテル，アセトン，アルコール，塩基	
	H_2SO_4	炭化水素，ハロゲン化炭化水素	アンモニア，アルコール，フェノール，ケトン，エチレンなど	

蒸留を併用する場合の器具は p.219「蒸留による精製」を参照．

III 操　作

① 大きめの三角フラスコに溶媒を入れ，乾燥剤を加えてよくふりまぜる．十分な時間放置して脱水を進行させる．

② 吸湿した乾燥剤を底部に残して，デカンテーションまたは沪過によって溶媒を回収する．

③ さらに蒸留による精製を行う場合は，蒸留装置を用意する．

④ 操作②で得られた溶媒を蒸留する（沸点100℃以上の溶媒では減圧蒸留し，発生する蒸気を無水硫酸カルシウムに通して，冷却器を通過した乾燥溶媒を回収する）．

⑤ 密栓してデシケーター中に保存する（塩化カルシウム管を備えた容器も用いられる）．

IV 解　　説

　モレキュラーシーブ（合成沸石）も溶媒の脱水に用いられ，広い温度範囲で使用可能であるという特長を有している．

　無水リン酸や金属ナトリウムなども有機溶媒の乾燥に用いることができるが，溶媒との反応性を有する場合があるため，適用できる溶媒の種類に注意する必要がある．

　溶媒抽出などの分離分析操作に伴って溶媒中に水が混入した場合の簡単な脱水操作としては，三角フラスコに液体をとって無水硫酸ナトリウムを適量加えてよくふりまぜ，吸湿して固まった硫酸ナトリウムを底部に残して沪過する方法が用いられる．

■ 参考文献
1)　石井大道：ぶんせき，430 (1975).

■ 引用文献
[1]　武者宗一郎, 滝山一善：分析化学の基礎技術. p.147, 共立出版(1979).

純　水

1. 純水製造法 (preparation of pure water)

I　概　要

　化学分析では精製された水が用いられるが，その呼び方はさまざまである．例えば，不純物を除去した純度の高い水であることから純水，精製水，脱塩水など，また精製法から蒸留水，イオン交換水などである．また，これらをさらに精製した高純度な純水は超純水と呼ばれ，純水とは区別されている．実験室では水道水を原水として蒸留法やイオン交換法により純水を製造することが可能であるが，現在は市販されている純水製造装置を使用するのが一般的であり，用途に応じた装置を選択して適切な運転管理をする必要がある．また試薬同様に容器に充塡されて市販されている水を利用する場合もある．これらに要求される水質はその用途によりさまざまであるが，JIS K 0557 には「用水・排水の試験に用いる水」として規定があり，目安とすることができる．規定されている用途別種別とその水質を表1に示す．

II　精製方法

　水を精製する代表的な方法は以下の通りであり，市販の純水装置はこれらの単位操作を用途に合わせて組み合わせている．

a. 蒸留法

　原水を加熱して発生した水蒸気を冷却し凝縮させて蒸留水を得る[1]．高水質な水を得るには純水を原水に用い，ガラス製や石英製の蒸留装置を使用するのがよいが，ガラス製の場合にはアルカリ成分やケイ素，ホウ素の溶出がある．また，沸騰式蒸留で

表1　用途別種別と水質

項　目	A 1 器具類の洗浄	A 2 一般的な試験	A 3 試薬類の調製	A 4 微量成分の試験
電気伝導率：$mS\ m^{-1}(25℃)$	<0.5	<0.1	<0.1	<0.1
有機体炭素(TOC)：$mgC\ L^{-1}$	<1	<0.5	<0.2	<0.05
亜鉛：$\mu gZn\ L^{-1}$	<0.5	<0.5	<0.1	<0.1
シリカ：$\mu gSiO_2\ L^{-1}$	—	<50	<5	<2.5
塩化物イオン：$\mu gCl\ L^{-1}$	<10	<2	<1	<1
硫酸イオン：$\mu gSO_4\ L^{-1}$	<10	<2	<1	<1

は原水がミスト状態になって持ち込まれたり，蒸留装置の内面を這い上がるクリープ現象が起こるなど，高純度な水を得るのは難しい．そのため，蒸留の繰り返しや水を沸騰させない非沸騰式蒸留（サブボイリング：sub-boiling distillation）が必要である．

b. イオン交換法

イオン交換樹脂を充填したカラムに原水を通水しイオン成分を吸着除去する．通常，陽イオン交換樹脂と陰イオン交換樹脂が混合充填されているカラム（カートリッジ）に水を通すことによって精製水を得るが，イオン交換樹脂の種類と組み合わせにより得られる純度には違いが生じる[2]．イオン交換樹脂には再生またはカートリッジの交換が必要であるが，近年は電気再生方式で連続運転が可能な脱塩装置（electric deionization, EDI）が開発されている．

c. 逆浸透法

逆浸透（reverse osmosis, RO）現象を利用して水中の不純物（コロイド状物質やイオン成分）と水とを分離させる[3]．

d. 限外沪過法

孔径が数 nm～0.1 μm の膜を用いる限外沪過（ultrafiltration, UF）により不純物を除去する．高分子量物質やコロイド状物質，微粒子など一定以上の大きさを持つ物質を膜で阻止する．また，UF 膜より孔径が大きい膜を用いる精密沪過（microfiltration, MF）も利用される．図1に水中不純物の粒子径展開図を示す．

e. 紫外線照射

紫外線照射により殺菌や低濃度有機物の分解を行い，不純物を膜処理やイオン交換

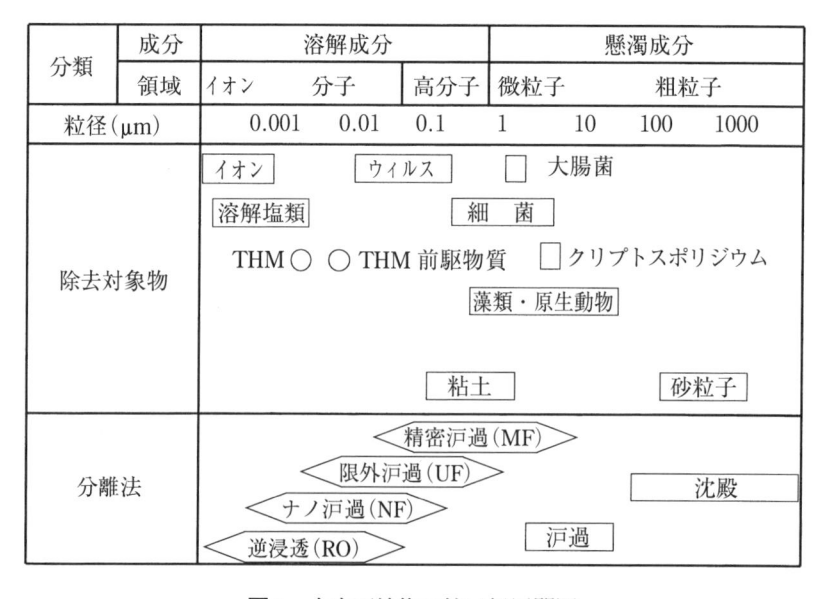

分類	成分	溶解成分			懸濁成分		
	領域	イオン	分子	高分子	微粒子		粗粒子
粒径(μm)		0.001	0.01	0.1	1 10	100	1000
除去対象物		イオン　　ウィルス　　大腸菌　　　　　　　　　　　　　　　　　　　　　　　　　　　　　　溶解塩類　　　細菌　　　　　　　　　　　　　　　　　　THM ○　○THM前駆物質　　クリプトスポリジウム　　　　　　　　　　　　　　　　　　　　　　藻類・原生動物　　　　　　　　　　　　　　　　　　　　　　　　粘土　　　　　　砂粒子						
分離法		精密沪過(MF)　　限外沪過(UF)　　ナノ沪過(NF)　　逆浸透(RO)　　　　　　沪過　　　沈殿						

図1　水中不純物の粒子径展開図

1. 純水製造法

表2　精製方法と対象不純物

	沪過器	活性炭	イオン交換樹脂	RO膜	UV殺菌 (254 nm)	UV酸化 (185 nm)	UF膜	蒸留法
微粒子			○	○			○	○
生菌			○	○	○	○	○	○
有機物	○	○	○	○		○		○
無機イオン			○	○				○
シリカ			○	○				○

法で除去できる形態に変化させる．低圧水銀ランプが用いられ，波長254 nmの紫外線により殺菌，波長185 nmの紫外線により有機物の分解が行われる．

以上の各単位操作が対象としている不純物を表2に示す．

III　解　説

a. 規格について

先に示したJIS K 0557同様の海外規格として，ISO 696 (International Standardization Organization：国際標準化機構) およびASTM D 1193 (American Society for Testing and Materials：米国材料研究協会) などに用途別分類と水質の規定がある．また，医薬品製造にかかわる規格や基準もあるが，ここでは化学分析に用いる水について記載しこれらには触れていない．

b. 精製方法の具体例

JIS K 0557に記載されているA1～A4の水質を得るための精製方法の例を表3に示す．また，下に示した構成の装置についてその水質測定例を表4に示す．以下はA4グレードの水質を得るための装置構成であり，純水装置とそれで得られる一次純水を原水とする超純水装置との組み合わせである．

原水(水道水) → 活性炭 → 逆浸透(RO) → イオン交換樹脂 → (一次純水タンク) → イオン交換樹脂 → 紫外線酸化 → イオン交換樹脂 → 限外沪過膜(UF) → 超純水

c. 試薬としての水

市販されている容器入りの水の例としては以下のようなものがあり，特定の試験のブランク水として利用するための不純物管理がされている．

表3　水質の種別と精製方法

分類	精製方法
A1	イオン交換法または逆浸透膜法などによって精製する
A2	A1の水を用い，最終工程でイオン交換法，精密沪過法などの組み合わせによって精製する
A3	A1またはA2の水を用い，最終工程で蒸留法によって精製する
A4	A2またはA3の水を用い，石英ガラス製の蒸留装置による蒸留法，または非沸騰型蒸留法により精製する

表4 超純水装置水質測定例

(単位:$\mu g\,L^{-1}$)

	原水(水道水)	RO処理水	一次純水	超純水
TOC	1000	100	100	10
ナトリウム	19000	1100	1	0.003
カリウム	2900	61	0.9	<0.001
カルシウム	22500	15	0.3	0.005
マグネシウム	5100	1.2	<0.05	0.001
鉄	24	0.07	<0.05	<0.001
アルミニウム	20	0.07	<0.05	<0.001
銅	2	<0.05	<0.05	<0.001
亜鉛	1	<0.05	<0.05	<0.001
塩化物イオン	29100	600	0.4	<0.01
硝酸イオン	10700	1400	<0.1	0.07
硫酸イオン	36500	<100	<0.1	<0.01
イオン状シリカ	20200	540	0.4	<0.1

① 超純水:金属分析用
・規格項目 例)・金属類/1〜10 ng L^{-1}・陰イオン類/数百 ng L^{-1}
② 蒸留水:高速液体クロマトグラフィー用
・規格項目 例)・密度・屈折率・不揮発物・吸光度など
③ 蒸留水:蛍光分析用
・規格項目 例)・相対蛍光度・UV吸光度

■ 参考文献
1) 平尾良光:ぶんせき,706-713 (1984).
2) 大矢晴彦:純水・超純水製造方法,pp. 23-40,幸書房 (1985).
3) 大矢晴彦:純水・超純水製造方法,pp. 56-70,幸書房 (1985).

2. 純水の評価 (evaluation of pure water)

I 概　　要

化学分析で利用する水に要求される水質はその使用目的によりさまざまである.JIS K 0557 に規定されている項目の評価方法は,JIS K 0550〜0556 で規定されており,その概要を表5に示す.

II 解　　説

各規定には測定濃度範囲も規定されており,A4レベルまたはそれ以上の水質を評価するための測定方法となっている.微量成分分析用ブランク水としての水質評価に適用できるが,実際には各測定を行い必要な水質を満足しているかどうかを確認する

表5 超純水測定方法（JIS K 0550～0556 概要）

項目（規格）	サンプリングおよび前処理	試験方法
細菌数（JIS K 0550）	有機性沪過材による捕集 ・孔径 0.45 μm ・直径 37～55 mm	M-TGE 培地または標準培地による培養法 ・短時間（36±1℃, 24±2 時間） ・長時間（25±1℃, 5 日間）
有機体炭素（TOC） （JIS K 0551）	自動計測器に直接導入または容器に採水	・燃焼酸化-赤外線式 TOC 分析法 ・湿式酸化-赤外線式 TOC 分析法
電気伝導率（JIS K 0552）	自動計測器に直接導入または容器に採水	電気伝導率計
金属元素（JIS K 0553） ［対象元素］ Na, K, Ca, Mg, Cu, Zn, Pb, Cd, Ni, Co, Mn, Cr, Al, Fe	容器に採水し，必要に応じて濃縮 ・減圧濃縮法 ・ビーカー加熱濃縮法	・電気加熱原子吸光法 ・ICP 発光分析法 ・ICP 質量分析法 ・イオンクロマトグラフ法
微粒子（JIS K 0554）	自動計測器に直接導入または沪過膜による捕集 ・孔径 0.2 μm 以下 （測定対象粒径以下） ・直径 13～25 mm	・光散乱方式微粒子自動計測器（JIS B 9925） ・光学顕微鏡（膜上微粒子を染色して計数） ・走査型電子顕微鏡（膜上粒子の計数）
シリカ（JIS K 0555）	容器に採水し，必要に応じて濃縮 ・ビーカー加熱濃縮法	・モリブデン青抽出吸光光度法 ・電気加熱原子吸光法
陰イオン（JIS K 0556） ［対象成分］ F^-, Cl^-, NO_2^-, Br^-, PO_4^{3-}, NO_3^-, SO_4^{2-}	容器に採水	イオンクロマトグラフ法

必要がある．主な項目の測定における留意点を以下に記載する．

a. 有　機　物

　有機物の総量を示す指標として有機体炭素（TOC）が用いられている．TOC 計は有機物を酸化分解して生成した CO_2 を検出する装置であり，表6に示したように酸化分解方法と検出方法の組み合わせにより多くの種類があり，これらの中には規格では採用されていない方式もある．また，無機体炭素をあらかじめ除去して有機体炭素だけを測定する方式と，全炭素と無機体炭素を測定してその差を有機体炭素とする方式とがある．これら測定原理の違いにより含まれている有機物の種類によっては検出率が異なることがあり，測定結果の扱いには注意が必要である．有機物の種類による検出率の比較の一例を表7に示した．

　表6に示した TOC 計の定量下限値は最も高感度な装置でも $\mu g\,L^{-1}$ レベルであり，固有成分の微量定量用ブランク水の管理値としては不十分である．したがって各成分について実際に測定を行って確認する必要がある[1]．

表6 TOC計の酸化分解・検出方法

酸化分解方法	検出方法
燃焼酸化方式	非分散型赤外線吸収方式（NDIR）
高温加圧湿式酸化方式	非分散型赤外線吸収方式（NDIR）
湿式紫外線酸化方式	ガス透過型導電率測定方式 非分散型赤外線吸収方式（NDIR）
紫外線酸化方式	直接導電率測定方式 ガス透過型導電率測定方式 非分散型赤外線吸収方式（NDIR）

表7 有機化合物検出率の比較例

（単位：％）

	燃焼式酸化 NDIR 検出 TC-IC 算出	湿式紫外線酸化 NDIR 検出 IC 除去 TC 測定	湿式紫外線酸化 ガス透過型導電率 TC-IC 算出	紫外線酸化 直接導電率検出
メタノール	98	102	100	100
IPA	98	97	100	100
アセトン	95	96	95	—
酢酸エチル	98	105	102	—
四塩化炭素	100	10[*1]	104	9600[*3]
尿素	98	100	100	33[*2]
L-グルタミン酸	95	95	100	—
フミン酸	96	56	86	—

*1 無機体炭素をあらかじめ除去する方式では，酸性条件下でのガスによるパージ操作があるため，水への溶解度が低くて沸点の低い有機物は揮散して検出率が低くなる．
*2 酸化力が弱い方式では難分解性の有機物を分解しきれずに検出率が低くなる．
*3 検出方法の違いによる影響としては，直接導電率を検出する方式の場合に，有機塩素化合物のように分解後に塩化物イオンが生成されるために二酸化炭素以外の要因で導電率が高くなり，検出率として高い値を示す場合がある．

b. 金属元素

分析装置の高感度化に伴いブランク水にも高純度化が求められており，最も検出感度の高い ICP 質量分析法では $ng\,L^{-1}$ レベルの測定をするため $sub\text{-}ng\,L^{-1}$ の水質が必要とされている．四重極型 ICP 質量分析計の検出限界とブランク水の測定例を表8に示した．検出限界は検量線ブランク水の繰り返し測定で得られる標準偏差（σ）から 3σ に相当する濃度で示した．この濃度レベルの測定ではブランク水測定結果の扱いを考慮する必要があり，この例ではブランク水に用いた超純水について別途濃縮測定をした結果，ブランク水測定値の多くは分析装置のバックグラウンドであることが確認されている．

c. シリカ

JIS K 0555 では A 4 レベル以上の水質測定を評価するためにモリブデン青抽出吸光光度法が採用されているが，A 4 レベル（$2.5\,\mu g\,L^{-1}$）の測定では抽出操作のない

モリブデン青吸光光度法での測定も可能である．また，規格には採用されていないがイオンクロマトグラフィー（陰イオン交換分離-ポストカラム発色-吸光度検出）では，カラム濃縮法併用によりsub-μg L^{-1}レベルの検出が可能である．電気加熱原子吸光法ではイオン状シリカ（モリブデン反応性シリカ成分）以外のシリカ成分も検出されるため，全シリカ（全ケイ素）測定法となっている．非イオン状シリカは通常の水処理方法では除去されにくい成分であり超純水中にμg L^{-1}レベルで含まれている場合もある[2]．

表8 四重極型 ICP-MS 測定例
(単位：ng L^{-1})

	DL(3σ)	ブランク水測定値
Na	0.1	0.2
K	0.3	3
Ca	1	12
Mg	0.2	ND(0.04)
Fe	0.2	0.6
Al	0.4	ND(0.1)
Cu	0.5	2.0
Zn	2	ND(1)

ブランク水100 mLに高純度硝酸0.1 mLを添加して測定．

d. 陰イオン

イオンクロマトグラフィーにはサプレッサー法とノンサプレッサー法とがあるが，ng L^{-1}〜μg L^{-1}レベルの測定にはサプレッサー法で濃縮カラムによる高感度分析が必要である．カラム濃縮での濃縮量を増加することにより1 ng L^{-1}レベルの定量も可能であるが，分析機器の接液部材が多く，バルブやポンプなど稼動部分についてはそのクリーン化が重要である．最も影響の大きい濃縮ポンプについてはプランジャー部分からの汚染が大きく，濃縮時間の増加とともに汚染量が増加するため，洗浄機構がついたポンプを使用しなければng L^{-1}レベルの測定は困難である．また，カラムによる分離分析であることから溶離液の調製にも高純度の水を用いる必要がある[3]．

e. 測定環境

超純水の水質測定では測定環境からの影響も無視できない．ng L^{-1}レベルの測定にはクリーンルームやクリーンベンチでの測定が必須である．また，通常のフィルタ

表9 大気分析測定例
(単位：μg m^{-3})

	一般実験室	クリーンルーム内 クリーンベンチ	一般実験室内 ケミカルフィルターベンチ
Na	0.3	0.002	0.002
Ca	0.3	<0.005	<0.005
Fe	0.06	<0.001	<0.001
Zn	0.02	<0.001	<0.001
Cl$^-$	2.3	0.3	0.03
NO$_2^-$	6.2	3.0	<0.02
NO$_3^-$	30	7.6	<0.04
SO$_4^{2-}$	8.8	4.2	0.04
NH$_4^+$	11	8.8	0.05

水を吸収液とするインピンジャー法で捕集．

一処理ではガス成分は除去されないため，有機物やイオン類についてはさらにケミカルフィルターなどによりガス成分を除去した環境が必要である．測定環境の比較のための大気分析測定例を表9に示した．

■ 参考文献
1) 日本ミリポア（株）：Application Notebook, **1**, 日本ミリポア（株）(1999).
2) 川田和彦ら：第20回超LSIウルトラクリーンテクノロジーシンポジウム, pp. 422-435, UCS半導体基盤技術研究会 (1993).
3) 日本ダイオネクス（株）：TECHNICAL REVIEW, TR 016 YS-0088, 日本ダイオネクス（株）(2000).

3. 純水の管理と保存 (storage of pure water)

I 概　要

高度に精製された水である純水，超純水は必要な量を使用時に精製するのが望ましい．そのためには市販の純水装置の最適運転が必要であり，特に停止後の立ち上げには十分な注意が必要である．また，時間の長短はあるにせよ容器に採水して保管するのを避けることはできないため，採水・保存時における容器や環境からの汚染を極力避ける配慮が必要である．

II 解　説

市販の超純水装置の管理とその採水での留意点は以下の通りである．

a. 超純水装置の管理

1) 無機物　通常，純水装置は水中のイオン類の総量を把握するためモニタリング計器として電気伝導率計または比抵抗計を備えている．電気伝導率計は原水や純水の管理に，抵抗率計は超純水の純度管理に用いられており，その目安を表10に示す．

イオン成分をまったく含まない理論純水の抵抗率は $18.2\,\mathrm{M\Omega\,cm}$ であり，イオン性不純物が存在すると低い値を示すが，表11に示す塩化ナトリウムの例のように水中の不純物量が sub-$\mu\mathrm{g\,L^{-1}}$ レベルに達しない限りこの値は変動しない．したがって $\mathrm{ng\,L^{-1}}$ レベルの水質管理が必要な場合には抵抗率での管理は不十分であるといえる．また，イオン交換樹脂から最初にリークするホウ素やシリカは数十 $\mu\mathrm{g\,L^{-1}}$ 以上にならないと検出されないため，抵抗率では管理することはできない．

2) 有機物　純水装置停止後に再度運転を開始した場合，抵抗率は比較的短時間

表10　水の純度

	市水・地下水	純水	超純水
電気伝導率($\mu\mathrm{S\,cm^{-1}}$)	100〜	0.1〜1	〜0.055
抵抗率($\mathrm{M\Omega\,cm}$)*	0.01〜	1〜10	〜18.2

* 抵抗率($\mathrm{M\Omega\,cm}$) = 1/電気伝導率($\mu\mathrm{S\,cm^{-1}}$)

で 18.2 MΩ cm に到達するのに対して，TOC は安定するまでに時間がかかるので十分な初期通水が必要である．その程度は運転および停止状況により差があるためあらかじめ把握しておく必要がある．また，最近は TOC モニターを装備した超純水装置も市販されている．

表11　塩化ナトリウムの濃度と抵抗率

NaCl(μg L^{-1})	抵抗率(MΩ cm)
0	18.2
0.01	18.2
0.05	18.2
0.1	18.1
0.5	17.6
1	16.9

b. 超純水装置からの採水

1) 採水口での汚染　超純水装置は運転中であっても採水口からサンプリングをしていない場合，装置末端では水が滞留することによる汚染が発生する．したがって，採水に当たっては初期排水が必要である．

2) 採水環境からの汚染　採水方法によっては大気中に含まれる成分が取り込まれて汚染となる．それらを避けるためにはクリーンルームやクリーンベンチなど大気中の成分を低減した環境での採水が望ましい．必ずしもそのような環境を確保できない場合には以下の方法が効果的である．試料採取口からの採水用チューブを容器の底部まで差し込み，容器から水が溢れるように十分に水を流す．その後採水用チューブを取り出して別途十分に洗浄した蓋で速やかに密栓する．この場合，採水用チューブが汚染しないように採水しないときも先端を容器に差し込み，常に超純水を流すなど，チューブの内側外側を清浄な状態で管理する必要がある．

3) 採水容器からの汚染　採水容器にはその目的に合わせた材質の選定が必要である．容器材質が水中に溶出する可能性を考慮した場合の容器の選定例を表12に示す．

容器の洗浄方法については超純水試験方法の規格，JIS K 0551 (TOC)，JIS K 0553 (金属)，JIS K 0555 (シリカ)，JIS K 0556 (陰イオン) にも記載があるように，新品の容器を酸や水を用いて洗浄する．洗浄に用いる酸や水の精製度には十分配慮し，特に最終洗浄には測定対象とする純水，超純水と同等またはそれ以上に精製された水を用いる必要がある．

4) 保管　あらかじめ洗浄した容器であっても長期間の保管により汚染を受けやすくなるため，超純水レベルの水質を維持するにはできるだけ保管を避ける．市販されている水の容器は汎用的に実験室で用いられる容器と違い，長期保存を考慮して

表12　容器の選定

項　目	ガラス	石英ガラス	ポリエチレン ポリプロピレン	フッ素樹脂
有機体炭素	○	○	×	○
金属元素	×	○	○	○
シリカ	×	×	○	○
陰イオン	○	○	○	○(Fを除く)

その清浄度が管理されていると考えられる．しかし，使用時に開封を繰り返すことによる汚染を受けやすいため注意が必要である．例えば，蓋をとった開放状態で放置することは避けなくてはならない．汚染の例を図2～4に示す．

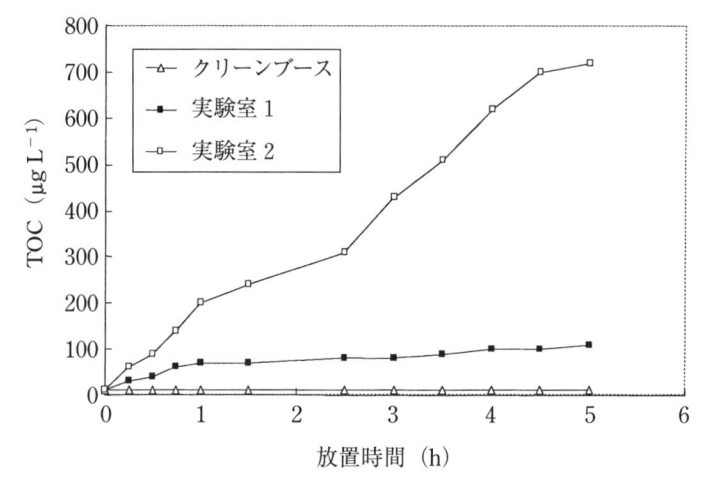

図2 環境からの汚染（TOC）

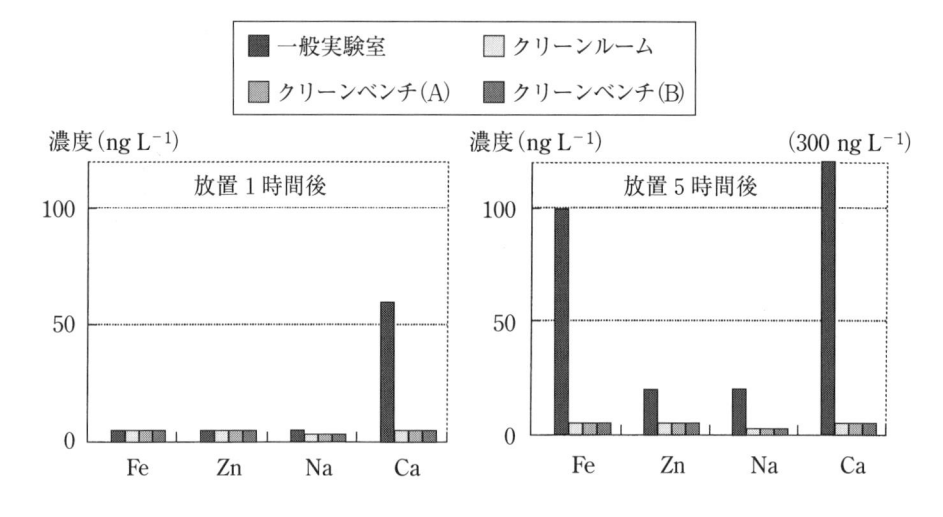

図3 環境からの汚染（金属成分）

3. 純水の管理と保存

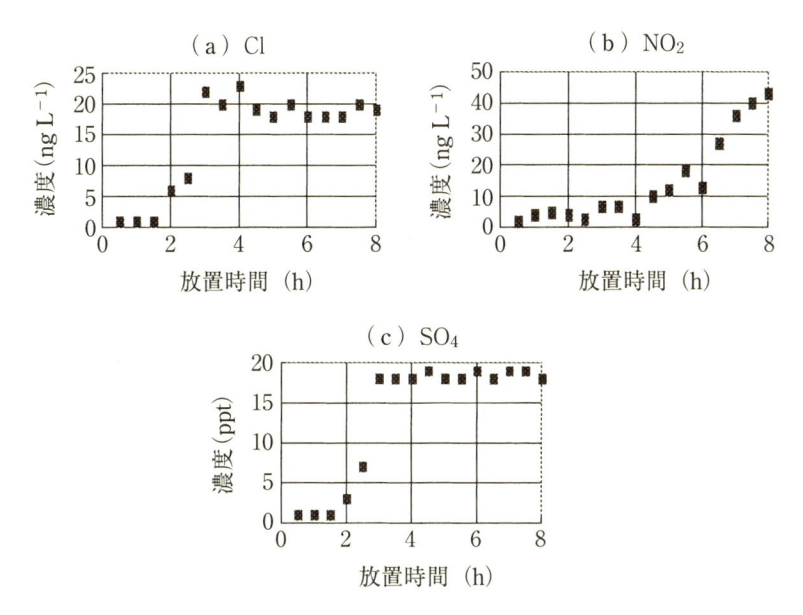

(a) Cl

(b) NO$_2$

(c) SO$_4$

図4 環境からの汚染（陰イオン成分）

試 薬 の 保 存

1. 試薬の保存（storage of reagents）

Ⅰ 概　　要

　試薬は固体，液体ともに人体に対する有害性（発がん性，皮膚の損傷，神経毒性など）を持つもの，光，空気，または水分との接触が変質や危険を招くものなどがあり，特に揮発性の液体は引火に注意する必要がある．また，汚染を防止して高純度を保つため，容器の洗浄や小分けを含めてクリーンかつ安全な保存に配慮しなければならない．

Ⅱ 器　　具

　液体の試薬は，一般に細口のガラス瓶に保存される．特に分解しやすい液体試薬では，ガラス製のアンプルが用いられる．通常の固体試薬は，広口のポリエチレン瓶に保存される．
　いずれも遮光の必要がある場合には，褐色ガラス瓶，または容器を黒色フィルムで完全に覆う方法がとられる．

Ⅲ 操　　作

　一般的な操作として，市販の試薬を開封した後分取，保存する方法について記述する．ただし，特殊な危険性のある試薬については別途注意が必要となるので，事前に各試薬の性状を十分に把握してから取り扱う．
　① 秤　取：開封した固体の試薬は，スパーテルで取り出して秤取する．容器を傾けて簡単に取り出せる試薬では，汚染を防止するためにスパーテルを用いない．いずれの場合にも，残り分は試薬瓶へ戻さない．
　液体試薬はラベルを上側にして瓶を持ち，液滴が器壁を伝って流れ落ちないように注意しながら分取容器へ注ぐ．ピペット類でとる場合には，いったんビーカーへ小分けしてから分取する．
　② 残り分を保存する．一般的な条件として低温と遮光が基本であるが，Ⅳ項に後述するように特殊な試薬では個別の保存法に従う．なお，危険物と毒物・劇物は鍵のかかる保管庫に分類して保存し，使用の都度，受払い簿に記録して保管量を常に把握しておく．

IV 解　説

発火性，引火性，爆発性に加えて，人体に対する急性ならびに蓄積性の影響を考慮すると，試薬の多くは有害物質であるといえる．あらかじめ個々の試薬の危険性を十分に理解して取り扱い，事故や体内への吸収を防止する必要がある．以下に代表的な試薬の危険性とその注意点をあげる（p. 249 参照）．

a. 発火性試薬の例
- ナトリウム：水と接触すると発火．石油中に保存する．
- 黄リン：低発火点物質．水中に保存する．

b. 引火性試薬の例
- 水素，メタン，エチルエーテル，エタノール，ベンゼン：引火してガス爆発の危険性．火気厳禁．

c. 爆発性試薬の例
- トリニトロトルエン，硫酸アンモニウム，過酸化ベンゾイル：衝撃や摩擦，過熱で爆発する．極力少量で保管する．

d. 酸化性試薬の例
- 酸素，過酸化水素，塩素酸カリウム，過マンガン酸カリウム：衝撃や過熱で爆発する．他の物質との混合，衝撃，過熱を避ける．

e. 禁水性試薬の例
- ナトリウム（発火性に上述），五酸化リン，発煙硫酸，無水酢酸：水との接触で発火または有害ガス発生．水分を避けて特殊容器に保存する．

f. 強酸性試薬
- 有機・無機の強酸：皮膚を侵す．水で発熱．ガラス瓶に密閉して保存する．

g. 腐食性試薬の例
- 水酸化ナトリウム，アンモニア，ハロゲン，アミン：皮膚や粘膜を侵す．特に目に入らないように注意する．

h. 有毒性・有害性試薬の例
多くの試薬類が，経口および皮膚からの吸収で急性または慢性の毒性を持つ．特に，ハロゲン，シアン化水素，水銀，アニリン，硫化水素，二酸化硫黄，フェノール類，エーテル，クロロホルムや芳香族炭化水素などの有機溶媒の取り扱いには注意が必要である（手袋やドラフトの使用で吸収を防ぐ）．

i. 放射性試薬の例
- ウラン，酸化ウラン，トリウム，塩化トリウム：保存・取り扱いは少量に留め，吸収や接触に注意する．

■ 参考文献
1) 畑　一夫，渡辺健一：基礎有機化学実験（新版），丸善（2000）．

ラジオアイソトープ

1. ラジオアイソトープの取り扱い（handling of radioisotopes）

I 概　　要

　ラジオアイソトープ（放射性同位体）は放射線を周囲に放出しながら安定同位体に変化（壊変）する．放射線は非常に高い感度で検出できるので，いろいろな反応系におけるある特定の元素の挙動を追跡するのにそのラジオアイソトープを利用すると大変都合がよい．また，微量の元素を定量する場合に，ラジオアイソトープを使った同位体希釈分析や，放射化分析が利用される．このように，ラジオアイソトープは化学のいろいろな分野で効果的に利用されている．しかしながら，ラジオアイソトープは利用の仕方によっては大変便利である反面，その使い方に特別の注意が必要である．

II 器具・機器・試薬

　ラジオアイソトープを利用するには利用許可を受けた施設で行い，その施設で利用するための許可を施設責任者（放射線取扱主任者）から得なければならない．ラジオアイソトープやそれを含んだ試薬は一般試薬のように購入するのが普通であるが，場合によっては他の施設から譲渡してもらうことがある．いずれの場合も，事前にこれから実験を行おうとする施設の放射線取扱主任者に許可を得てから購入や譲受をする．また，こうして入手したラジオアイソトープを所定の手続きのもとに，他の施設に移動（譲渡）することも可能である．このようなラジオアイソトープの移動を行う場合には，受け渡しに関する許可を得，受け渡し量を含めて正確な記録を残しておくことが法律で義務付けられている．以上の制約を除けば，ラジオアイソトープを取り扱うための実験操作上の特別な取り決めはない．したがって，実験器具や試薬に関しては，通常の実験室で用いるものをそのまま利用することができる．

III 操　　作

　ラジオアイソトープを使った実験操作で最も注意しなければいけないことは，周囲への汚染を防ぐこと，および放射線の被ばくを最小限に抑えることである．前者の汚染防止に関しては，例えば実験室の机や床にラジオアイソトープが付着してもすぐ除去できるような手立てを講じる．実験廃棄物はラジオアイソトープの付着したものや

表1 化学実験に利用する放射線とその測定器

放射線	測定器
α 線	比例計数管，半導体検出器(Si)，電離箱，シンチレーション計数器(ZnS)
β 線	シンチレーション計数器(LSI)，GM 計数管，比例計数管
X 線	半導体検出器(Ge, Si)，シンチレーション計数器(NaI, CsI)
γ 線	半導体検出器(Ge)，シンチレーション検出器(NaI, CsI, BGO)

そのおそれのあるもの（放射性廃棄物）と，ラジオアイソトープの付着していないもの（非放射性廃棄物）に厳密に分別する．後者の放射線被ばくに関しては，ラジオアイソトープとの接触時間を短くすること，必要最小量のラジオアイソトープを用いて実験を行うこと，ラジオアイソトープとの距離を置くことなどの注意をすれば最小限に抑えることができる．ラジオアイソトープを使う実験を行う前に，非放射性アイソトープを使って予備実験（コールド実験）をすることは汚染防止と被ばく量抑制にとって効果的である．なお，ラジオアイソトープを使う場合には放射線被ばく計（通常，線量計と呼ばれる）を適切な部位に装着することが義務付けられている．

IV 解　説

ラジオアイソトープの利用には種々の制限が課され，また放射線被ばくという問題がつきまとうために，その利用はやや特殊なものとの印象を与えかねない．しかし，制限に関してはその必要性と程度を理解し，通常の実験で受ける放射線被ばくの程度については天然からの放射線被ばくに比べて無視できる程であることを知ればその印象は薄らぎ，ラジオアイソトープの重要性を認識することによってむしろ正反対の認識を持つであろう．

ラジオアイソトープを用いる最大の利点は，その検出感度にある．ラジオアイソトープの検出・測定には放射線測定器を用いる．放射線測定器にはさまざまな種類があり，実験に利用するラジオアイソトープの放出する放射線の種類によって適当なものを選択する．表1に主な放射線の種類とその測定に使われる機器の名称をまとめる．通常，β 線や γ 線が最もよく利用される．

ラジオアイソトープは壊変によって安定なアイソトープに変化するので，時間とともにその個数は減少する．その減少の程度を表すのに，半減期という値が用いられる．半減期は壊変によってラジオアイソトープの個数が半分に減少する時間であり，ラジオアイソトープの種類に固有の値である．実験に用いるラジオアイソトープを選ぶ際には，半減期と放出する放射線の種類をよく考える必要がある．

■ 参考文献
1) 野口正安：実験と演習・γ 線スペクトロメトリー，日刊工業新聞社（1980）．
2) 前田米藏，大崎　進：放射化学・放射線化学，南山堂（2002）．
3) 伊藤泰男，海老原　充，松尾基之編：放射化分析ハンドブック，日本アイソトープ協会（2004）．

誘導体化

　クロマトグラフィーにおいて，誘導体化は大変有用な手法である．例えば液体クロマトグラフィー（LC）では，分離能をよくしたり，検出感度を高めるために誘導体化が行われ，ガスクロマトグラフィー（GC）では，揮発性を高めたり，極性を抑えるために，また，選択的検出器（ECD, FPD, TID, MS, 他）に対する感度を高めるために用いられる．

　ガスクロマトグラフィーにおける誘導体化には，エステル化，シリル化，アシル化などがあるが，その中で一般的に広く行われているメチルエステル化，トリメチルシリル化，トリフルオロアセチル化について説明する．

1. メチルエステル化（methylesterification）

I　概　　要

　脂肪酸や有機酸はカルボキシル基を持っているため，極性が高く，難揮発性のものが多い．そのためそのまま GC にかけると，溶出しなかったりテーリングしたりする．これはエステル化することで著しく改善される．メチルエステル化試薬にはジアゾメタン，トリメチルシリルジアゾメタンの他，酸-メタノールなどがあるが，ここでは，トリメチルシリルジアゾメタンを用いる脂肪酸のメチルエステル化について述べる．

II　器具・試薬

　バイアル瓶：容量 2 mL，完全密封でき，蓋はゴム製で，注射器により試料を注入できるもの．

　ミクロてんびん；注射器（容量 1 mL）；試験管（容量 10 mL）；マイクロシリンジ（容量 10 μL）

　試薬：メタノール，トルエン，トリメチルシリルジアゾメタン（TMS-diazomethane），10％ヘキサン溶液）

　対象試料：脂肪酸

　[反応式]

$$\underset{\text{脂肪酸}}{\text{R-COOH}} + \xrightarrow[\text{CH}_3\text{OH}]{\overset{(\text{CH}_3)_3\text{SiCHN}_2}{\text{TMS-diazomethane}}} \text{R-COOCH}_3 + \text{N}_2$$

III 操　作

① 試験管にメタノール 1 mL とトルエン 4 mL を入れ混合する．

② バイアル瓶に試料 5 mg を量り取り，① で調製した混合溶媒を 0.5 mL 加え溶解する．

③ トリメチルシリルジアゾメタン（10％ヘキサン溶液）0.2 mL を加える．

④ ふりまぜ，15 分間放置する（窒素ガス発生終了後密栓する）*†．

⑤ マイクロシリンジで 1 μL とり，ガスクロマトグラフに注入し分析する．

IV 解　説

脂肪酸のメチルエステル化には，古くからジアゾメタンが用いられてきた．反応が速く収率も高い，また，条件も緩和で副反応も少なく，反応液が薄い黄色に着色することで反応完了が確認できるという簡便さのためである．しかしジアゾメタンには発がん性や爆発性があり，長期保存できないため用時調製しなければならないという不都合さがあった．これを改良したものがトリメチルシリルジアゾメタンである．毒性が低く，爆発性もなく冷暗所で長期間安定に保存することができる．

この他，酸を触媒としてアルコールを反応させる方法や，ジメチルホルムアミドジメチルアセタール（DMFDMA）を用いる方法，また，トリグリセリドのエステル交換剤で，室温下混合するだけで反応が定量的に進み，反応液を直接 GC に注入できる m-トリフルオロメチルフェニルトリメチルアンモニウムヒドロキシド（TFPTAH）を用いる方法などがある．

ジアゾメタンによる方法は，換気のよい場所で少量注意して行えば便利な方法であるので，参考として記載しておく．

［参　考］

ジアゾメタンは図 1 のような装置で発生させる．

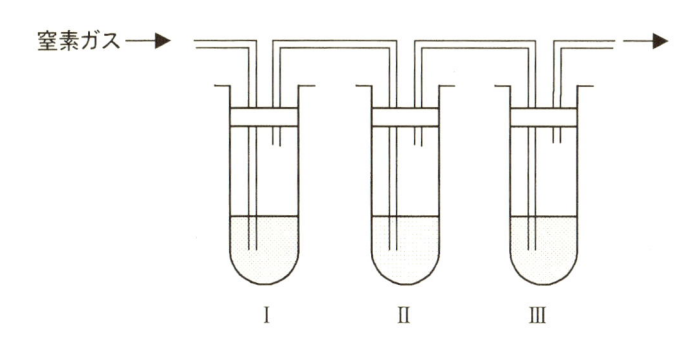

図 1　ジアゾメタン発生装置

---

* 試料の種類，立体障害などにより反応性が異なるので，必要に応じて反応温度や時間を調整する．
† メチルエステル体は極めて揮発性が高いので，特に低級脂肪酸では試料の損失に注意する．

a. 器具・試薬

試験管（容量 15 mL）3本；ゴム栓；ガラス管（切り口は炎で丸くする）；ミクロてんびん；駒込ピペット（容量 5 mL）；マイクロシリンジ（容量 10 μL）

試薬：エーテル，カルビトール*，水酸化カリウム，メタノール，p-トルエンスルホニル-N-メチル-N-ニトロソアミド．

[反応式]

$$\underset{\substack{p\text{-トルエンスルホニル-}N\text{-}\\ \text{メチル-}N\text{-ニトロソアミド}}}{CH_3C_6H_4SO_2N(NO)CH_3} + CH_3\text{-}OH \xrightarrow{KOH}$$

$$CH_2N_2 + CH_3C_6H_4SO_3CH_3 + H_2O$$

$$\underset{\text{脂肪酸}}{RCOOH} + \underset{\text{ジアゾメタン}}{CH_2N_2} \longrightarrow RCOOCH_3 + N_2$$

b. 操作

① 図1の I にエーテル 10 mL を入れる．
② II に水酸化カリウム 5～6 粒と水 1 mL を加え溶解し，カルビトールまたはエタノール 10 mL を加える．
③ III に脂肪酸 10 mg をエーテル 5 mL に溶かした溶液を入れ，メタノール 2～3 滴を加え，窒素ガスを少量流しておく．
④ II に p-トルエンスルホニル-N-メチル-N-ニトロソアミドを加える．
⑤ すぐにジアゾメタンが発生するのですばやくゴム栓をする．
⑥ III が微黄色になったらエステル化完了．
⑦ マイクロシリンジで 1 μL とり，ガスクロマトグラフに注入し分析する．

■ 参考文献
1) 中村　洋監訳：分離分析のための誘導体化ハンドブック，丸善（1996）．
2) （社）日本分析化学会ガスクロマトグラフィー研究懇談会編：キャピラリーガスクロマトグラフィー，朝倉書店（1997）．
3) D. R. Knapp：Handbook of analytical derivatization reactions, John Wiley & Sons (1979).

2. トリメチルシリル化（trimethylsilylation）

I 概　要

活性水素を持つ化合物，特に水酸基，カルボキシル基，アミノ基，メルカプト基などを含む化合物の誘導体化によく使われるのが，トリメチルシリル化（TMS 化）である．最初 TMS 化は，ペプチド合成における活性基の保護に用いられていた．しかし，TMS 化の結果，揮発性，熱安定性が増大し，カラムへの吸着が少なくなること

＊　カルビトール：ジエチレングリコールモノエチルエーテル

がわかり，また，反応も短時間で定量的に進行するなどの利点もあるため，GCの誘導体化に利用されるようになった．

TMS化試薬は数多くあるが，代表的なものとしては，ヘキサメチルジシラザン (HMDS)，トリメチルクロロシラン（TMCS），N,O-ビス（トリメチルシリル）アセトアミド（BSA），N,O-ビス（トリメチルシリル）トリフルオロアセトアミド（BSTFA），トリメチルシリルイミダゾール（TMSIM），N-メチル-N-トリメチルシリルトリフルオロアセトアミド（MSTFA）があげられる．この中で HMDS，TMCS は，単独で使用するよりは，混合して使用することが多く，そのピリジン溶液として供給されている．

ここでは，一般的に広く使用されている BSTFA の使用方法について述べる．

II 器具・試薬

バイアル瓶：容量 2 mL，完全密封でき，蓋はゴム製で，注射器により試料を注入できるもの．

ミクロてんびん；注射器（容量 1 mL）；マイクロシリンジ（容量 10 μL）

試薬：BSTFA，アセトニトリル．

対象試料：アルコール，糖，フェノール，アミノ酸．

[反応式]

$$R\text{-}OH + CF_3C[:NSi(CH_3)_3]OSi(CH_3)_3 \longrightarrow$$
アルコール　　　　　BSTFA
$$R\text{-}OSi(CH_3)_3 + CF_3CO\text{-}NH[OSi(CH_3)_3]$$

III 操　　作

① 試料 5 mg を乾燥バイアル瓶にとる*．
② アセトニトリル 0.2 mL を加え溶解する．
③ BSTFA 1 mL を加え，密栓した後ふりまぜ，15 分間放置する†．
④ マイクロシリンジで 1 μL とり，ガスクロマトグラフに注入し分析する‡§．

---

* シリル化剤およびシリル化した化合物は水分により分解しやすいので必ず乾燥した器具を使用する．
† 試料の種類，立体障害などにより反応性が異なるので，必要に応じて反応温度や時間を調整する．
‡ 使用器具は，放置しておくとすぐに空気中の水分で加水分解され結晶を生じるので，使用後すぐに有機溶媒で洗浄する．
§ FID を検出器として使用している場合，シリル化剤の燃焼による二酸化ケイ素がノズルやコレクターに付着し，スパイクノイズの原因になったり，感度低下を起こすことがある．このような現象が起きた場合は FID を分解してよく洗浄する必要がある．BSTFA は比較的二酸化ケイ素が生成しにくいといわれている．

IV 解　説

シリル化剤としてはトリメチルシリル（TMS）化剤が一般的であるが，反応性や安定性を変えるため，メチル基の代わりにエチル，プロピルなどのアルキル基を持つ試薬も使用される．

シリル化剤は非常にたくさんの種類があるので試薬の特徴，シリル化のしやすさ，反応性の強さを考えて試薬を選択する必要がある．以下に官能基によるシリル化のしやすさ，TMS 化剤による反応性の強さを述べる．

官能基によるシリル化のしやすさは，アルコール＞フェノール＞カルボン酸＞アミン＞アミドの順になり，その中で一級＞二級＞三級の順番になる．また一般的な TMS 化剤による反応性の強さは対象により多少の例外があるがほぼ以下のようになる．

$$\mathrm{TMSIM > BSTFA > BSA > MSTFA > TMCS > HMDS}$$

■ 参考文献
1) 中村　洋監訳；分離分析のための誘導体化ハンドブック，丸善 (1996)．
2) (社)日本分析化学会ガスクロマトグラフィー研究懇談会編：キャピラリーガスクロマトグラフィー，朝倉書店 (1997)．
3) D. R. Knapp：Handbook of analytical derivatization reactions, John Wiley & Sons (1979)．

3. トリフルオロアセチル化（trifluoroacetylation）

I 概　要

活性水素を持つ化合物を誘導体化する手法として，シリル化のほかにアシル化がある．誘導体化によりアミノ基，水酸基などの活性を弱め，揮発性を高めて，化合物の安定性を向上させる．アシル化の一種，トリフルオロアセチル化（TFA 化）は，ハロゲン原子を含むため，電子捕獲検出器（ECD）に対して優れた感度を示す．

TFA 化試薬としては，無水トリフルオロ酢酸，トリフルオロアセチルイミダゾール，N-メチルビス（トリフルオロアセトアミド）などがある．その中で最も一般的な，無水トリフルオロ酢酸による方法について説明する．

II 器具・試薬

バイアル瓶：容量 2 mL，完全密封でき，蓋はゴム製で，注射器により試料を注入できるもの．

ミクロてんびん；注射器（容量 1 mL）；マイクロシリンジ（10 μL）

試薬：無水トリフルオロ酢酸，アセトン．

対象試料：アルコール，アミン．

3. トリフルオロアセチル化

[反応式]

$$\underset{\text{アルコール}}{\text{R-OH}} + \underset{\text{無水トリフルオロ酢酸}}{(\text{CF}_3\text{CO})_2\text{O}} \longrightarrow \text{R-OCOCF}_3 + \text{CF}_3\text{COOH}$$

III 操作

① 試料 5 mg をバイアル瓶にとる*.
② アセトン 0.5 mL を加え溶解する.
③ 無水トリフルオロ酢酸 0.2 mL を加え，密栓した後ふりまぜ，20 分間放置する[†][‡].
④ 換気のよい場所で蓋を開け，窒素ガスを吹きつけて過剰の試薬と溶媒を除去後密栓する[§].
⑤ アセトン 0.5 mL を加えマイクロシリンジで 1 μL とり，ガスクロマトグラフに注入し分析する.

IV 解説

トリフルオロアセチル化（TFA 化）の他に，生成物の安定性や ECD 感度を上げるためにペンタフルオロプロピオニル化（PFP 化），ヘプタフルオロブチロイル化（HFB 化）などが用いられ，それぞれ対応する酸無水物と反応させることで誘導体が得られる.

■ 参考文献

1) 中村　洋監訳：分離分析のための誘導体化ハンドブック，丸善（1996）.
2) （社）日本分析化学会ガスクロマトグラフィー研究懇談会編：キャピラリーガスクロマトグラフィー，朝倉書店（1997）.
3) D. R. Knapp：Handbook of analytical derivatization reactions, John Wiley & Sons（1979）.

---

* 反応容器は，テフロンでは吸着する可能性があるのでガラス製にする.
† 酸無水物は，一般的に強酸性で刺激性があるので取り扱いに注意して，換気のよい場所で行う.
‡ 試料の種類，立体障害などにより反応性が異なるので，必要に応じて反応温度や時間を調整する.
§ 生成物は揮発性に富むため，反応後過剰の試薬を窒素ガスで除去する際，低級アルコールでは試料の損失に注意する.

実験安全指針

1. 実験室安全指針 (safety guides for experiments)

I 概　　要

　実験室は通常，実験・研究を効率的かつ安全に進めるために設計された部屋である．実験室を安全に使用するためには，実験室の機能，ドラフトなど備え付けの装置の特性をよく認識して実験に取り組むべきである．実験室で最も多い事故は火災と爆発である．このため，火災・爆発を発生させないのはもちろんであるが，万一，火災が発生してしまった場合の設備および対応についても認知しておくべきである．

II 一般的注意事項

　① まず，人間は誤りを犯す動物であるということを前提として考えるべきである．特に，疲れているときや気持ちが落ち込んでいるときは，事故も発生しやすい．安全に実験を行うための第一歩は実験者が心身を良好な状態に整えることである．どんなに安全性に配慮した実験室でも，実験者が不注意であれば事故の確率は大きく上昇する．

　② 実験は一人で実施してはならない．特に夜間の単独実験は避けるべきである．

　③ 実験中は白衣，保護眼鏡，また必要に応じて保護手袋，防塵・防毒マスクなどの適切な保護具を着用すべきである．

　④ 実験室には避難路として，通常2箇所以上の出入口を確保している．したがって，出入口付近に備品や物を置いてはならない．

　⑤ 薬品や実験器具などは，実験終了後の後片付けをし，常に実験室の整理整頓に努めるべきである．また，薬品棚やボンベ置き場などでは地震対策を実施しておく必要がある．

　⑥ 機器は長期間使用すると漏電を起こすことがあるので，平素は必ずアースをとり，定期的に絶縁抵抗を測定する．特に，湿度が高い季節は，水浴など加熱器の漏電による事故が起こりやすいので，注意を要する．

　⑦ モーターを使った回転機器は，作動中に触れたりすると，巻き込まれる可能性があり危険であるので，必ず電源を切ってから取り扱う．

　⑧ 実験が終了し，実験室から退室するときには，必ず，電源およびガス，水道の

元栓を確認する習慣付けをしておく．

⑨ 定期的に防災訓練を実施し，避難路や緊急時の行動を身につけておくべきである．備え付けのシャワー，消火器などの安全のための設備についても，その使用法を知っておく必要がある．また，災害時の行動，緊急連絡先などは通常から実験室に掲示しておくべきである．

⑩ 火災・爆発が起こってしまった場合は大声で周囲の助けを求めるべきである．決して自分一人で対応してはならない．

III 関連法規

実験室での実験に関連する法規には，「消防法」，「毒物及び劇物取締法」，「高圧ガス保安法」「有機溶剤中毒予防規則（有機則）」「特定化学物質等予防規則（特化則）」などがあげられるが，実験室では使用量が規制値以下の場合が多いため，安全管理面から直接適用される場合は少ない．ただし，これらの法規に該当する引火性，発火性，爆発性のある薬品や高圧ガスを取り扱う場合には十分な注意が必要である．次項では薬品と高圧ガスについて取り扱いのポイントを述べる．

IV 薬品の取り扱い (p. 238「試薬の保存」参照)

薬品を取り扱う際には，その薬品の性質を把握しておく必要がある．薬品を使用する前にまず，薬品瓶に貼付されているラベルに目を通し，薬品の性質を把握する必要がある．安全の観点からは，以下の3項目がポイントとなる．

1) 薬品の発火性，引火性，爆発性など 燃焼のしやすさを表し，取り扱いを誤ると燃焼反応や爆発反応を起こす可能性がある．

① 黄リンなどは発火性物質であり，湿度の高い空気中に放置しただけで燃焼し始める．

② 金属ナトリウムを誤って水と接触させてしまうと，火炎を伴って激しく燃焼し始める．

③ 二硫化炭素や石油エーテルなどの引火性物質が漏洩したとき，付近にストーブなどの火元があると容易に着火し，燃え広がり，火災へと拡大していく．

2) 薬品の有毒性，有害性など 頭痛，めまいなどといった，人の健康に悪影響を及ぼす性質を表し，物質によっては一定量以上が急激に体内に取り込まれると死に至る場合もある．

① フェノールは常温では固体であるので，使用時は湯浴などで溶解して使用する．このときフェノール蒸気が発生する．この操作をドラフト内の設備を使用せずに実施すると実験室全体にフェノール臭が立ちこめ，実験者は不快感や頭痛を訴えるようになる．

② 通常青酸カリと呼ばれているシアン化カリウムなどは，ごく微量でも経口摂取により人の体内に取り込まれると死に至る．

表1 危険化学物質の分類と代表的性質（日本化学会，1999）[3]

危険性区分	危険の種類および程度	代表的物質
発火性	水との接触によって発火するもの，または空気中における発火点40°C未満のもの	トリエチルアルミニウム，黄リン，金属ナトリウム，金属カリウム
引火性	可燃性ガス，または引火点30°C未満のもの	メタン，アセチレン，プロパン，硫化水素，水素，二硫化炭素，ベンゼン，トルエン，キシレン，エチルアミン，ピリジン，酢酸エチル，酢酸ベンジル，アセトン，メタノール，エタノール，イソプロパノール，ブタノール，ヘキサン，ガソリン
可燃性	引火点30°C以上100°C未満のもの，ただし引火点100°C以上でも発火点の比較的低いもの	白灯油，アクリル酸，2-アミノエタノール，エチレングリコール，モノエチルエーテル，プロピレン，グリコール，氷酢酸，アニリン，軽油，ニトロベンゼン，ナフタレン，パラアルデヒド
爆発性	重量5kgの落ついを用い，落高1m未満で分解，爆発するもの，または加熱により分解爆発するもの	過塩素酸アンモニウム，過酸化ベンゾイル，硝酸アンモニウム，硝酸グアニジン，ピクリン酸，トリニトロトルエン（TNT）
酸化性	加熱，圧縮または強酸，アルカリなどの添加によって強い酸化性を表すもの	塩素酸カリウム，過塩素酸，過酸化バリウム，亜硝酸ナトリウム
禁水性	吸湿または水との接触によって発熱または発火するもの，または，有毒ガスを発生するもの	金属ナトリウム，金属カリウム，炭化カルシウム，三塩化リン，水素化リチウム
強酸性	無機または有機の強酸類	硫酸，硝酸，クロロ硫酸，フッ化水素，クロロ酢酸，ギ酸
腐食性	人体に接触したとき皮膚や粘膜を強く刺激し，または損傷するもの	アンモニア水，過マンガン酸カリウム，硝酸銀，サリチル酸，クレゾール，トリメチルアミン
有毒性	許容濃度(吸入)50 ppm未満，または50 mg m^{-3}未満のもの，または経口致死量30 mg未満のもの	亜ヒ酸ナトリウム，酸化ベリリウム，シアン化ナトリウム，酸化エチレン，ニコチン
有害性	許容濃度(吸入)50 ppm以上200 ppm未満，または許容濃度(吸入)50 mg m^{-3}以上200 mg m^{-3}未満のもの，または経口致死量30 mg以上300 mg未満のもの	クロム酸鉛，酸化鉛，臭化カドミウム，トリクロロエチレン，トルエン，ペンタクロロフェノール
放射性	原子核壊変によって電離放射線を放出する核種を含むもの，ただしその比放射能が天然カリウムの比放射能以下のものを除く	酸化トリウム，硝酸ウラニル，フッ化ウラン

3） **薬品の強酸性，腐食性など**　ガラスや金属を劣化，腐食させる性質を表し，取り扱いを誤ると器具，機器の材質の寿命を著しく短縮させる．また，多くの場合，人体に対しても皮膚や粘膜を刺激する．

① 鉱物中の金属類を抽出しようとするときフッ化水素酸を用いることがあるが，

テフロン容器を用いず，ガラス容器を用いるとガラスを腐食する．また，ドラフト中でスクラバーなどの除害装置を使わずに操作をすると排気ダクト中の金属材料を腐食してしまう．

② アンモニア水をドラフト中で取り扱わず，その蒸気を吸引してしまうと強い刺激を目，鼻，のどに感じる．

参考のため，表1に日本化学会が物質の危険性の分類を化学的な観点から分類した結果を示す．

また，化学物質ごとに有害性をはじめとする物質性状やその安全な取り扱い方法などをまとめた MSDS (material safety data sheet；化学物質等安全データシート) も薬品メーカーから供給されるので参考にされたい．

さらに，薬品単品での取り扱いが十分であっても，他の薬品と混合したときに危険性を生ずる場合もある．酸化性物質を可燃性物質や強酸性物質と混合すると爆発性物質を作ることがある．シアン化カリウム（青酸カリ）が酸と接触すると有毒なシアン化水素ガス（青酸ガス）を発生する．また，酸を調製する際，誤って濃硫酸，濃塩酸，あるいは濃硝酸に水を加えると発煙を伴った急激な発熱が観測される．薬品を保管あるいは混合する際は，混合危険性にも配慮する必要がある．

V 高圧ガス

高圧ガスは，高圧ガス保安法で定められているガスで，(1) 35°C までで圧力 1 MPa 以上の圧縮ガス，(2) 15°C までで 0.2 MPa 以上の圧力を示す溶解性ガス，(3) 35°C までで 0.2 MPa 以上の圧力を示す液化ガスである．

実験室で使う大半の高圧ガスは，すでに充塡されたボンベによって供給されたガスであるので，ここでは高圧ガスボンベの取り扱いについて述べる．高圧ガスボンベは，ガスの種類によって色分けがされている．炭酸ガスは緑，支燃性の酸素ガスは黒，塩素ガスは黄色，アンモニアガスは白，水素ガスは赤，アセチレンガスは褐色，その他のガスはねずみ色である．また，誤ったガスの接続による事故を防止するために，可燃性ガス用には左ねじ（逆ねじ）が，その他のガスには右ねじが用いられている．

高圧ガスボンベ（容器）は通常ガスを納入している業者によって検査が行われ，容器の安全性が確認されている．耐圧試験圧力などの検査の記録はボンベ上の刻印によって確認することができる．容器そのものの安全性が確保されていても，容器の使い方を誤ると実験室で大きな事故となるので，十分に注意して確実な操作をしなければならない．

以下に高圧ガスボンベを取り扱う際のポイントについて列記する．

① ボンベのバルブ部分は特に弱いので，ボンベの移動の際には，必ず保護キャップをかぶせ，バルブ部分を保護してから移動させる．決して減圧弁などを取り付けたまま移動操作をしてはならない．

② 直射日光下では数時間で60℃に達し危険な圧力となる．ボンベは常に40℃以下に保つ．また，雨や雪に触れたり高湿度の地下室などは避け，火気のない換気のよい場所に，転倒防止措置をしておく．長期間の貯蔵では温度は35℃以下-15℃以上とする．

③ 減圧弁を取り付けてからボンベの元バルブを開ける．決して，減圧弁を取り付けずに元バルブを開いてはならない．また，減圧弁は他種類のガス用のものを流用してはならない・

④ ガスの混合は火災や爆発などの事故を招く可能性が高いので，配管で異種のガスを混ぜてはならない．

⑤ バルブの開閉操作は注意してゆっくり行う．このとき，ガス出口を自分の方に向けないようにする．また，酸素ボンベを接続する際には，有機溶剤や油のついた手袋で操作してはならない．配管のガス置換の際，酸素ガス噴出による摩擦熱で発火するおそれがある．

⑥ ボンベ下流の減圧弁や配管に漏れがあれば直ちにボンベ元バルブを締め，点検を実施し，パッキンの交換，漏れ箇所の補修などの適切な処置をする．配管の補修をするときは，必ず配管内を不燃性ガスで置換してから実施する．

⑦ 実験室側（下流側）がボンベ元圧力より圧力が高くなるおそれがあるときは，配管に逆流防止弁を設置する．ガス純度の低下や異種ガスの混合による事故を防ぐためである（p.120「ガスボンベからのガス送気（加圧）」参照）．

■ 参考文献
1) 頼実正弘編：化学実験の基礎と心得，pp.1-24，培風館（1980）．
2) 寺田 茂，大嶌幸一郎，小久見善八：廣川化学と生物実験ライン 15 実験器具・器械の取扱いと安全性，pp.5-10，廣川書店（1990）．
3) 日本化学会編：化学実験の安全指針（第4版），pp.1-60，丸善（1999）．

2. 環境安全 (environmental safety)

I 概　　要

　実験や試験を実施する場合の環境安全で最も考慮すべき点は廃棄物の処理であろう．大学や研究機関などの実験室で発生する廃棄物には，少量多種，時間的季節的変動が大きいといった特徴がある．通常，実験室や試験室で発生する廃棄物は，一般家庭のようにゴミ箱へ投げ入れられるものは少ない．廃棄物は物質の種類ごとに分別して処理されなければならない．どの実験室，試験室でも指定容器に廃棄物を分別収集し，適切な方法で処理するようになっているので，必ずそれに従うべきである．

　一例をあげると，環境ホルモンなどをはじめとする有害化学物質は，いったん，大気や排水溝などの公共域に排出されてしまうと，海洋，河川や地下水に混入することになる．例えば，環境中に排出された化学物質の一部は食物連鎖による生物濃縮を通

じて人体に悪影響を及ぼすおそれがある．実験者は，実験室から排出される薬品やガスについても，公共域への排出をしないよう，常日頃から注意を怠らないことが肝要である．

II 関係法規

実験廃棄物に関連する法律としては，「水質汚濁防止法」，「下水道法」，「廃棄物の処理及び清掃に関する法律（廃掃法）」，「消防法」，および「毒物及び劇物取締法」などがある．1974（昭和49）年の水質汚濁防止法，ならびに廃掃法の一部改訂で，大学等が特定施設を持つ事業場として指定され，法的規制を受けることになった．また，「特定化学物質の環境への排出量の把握等及び管理の改善に関する法律」が成立し，PRTR制度（環境汚染物質排出移動登録制度）が2001年春から施行されている．PRTR制度は，排出者が化学物質の排出量を自主的に把握し，化学物質に関する情報を行政・企業・市民が共有し，化学物質のリスク管理を適正に行うことを目的としている．PRTR制度は，化学物質の自主管理という観点から設けられた制度であり，これまでの環境規制という観点から制定された法律と比べると，新しい考え方の環境法ととらえることができる．PRTR制度に関連する事業所は大学や研究機関を含めて，国内で5万箇所を超えると考えられている．

III 廃棄物処理

まず，廃棄物処理をする場合の心構えについて述べる．実験や各種試験によって発生した廃棄物を処理しようとする者は，周辺の地域環境の保全を図るということを念頭に置いて，処理に取り組むべきである．また，一括で廃棄物処理を委託する場合は，他者に運搬，処理を任せることになるのでルール通りに分別収集を確実に実施すべきである．一括処理では，廃棄物は分別収集が確実になされていることを前提として，運搬および処理が実施されている．このため分別収集が誤っていると混触による発火事故などを誘発して，運搬者，処理作業者の安全，衛生が確保できなくなる．

廃棄物は，まず，固体，液体，気体に分けられ，液体と固体については，その性質に応じて，さらに分別・処理される．さらに，一括処理の場合には，排出者と運搬者，処理者がそれぞれ異なるので，排出者と処理者の間でマニフェスト伝票（産業廃棄物管理票）の受け渡しも実施すべきである．ここで，排出者が処理業者等に廃棄物の運搬や処分を依頼した後，収集から処分まで適正に処理されたかを排出者が管理するための制度をマニフェスト制度といい，その際に使用する帳票をマニフェスト伝票という．

a. 固体（固形廃棄物）

産業廃棄物の分類では，固形廃棄物は，燃えがら，汚泥，廃プラスチック，ゴムくず，金属くず，ガラスくず，陶磁器くず，および鉱さいに分けられる．また，これらの廃棄物に水銀を含む場合には，水銀処理専門業者に委託する．また，病原菌の付着

した実験器具などは，滅菌と消毒を確実に実施してから排出しなければならない．

① 燃えがら，汚泥：重金属などの含有量，溶出量試験を実施して，産業廃棄物業者などへの委託を判断する．

② 廃プラスチック，ゴムくず：プラスチックやゴムは，塩ビ（塩化ビニル）管，各種容器，チューブなど単体としてばかりでなく，各種分析機器の部品としても広く使われている．これらは，許可を受けた廃棄物処理業者に処理を委託する．

③ 金属くず：乾電池，注射針から試験・分析機器，スチール棚・机など発生源は多岐にわたる．許可を受けた廃棄物処理業者に処理を委託する．

④ ガラスくず，陶磁器くず：使い終わった試薬瓶，実験用ガラス器具，実験用流し，蛍光灯などである．蛍光灯には現在もまだ水銀が使われているので，蛍光灯の処分は水銀処理専門業者に委託する．

b. 液体（廃液）

多くの実験系廃液を排出する自然科学系の学部，研究所を持つ大学や大規模な試験研究機関では，多くの場合，実験廃棄物処理施設が設置されている．処理施設では，実験室から排出される廃液を，有機系と無機系に分別して収集している．さらに無機

表2　フェライト法を用いたときの無機系廃液の分別収集例

分類記号	種類	貯留容器区分	容器の色	貯留および処理施設に出す前の注意
A	水銀系廃液	無機水銀 有機水銀	青	1. 水銀を含むと認められる廃液はすべて水銀系となる 2. 水銀を扱った器具，沪紙などは流水で洗い流してはいけない．また4回目までの洗浄液は必ず貯留しておく 3. 金属水銀，沈殿状水銀化合物およびアマルガムは別に貯留しておく 4. シアンを含む場合は，pH 10以上のアルカリ性にして，その旨明示 5. その他の重金属を含む場合は内容明示
B	シアン系廃液	遊離シアン 可分解シアン錯体	紫	1. 廃液は必ずpH 10以上のアルカリ性にする 2. 重金属を含む場合は，内容明示
C	フッ素・リン酸系廃液	無機フッ素化合物 リン酸系無機化合物	水色	1. フッ素とリン酸系の区分明示 2. 重金属を含む場合は，内容明示
D	重金属系廃液	有害金属類：Cr, Cd, Pb, Zn, Mn, Asなど	黄	1. 原子番号21（スカンジウム）から83（ビスマス）までの元素の化合物を貯留し，内容を明示 2. タリウム，オスミウムおよびその化合物は別に貯留しておく
E	クロム混酸系廃液	クロム酸-硫酸混液	橙	1. D分類の廃液とは別に貯留 2. ポリエチレン容器は長期貯留に適さないので注意すること

系廃液は，処理法に応じて酸，アルカリ，油などに分ける．有機系廃液は燃焼によって排気ガスをモニターしながら処理する．無機系廃液は，重金属イオン処理に対して，フェライト法，電解浮上法，共沈法などがある．それぞれの方法によって廃液の分別の仕方が異なるので，実験者は処理施設の指示の通りに分別して廃出しなければならない．分別を間違えると，処理施設の方で処理ができなくなるばかりか，事故にもつながりかねない．業者に出す場合も，指示通りに分別排出する．参考のために表2にフェライト法による無機系廃液の分別収集例を示す．

c. 気体（排気ガス）

発生箇所で確実に処理してしまわなければならない．通常は，実験装置に発生したガスを処理するためのガス洗浄系を備え付け，ガスの水洗浄，酸・アルカリ洗浄などで適切に処理し，無害化した気体を大気に放出する．

■ 参考文献

1) 化学同人編集部編：実験を安全に行うために，pp. 23-43，化学同人（1989）．
2) 白須賀公平，高月 紘，玉浦 裕，中村以正：廣川化学と生物実験ライン15 実験廃棄物の処理，pp. 53-83，廣川書店（1991）．
3) 日本化学会編：化学実験の安全指針（第4版），pp. 113-128，丸善（1999）．

データの取り扱い

1. 標準偏差（standard deviation）

I 概　　要

測定値（分析値）のばらつきを表す尺度である．測定値から計算で求める場合には標本標準偏差と呼び，既知の値として用いる場合には母標準偏差という．両者を区別する必要がない場合や，どちらを指しているのかが明瞭な場合には，単に標準偏差と呼んでもよい．母標準偏差を表す記号として σ（シグマ）が，標本標準偏差を表す記号として s または $\sqrt{V}$ が用いられる．この s は小文字である．

II 操　　作

測定数が n のとき，個々の測定値を $x_1,\ x_2,\ \cdots,\ x_n$ とする．測定値は通常の測定の場合よりも1桁多く求めておく方がよい．測定値の平均値 $\bar{x}$ を

$$\bar{x} = \frac{1}{n}\sum_{i=1}^{n} x_i$$

とするとき，（偏差）平方和 S（この S は大文字であり，標準偏差とは別の記号である）は，

$$S = \sum_{i=1}^{n}(x_i - \bar{x})^2 = \sum_{i=1}^{n} x_i^2 - \frac{1}{n}\left(\sum_{i=1}^{n} x_i\right)^2$$

によって求められる．計算には右辺の式を用いる方が便利である．この（偏差）平方和を $n-1$ で割ったものが分散（不偏分散，標本分散ともいう）V であり，その平方根が標準偏差となる．すなわち，

$$s = \sqrt{V} = \sqrt{\frac{S}{n-1}} = \sqrt{\frac{1}{n-1}\sum_{i=1}^{n}(x_i - \bar{x})^2}$$

である．

2. 四捨五入・数値の丸め方（rounding observation）

I 概　　要

生の測定値を，表示に必要な桁数に変更する操作を，数値の丸めという．正確には

最小表示単位の整数倍の中で，最も近い値を選ぶ操作ということができる．JIS Z 8401：1999「数値の丸め方」（＝ISO 31-0, Annex B）に規定されている．数値の丸めは1回で行うのがよい．2段階以上にわたって数値の丸めを行うと，かたよりが生じることがある．四捨五入は，数値の丸め方の一つである．

II 操　　作

例で説明する．

例えば，最小表示単位が0.1の場合には，

生の測定値が0.05よりも大きく0.15よりも小さいならば，丸めた結果は0.1となる．

生の測定値が0.15よりも大きく0.25よりも小さいならば，丸めた結果は0.2となる．

生の測定値が0.25よりも大きく0.35よりも小さいならば，丸めた結果は0.3となる．

…

という操作が丸めである．

上の例で，生の測定値が0.05, 0.15, 0.25…のように表示値のちょうど中間の値となった場合には，次の2通りの規則がある．

規則A　丸めた数値として，偶数倍の方を選ぶ．

生の測定値が0.05ならば，丸めた結果は0.0となる．

生の測定値が0.15ならば，丸めた結果は0.2となる．

生の測定値が0.25ならば，丸めた結果は0.2となる．

規則B*　丸めた数値として，大きい方を選ぶ．これが四捨五入である．

生の測定値が0.05ならば，丸めた結果は0.1となる．

生の測定値が0.15ならば，丸めた結果は0.2となる．

生の測定値が0.25ならば，丸めた結果は0.3となる．

3. データの検定・異常値（外れ値）の検定（outliers test）

I 概　　要

正規分布に従うと思われる測定値について，異常値（外れ値）の有無を統計的に検定する方法である．異常と疑われる値が二つ以上の場合に，異常値が一つの場合の検定を繰り返し適用してはならない．

　＊　規則Bでは丸めによるかたよりが生じやすい．かたよりに配慮して，本来は規則Aによる丸めが推奨されていた．コンピュータ処理では規則Bが用いられることが多いため，規則Bも容認されるようになった．

表1 グラッブズ検定の棄却限界値（森口，1990)[1]

n \ α	0.05	0.025	0.01	0.005	n \ α	0.05	0.025	0.01	0.005
3	1.153	1.155	1.155	1.155	26	2.681	2.841	3.029	3.157
4	1.463	1.481	1.492	1.496	27	2.698	2.859	3.049	3.178
5	1.672	1.715	1.749	1.764	28	2.714	2.876	3.068	3.199
					29	2.730	2.893	3.085	3.218
6	1.822	1.887	1.944	1.973	30	2.745	2.908	3.103	3.236
7	1.938	2.020	2.097	2.139					
8	2.032	2.126	2.221	2.274	31	2.759	2.924	3.119	3.253
9	2.110	2.215	2.323	2.387	32	2.773	2.938	3.135	3.270
10	2.176	2.290	2.410	2.482	33	2.786	2.952	3.150	3.286
					34	2.799	2.965	3.164	3.301
11	2.234	2.355	2.485	2.564	35	2.811	2.979	3.178	3.316
12	2.285	2.412	2.550	2.636					
13	2.331	2.462	2.607	2.699	36	2.823	2.991	3.191	3.330
14	2.371	2.507	2.659	2.755	37	2.835	3.003	3.204	3.343
15	2.409	2.549	2.705	2.806	38	2.846	3.014	3.216	3.356
					39	2.857	3.025	3.228	3.369
16	2.443	2.585	2.747	2.852	40	2.866	3.036	3.240	3.381
17	2.475	2.620	2.785	2.894					
18	2.504	2.651	2.821	2.932	50	2.956	3.128	3.336	3.483
19	2.532	2.681	2.854	2.968	60	3.025	3.199	3.411	3.560
20	2.557	2.709	2.884	3.001	70	3.082	3.257	3.471	3.622
					80	3.130	3.305	3.521	3.673
21	2.580	2.733	2.912	3.031	90	3.171	3.347	3.563	3.716
22	2.603	2.758	2.939	3.060	100	3.207	3.383	3.600	3.754
23	2.624	2.781	2.963	3.087					
24	2.644	2.802	2.987	3.112					
25	2.663	2.822	3.009	3.135					

II 操作

a. 異常と疑われる値が一つの場合

測定数が n のとき，個々の測定値を小さい方から順に並べかえて $x_1 \leq x_2 \leq \cdots \leq x_n$ とする．異常値も含めて計算した平均値を $\bar{x}$，同様に計算した標準偏差を s とする．

最大値が異常と疑われる場合には，

$$T = \frac{x_n - \bar{x}}{s}$$

を，最小値が異常と疑われる場合には，

$$T = \frac{\bar{x} - x_1}{s}$$

を棄却限界値と比較する．この検定をグラッブズ（Grubbs）の検定という．グラッブズ検定の棄却限界値は，文献[1] などを参照されたい（表1）．有意水準が0.05（5％）のとき，表の値が $G(n, 0.05)$ であれば，

$$T \geq G(n, 0.05)$$

ならば有意であり，異常値と判断される．

■ 参考文献

1) 森口繁一編：新編日科技連数値表，p.21，日科技連出版社（1990）．

4. 分析法バリデーション(method validation)

I 概　要

　使用する分析法が目的に適ったものであることを科学的に検証するために，所定の分析を行う前に，その分析法に対して行う妥当性の確認である．
　① 新たに開発した分析法，② 改良した分析法，③ これから採用する分析法および ④ 現在使用している分析法が，分析の目的を満足させるものであることを検証する場合に行う．① および ② の分析法開発・改良の場合には分析法バリデーションは必須であり，その他の場合は必要に応じて行う．

II 定　義

　・選択性／特異性：主成分，不純物などのマトリックス成分の存在下で目的の分析対象成分をそれらマトリックス成分に影響されることなく測定できる能力．
　・分析法の適用範囲：当該分析法が適用できる分析対象成分の濃度範囲．
　・直線性：試料中の分析対象成分の濃度（含有量）に対して直接比例した出力応答を与えることのできる能力．
　・感度：分析対象成分量に対して出力される応答量で，通常検量線の傾きとして求められる．
　・検出限界：分析対象成分の検出できる最少の量．検出下限ともいう．その値は各分析法に明示する．特に定めのない場合は，検出限界付近のシグナル対ノイズ比が $3(S/N=3)$ あるいは計数誤差の 3 倍（3σ）とする．
　・定量下限：定められた精度と正確さを持って定量できる分析対象成分の最低の量．通常，各分析法に定義とともに明示する．特に定めのない場合は，検出限界の 3 倍の値とする．
　・堅牢性：分析条件に微小な変化があっても分析結果への影響を回避できる分析法の能力．分析の条件を比較的小さな範囲で故意に変動させて分析操作を行い，条件を変更して分析した結果間の差が有意でないことが堅牢性のある条件．
　・正確さ：実用上真値と定めた値または認証標準値と測定値との一致の程度．分析法のバイアスで代用することができる．
　・精度：併行精度と再現精度がある．併行精度は，同一試料を，短時間内に同一条件で，同一の分析者が繰り返し行ったときの分析結果のばらつきを標準偏差で表示したもの．また，再現精度は室内再現精度と室間再現精度にわかれるが，前者は同一施設内で，後者は試験所間比較により，日時，分析者，装置など条件を変えて同一試料を分析したときのばらつきを標準偏差で表したもの．
　・回収率：分析対象核種（成分）の既知量を含む試料を分析して得られた分析結果を，既知量に対する割合として求めたもの．既知量は，試料に一定量の分析対象核種

表2 分析法バリデーションの標準的な実施例

性能項目	実施方法	実施内容
併行精度 再現精度	試料の繰り返し分析 異なる分析者による （試験所間実験）	マトリックスの異なる試料ごとに6回以上 実試料を異なる試験所，異なる装置，数日間にわたる繰り返し分析
堅牢性	試料，スパイク試料， 標準物質の分析	温度，pH，流量などの要員の変動に対し，各1回以上の分析
回収率	スパイク試料 認証標準物質	適用範囲内の3種の濃度で各1回以上分析 1回以上の分析
選択性	スパイク試料 （認証）標準物質	実試料中のマトリックスの種類の濃度を3種以上変えて，各1回以上分析
検出限界 定量下限	ブランクと低濃度の スパイク試料	異なるマトリックスを含む試料のブランクと低濃度スパイク試料を分析
範囲 直線性 正確さ	スパイク試料 標準物質 認証標準物質	範囲全体にわたり5種の濃度の試料を分析 各濃度1回以上の分析 繰り返し6回以上の分析

（成分）を添加し，その量から求めることもある．

・分析法のバイアス：認証値に対する得られた分析値の近さ．これは，マトリックスが一致した標準物質を分析することによって求めることができる．適切な標準物質が入手できない場合には，試験試料に対して既知量の核種（成分）でスパイクして調製した試料（以下スパイク試料という）を用いる．

Ⅲ 分析法バリデーションの実施方法

分析法バリデーションは原則として定義の項に示した性能項目のうち，分析・測定の目的および顧客の要求事項に適合する項目を選定して行う．実施方法の一例の概略を表2に示した．表中の実施内容に示した分析回数などの例は，最少の場合であって，目的に応じて試料数や回数が増やされる．また，一つの枠の中に複数記載されている性能項目は，まとめて実験できることを示している．

Ⅳ 解　　説

分析法を新たに開発または改良した場合，当該分析法に対し，その方法が適用される使用条件下で目的に適うものであることを証明するために，分析法バリデーションを行う．当該分析法について，定義の項に示す性能項目のうち，経験豊富な分析技術者が必要と認めた項目（顧客の目的によっては，必ずしも必要としない項目がある．一方，GLPでは規定された項目はすべて）について実験検討を行い，結果は図表として整理して記録し，その分析法が使用されている期間は保管する．また，常に分析目的に適っていることを説明できるようにしておく．特に試験所認定の際は，開発または改良を行った分析法について，技術審査員に分析法バリデーション結果の提示が

求められる．

　可能なら，分析法の妥当性確認は分析所間の相互比較分析で行う．また，必要に応じて実施および結果の評価のための委員会を組織し，委員会のメンバー間で共同実験を行い，各自の分析結果を持ち寄り比較検討する．

　特に注意を要するのが　分析法の堅牢性試験である．分析の方法に小さな要因変化を意図的に与えてみて，分析結果に及ぼす影響を調べることによって試験する．非常に多くの要因を考慮する必要があるが，大部分はほとんど影響がないので，一度にいくつか要因パラメーターを変えてもよい．代表的な変動要因には，分析法でまちまちであるが，通常の化学分析操作では，溶液の組成や添加量，pH変動，装置の機差，分析者の相違，反応温度や時間，加熱／灰化温度，抽出溶媒の種類，試薬のロット，分光光度計の波長のズレなどがある．高速液体クロマトグラフィーでは，カラム充填剤の粒径やロット差，カラムの長さと温度，溶離液の濃度，組成，pHおよび流量，試料負荷量などがある．これら要因のうち，顧客と協議し，あるいは分析経験の比較的豊富な分析技術者が，分析目的あるいは分析仕様を参照して，特に重要と考えられるものについてその影響を求める．影響因子と分析結果の関係は図示し，または表にまとめる．影響の有無は，例えば有意水準5％で検定をする．堅牢性試験の結果，分析値がある特定の変動因子の影響を受けやすいことが判明したら，分析条件を適切に設定するか，または分析法の文書化に当たり，注意事項として盛り込む．

■ 参考文献
1) EURACHEM Guide：The Fitness for Purpose of Analytical Methods. A laboratory guide to method validation and related topics, Eurachem (1998).

5. 不確かさの計算と報告 (estimation and report of uncertainty)

I　概　　要
　「不確かさ (uncertainty)」は分析値の「疑わしさ」を示すもので，これは，分析値に付随する，例えば標準偏差のようなパラメーターであって，分析値のばらつきを表すものである．すなわち，「不確かさ」は幅で示されるもので，その幅の中に真の値が含まれる（SI単位にトレーサブル）とする．分析の方法，操作，分析担当者（熟練度），使用する機器類，試料の形態などが定まれば見積もられるもので，補正できる部分はない．「不確かさ」を説明することで分析結果の質を依頼元に伝えることができる．

II　不確かさの要因
　実際に，分析の不確かさは多くの要因からなる．通常，以下にその例を示す要因についてその総合的な不確かさへの寄与を検討する．

① 測定対象成分の不明瞭さ（例えば，測定すべき分析対象成分の正確な化学形態が不明）．
② サンプリング：測定試料がバルク全体を代表していない場合，サンプリング後に変質してしまう場合など．
③ 測定対象の不完全な抽出や濃縮．
④ マトリックス効果および干渉．
⑤ サンプリングおよび試料調製時の汚染．
⑥ 環境条件の測定操作への影響に関する知識不足，あるいは環境条件測定の不備．
⑦ アナログ計測器読み取りの個人偏差．
⑧ 重量測定および容量測定の不確かさ．
⑨ 装置の分解能または分別閾値．
⑩ 測定標準および標準物質の表示値．
⑪ 文献値，簡略化されたデータを使った定数あるいはその他のパラメーターの値．
⑫ 測定法および操作において取り入れた近似と仮定．
⑬ 電算機処理効果：コンピュータソフトの無闇な使用による誤り．計算モデルの不適切さ．早い時期での数字の丸めによる最終結果の不正確さ．
⑭ ランダムなばらつき．

III 不確かさの求め方

測定に付随する不確かさを求めるため以下の四つのステップを踏む．

① 関連する標準作業手順書（SOP）などを参考にして，ばらつきを生じさせる分析操作を，測定対象ごとにステップを追って書き出す．

② 不確かさの要因を洗い出し，同定する．この段階の目的は，考慮すべき不確かさの要因を完全に明らかにすることである．

③ 各測定結果 y に付随している不確かさの大きさ $u(y)$ を見積もる．個々の不確かさ成分を求める方法には基本的に4種ある．

・分析が行われる実験室での実験により，ランダム効果などから生じる標準不確かさ（standard uncertainty）を繰り返し実験により測定する．

・標準物質の測定により，標準物質の値付け値の不確かさ，標準物質測定の再現性，測定値と値付け値との差，標準物質と試料との組成の差から不確かさを評価する．

・校正証明書，試験所間の相互比較分析の結果，以前のバリデーションのデータなどから見積もる．

・繰り返し測定により，または純粋に数学的にも行えない場合に，分析対象や使用される分析法および操作の特質についての詳細な知識を有する人の勘により不確かさを見積もる（見積もられた不確かさの質と有効性は，判断する人の理解の程度，分析評価および能力による）．

④ 総合的不確かさを計算する．

標準偏差で表された各成分の標準不確かさ $u(y)$ を合成し分析全操作に対する合成標準不確かさ（combined standard uncertainty）を算出する．拡張合成不確かさ（expanded uncertainty）を得るために合成標準不確かさに適切な包含係数（coverage factor）k を掛ける．多くの目的には k は 2（信頼性水準約 95%）が推奨されている．

IV 分析結果と不確かさの報告

1) 必要な情報 分析結果に不確かさをつけて報告する場合には，通常以下の情報を含める．

① 分析方法，分析結果およびその不確かさに関する記述．

② 分析結果の算出および不確かさの見積もりのための補正と使用した定数の値とその出典．

③ 不確かさ成分の評価方法についての説明と不確かさ成分の全リスト．

ただし，ルーティン分析の結果を報告するときには，拡張不確かさの値だけでよい．

2) 拡張不確かさの報告 特に指定がなければ，分析・測定結果 x は，包含係数 $k=2$ として計算した拡張不確かさ U とともに下記のように記載する．

（結果）：$x \pm U$（単位）

例） U-238 の放射能濃度：1.34 ± 0.16 Bq kg^{-1} 乾土

3) 標準不確かさの報告 あえて，標準不確かさを報告する場合には，合成標準不確かさ u_c を次の形式で記述する：

（結果）：x（単位），標準不確かさ：u_c（単位）．

例） U-238 の放射能濃度：1.34 Bq kg^{-1} 乾土
標準不確かさ：0.08 Bq kg^{-1} 乾土

4) 有効桁数と表示 拡張不確かさ U または標準不確かさ u には 2 桁以上を示す必要があることは少ない．通常は，分析結果と不確かさとの有効桁を一致させるように丸める．

V 解　説

通常の一連の分析操作にはかなり多くの不確かさの要因があり，それらをすべて網羅することは難しい．それゆえ，不確かさの要因の見落としも予想される．特に，サンプリングやマトリックスの変動を伴う試料中の目的成分の分離操作など，分析者の経験に基づく勘を頼りに見積もられた不確かさが含まれる場合は，それが妥当なものか判定する必要がある．それには，標準物質を用いて分析の全操作にわたる再現精度を，長期にわたり回数をできるだけ多く繰り返して求め，これと比較する方法がある程度有効である．したがって，ISO/IEC 17025（JIS Q 17025）は，試験所には，不

確かさを求める手順を有していることと，顧客などに要求された場合には，分析結果に不確かさをつけて報告することを要求しているが，多くの認定機関では，この室内再現精度から不確かさを求めることを認めている．また，分析者の判断による不確かさの見積もりの寄与が全体の不確かさの50％以上になる場合には，その不確かさの値を採用することは好ましくないと考えている．

　自分で行っている分析法による分析結果の不確かさを求め，どの操作が不確かさを左右するかが明らかになったら，その操作の改善や変更をするといった分析設計の見直しに役立ててみることを薦めたい．

■ 参考文献
1) CITAC Guide 3：Quantifying Uncertainty in Analytical Measurement（2nd ed），Eurachem/CITAC（2000）．

文献と情報検索

1. 文献と情報検索 (literature and information retrieval)

I 概　　要

　実験を行う上で各種の文献に当たり，また情報検索を行う必要が生じる．学術雑誌や参考書籍の電子化に伴い，これらの作業はオンラインで行うのが普通になってきた．したがってこれらを一体として説明する．

II 文献，情報検索のツール
a. 原著情報
1) 雑誌と電子ジャーナル

　① 学術雑誌：学術雑誌は研究開発情報の最大の情報源である．内外の学会や欧米の科学技術出版社から発行されている．雑誌には通常の雑誌と速報誌がある．速報誌の論文は短いが，重要な研究成果が一早く掲載されることがあるので人気が高い．一般の分析化学の専門誌には *Analytical Chimica Acta*, *Analytical Chemistry*, *Analusis*, *Analytical Communications*, *Analytical Sciences* などがあり，また分析分野や機器ごとの専門誌もある．総合誌にも分析化学に関連する論文がある．

　② 電子ジャーナル：多くの学術雑誌が電子ジャーナルとして Web 上で検索・閲覧できる．実際に閲覧できる雑誌は所属する図書館の購読状況による．化学に関係する主な電子ジャーナルサービスには表1のようなものがある．

　その他学会ごとに提供している電子ジャーナルもあり，例えば日本分析化学会の *Analytical Sciences* は同学会の Web サイト (http://www.soc.nii.ac.jp/jsac/analsci.html) から閲覧できる．

表1　主な電子ジャーナルサービス

電子ジャーナルサービス名	出版社名
ScienceDirect	Elsevier Science
LINK	Springer Verlag
Wiley Interscience	John Wiley & Sons
ACS Web Edition	米国化学会
J-STAGE	科学技術振興事業団

表2 特許全文の検索サイト

特許庁	URL
日本特許庁	http://www.ipdl.jpo.go.jp/homepg.ipdl
米国特許商標庁	http://www.uspto.gov/patft/
欧州特許庁	http://ep.espacenet.com/

2) 特許と特許庁データベース

① 特許庁のデータベース：特許文献の重要性はますます大きくなっており，多くの分析手法や分析機器についての取許が取得されている．特に1998～1999年に世界の3大特許庁（米国，欧州，日本）がその特許明細書を無料でインターネット公開したことから，一般研究者が簡単に特許情報を検索・閲覧できるようになり（表2）大変便利になった．

② その他の特許データベース：ただしこのような特許庁のデータベースは極めて簡単な検索機能しかないのが通例で，特にキーワードでの検索機能は限られている．権利にかかわるような重要な検索や化学物質の検索には，STNなどのオンライン検索で専門のデータベースを検索することがどうしても必要である．表3に，主要な特許データベースとそれらが利用できる検索システムを示した．

3) 規　格　分析化学においては日本工業規格（JIS）などの分析規格は重要である．日本工業規格は日本工業標準調査会（http://www.jisc.go.jp/）で検索・閲覧できる（ダウンロードはできない）．JIS，海外の規格やその他の規格については日本規格協会（http://www.jsa.or.jp/）から購入できる．

b. 参考図書

研究開発においては整理された情報も必要である．これらには辞書・用語集，辞典，化学物質辞典，百科事典，データ集，便覧，全書・講座，実験書・安全ガイドブックなどがある．ここでは分析化学に関連したものを紹介する．電子版がある場合はその旨示した．

表3 主要な特許データベースと検索システム

名称	収録範囲	遡及年	特徴	システム
CAplus	化学・化学工学	1907～	化学物質がCAS登録番号で検索できる	STN
Derwent World Patent Index	全世界の特許	1963～	抄録が優れている	STN, Dialogなど
IFI Claims	米国特許	1950～	米国特許が古いところから入っている	STN, Dialogなど
PATOLIS	日本特許	1885～	日本特許の権利情報も検索できる	PATOLIS

1) 辞典

a. 水島三一郎ら編：化学大辞典，共立出版(1960)，全9巻と索引(各巻約1000頁)．

b. 大木道則，大沢利昭，田中元治，千原秀昭編：化学大辞典，東京化学同人 (1989)，2772頁．

c. 長倉三郎ら編：理化学辞典（第5版），岩波書店 (1998)，1872頁 (CD-ROM版あり)．

d. 分析化学辞典編集委員会編：分析化学辞典，共立出版 (1982)，242頁．

2) 化学物質辞典

a. The Merck Index（第13版），Merck & Co. (2001) (CambridgeSoft より CD-ROM版および Web 版，Chapman & Hall/CRC より CD-ROM版あり)．

b. Dictionary of Organic Compounds（第6版第2補遺）(DOC，旧 Heilbron)，他 Chapman & Hall/CRC (1997)（CD-ROM版あり）．

c. 化学商品，化学工業日報社（毎年刊行），1900頁．

3) データ集

a. Physics, Chemistry and Technology National Research Council：International Critical Tables of Numerical Data, McGraw-Hill (1926-30)．

b. Landort-Boernstein's Zahlenwerte und Funktionen aus Physik, Chemie, Astronomie, Geophysik und Technik, Springer Verlag（300巻以上）．

c. CRC Handbook of Chemistry and Physics（第82版），CRC Press (2000)，2556頁 (Chapman & Hall/CRC より CD-ROM版あり)．

d. Sadtler Databases (IR, NMR, MS, Raman など，かつてはバインダで提供されていたが，現在はデータベースとして BioRad 社から提供されている)．

4) 便覧，ハンドブック

a. 国立天文台編：理科年表（毎年改訂版発行），丸善（CD-ROM版あり）．

b. 日本化学会編：化学便覧 基礎編（改訂4版），丸善 (1993)，1600頁．

c. 日本化学会編：化学便覧 応用化学編（第5版），丸善 (1995)，1824頁．

d. John A. Dean ed.：Lange's Handbook of Chemistry (15th ed.), McGraw-Hill (1999)，1519頁．

e. 日本分析化学会編：分析化学便覧（改訂5版），丸善 (2001)，852頁 (CD-ROM版あり)．

5) 実験書，安全ガイドブック

a. 日本化学会編：実験化学講座（第4版），丸善 (1990～1993)，全30巻 (CD-ROM版あり)．

b. 日本化学会編：化学防災指針，丸善 (1996)，686頁．

c. 化学・分析化学データベース

1) 総合データベース

① Chemical Abstracts：Chemical Abstracts は世界中で発行される約 8000 の雑

誌と37カ国と2国際機関で発行される特許から，化学に関連する文献の抄録と索引を作成している．現在ではこの情報はCA on CD，SciFinder，STNなどで利用できる．これらの使用方法の詳細については章末に示した参考書を見ていただきたい．

② CA on CD：文字通りChemical Abstracts（CA）のCD-ROM版である．累積索引のCD-ROM（CI on CD）も含め，1977年からの情報が検索できるようになっている．

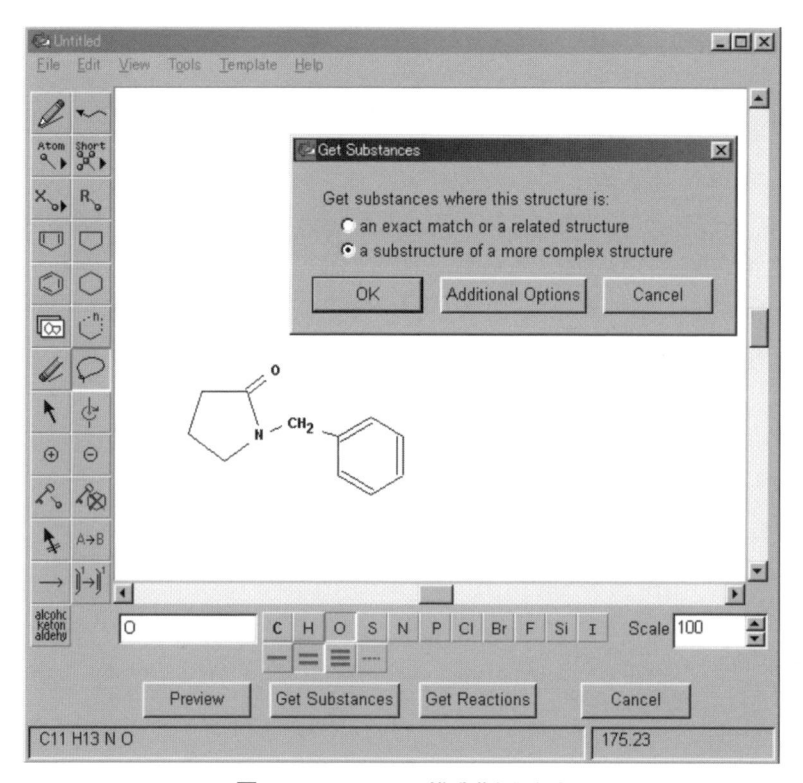

③ SciFinder/SciFinder Scholar：SciFinderはChemical Abstractsのデータベースを研究者が使いやすいように開発したシステムで，Chemical Abstractsの1907年からの抄録が収録されたCAplus，化学物質の名称と構造を収録したRegistry，化学反応データベースCASREACTのほか，生医学文献のMEDLINEを合わせて検索できるようになっている．SciFinderの大学版がSciFinder Scholarで，一部利用できない機能もあるがほぼ同等のサービスである．

SciFinder/SciFinder Scholarは化学構造が簡単に検索できることが特徴で，図1のようなツールで構造を作図して検索する．もちろん化学物質名（慣用名なども含む）や分子式でも検索できる．その他，研究トピックや著者名なども簡単に検索できる．約130万件の化学物質については計算された物性値を付与しているほか，約80万件の化学物質については基本的な物性値も追加されたので便利になった（図1〜3）．

図1 SciFinderの構造作図画面

④ STN と STN Easy：Chemical Abstracts のデータベース CAplus は，オンライン検索システムである STN とその簡易版である STN Easy でもアクセスできる．STN や STN Easy では Chemical Abstracts 以外のデータベース，例えば Analytical Abstracts や Food Science and Technology Abstracts なども検索できる．

⑤ JOIS と JOIS Easy：JOIS は世界の科学技術文献の日本語の抄録を提供するサービスとして広く使われている．2003年より上記 STN と同一のシステムを使うようになった(図4)．大学向けには JDream が同じ情報を提供している．

⑥ Web of Science：Web of Science の中心となるデータベースは科学技術分野全般の Science Citation Index（SciSearch）である．このデータベースの特徴は原論文に記載されている引用文献を収録していることである．Web of Science では，ある文献から，そこに記載されている引用文献の抄録へのリンクができるほか，逆にその文献が誰に引用されているかの検索もできる．最近大学や研究者の評価のためのツールとして利用されている．

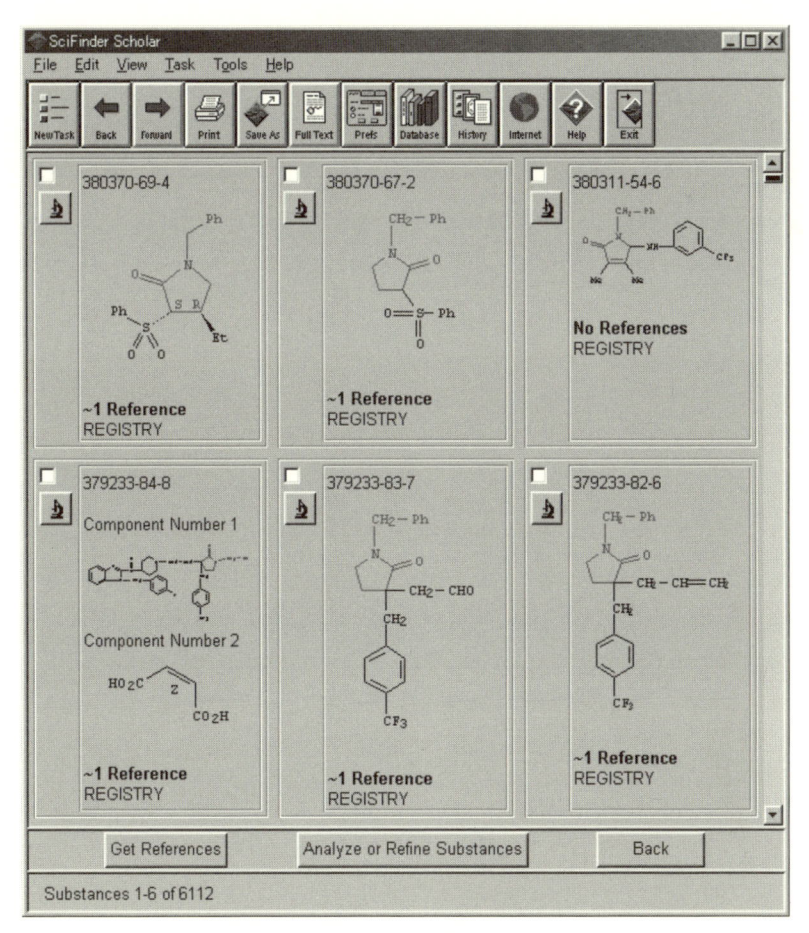

図2　SciFinder の構造検索回答

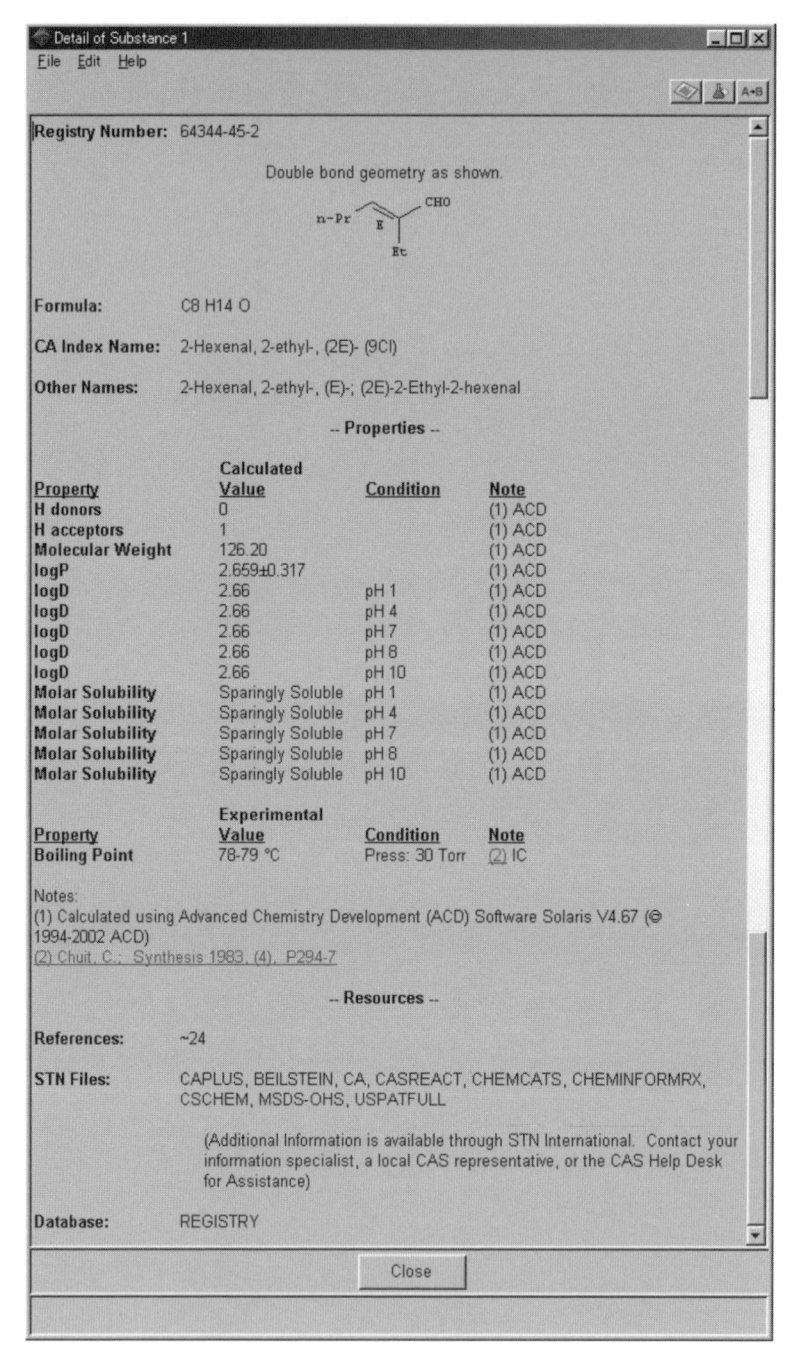

図3 SciFinder の化学物質レコード

2) 化学物質データベース

① CrossFire：CrossFire は MDL Information Systems GmbH（旧 Beilstein Information Systems GmbH）が開発した化学情報検索システムで，Gmelin および Beilstein のデータベースが入っている．Beilstein，Gmelin はそれぞれ Beilstein Handbook，Gmelin Handbook のデータを基礎として，最近のデータを追加したも

1. 文献と情報検索　　271

図4　JOIS Easy の検索画面

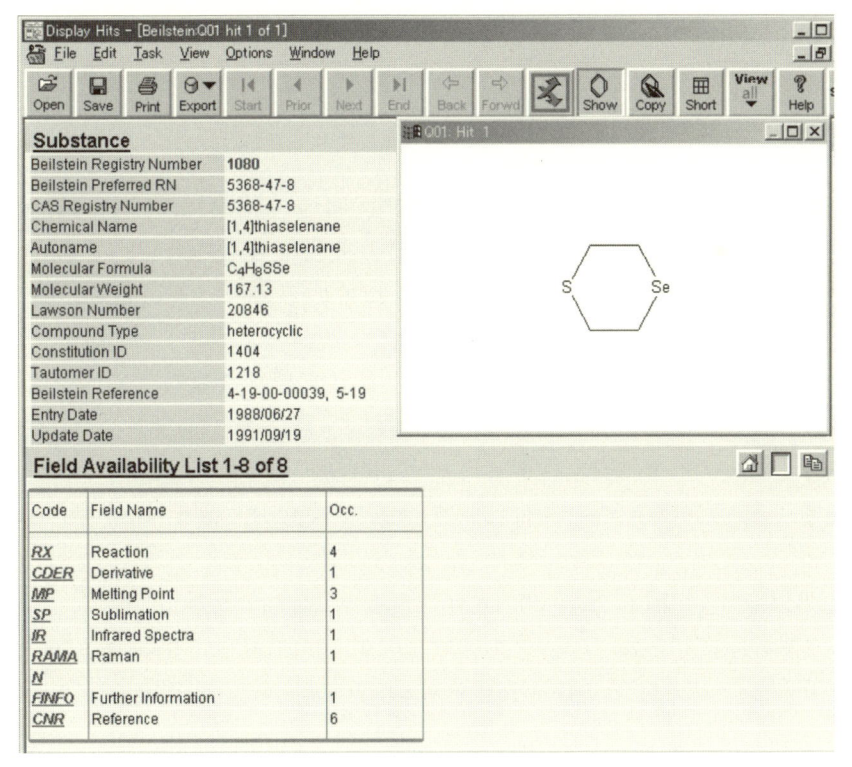

図5　CrossFire の化合物レコード (1)

のである．物性情報が直接調べられるのが便利である（図5，図6）．

② ChemFinder：特定の化学物質についての Web 情報を調べたいときは ChemFinder（http://chemfinder.camsoft.com/）が便利である．DIOXIN という化合物名で検索した結果を図7に示した．

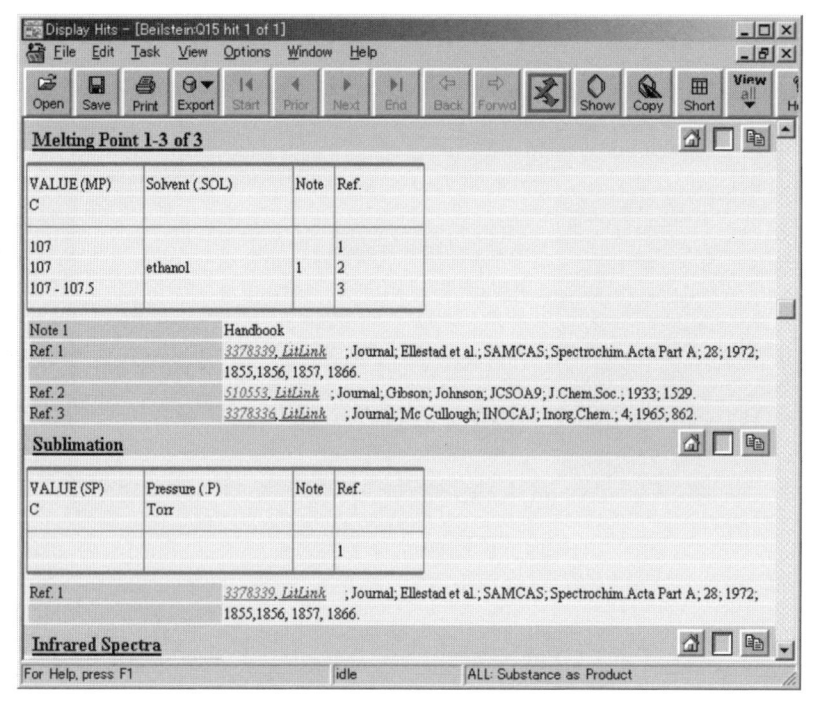

図6 CrossFire の化合物レコード（2）

　さらに画面の下にスクロールすると，Health, Misc, MSDS, Pesticides/Herbicides, Physical Properties, Regulations などの項目に分類されて，この化合物についての情報を持っている Web サイトが示されているので，それらにリンクできる．
　③ その他の Web のデータベース：Web 上にはさまざまな無料でアクセスできるデータベースが存在するが，特に有用なものを紹介する．
　a． 化学品カタログ・製品安全性データシート（MSDS）データベース
　・日本化学工業協会化学製品情報データベース（http://jcia.southwave.co.jp/jciadb/）
　・Sigma-Aldrich Catalog Search（http://www.sigmaaldrich.com/）
　・Fisher Catalogs（https://www.fisher.co.uk/catalogues/fisherchem.htm）
　・TCI オンラインカタログ（http://www.tokyokasei.co.jp/catalog/）
　・Siyaku.com（https://www.siyaku.com/）
　・Funakoshi on the Internet（http://61.195.166.45/）
　・昭和化学試薬ケミカルデータベース（http://www.st.rim.or.jp/~shw/index_j.html）
　・Material Safety Data Sheet（Vermont SIRI）（http://hazard.com/msds/）
　b． 毒性・安全性データベース
　・WebKis-Plus（http://www.k-erc.pref.kanagawa.jp/）

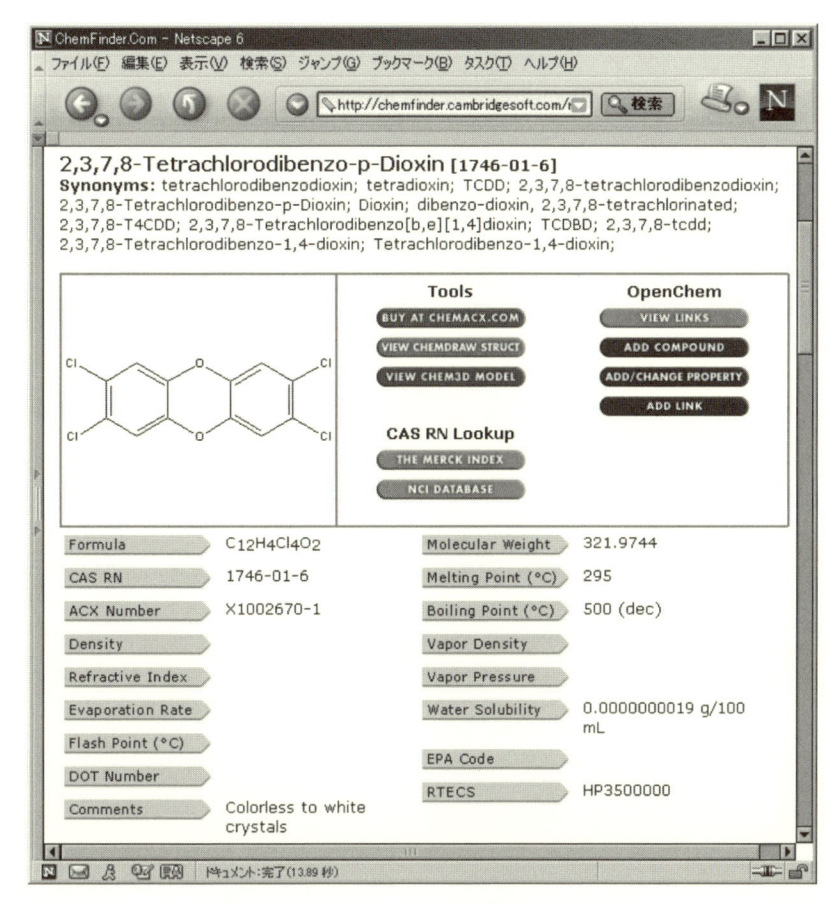

図7　ChemFinder の化学物質レコード

c. スペクトル・物性データベース
・NIST WebBook（http://webbook.nist.gov/）
・有機化合物のスペクトルデータベース（SDBS）（http://www.aist.go.jp/RIODB/SDBS/）

3）その他のデータベース
・研究開発支援総合ディレクトリ(ReaD)（http://read.jst.go.jp/）：国公立研究所・大学などの研究者・研究課題情報
・NACSIS Webcat（http://webcat.nii.ac.jp/）：日本の大学図書館の蔵書目録

d. インターネットの検索

1) インターネットの検索エンジン　Yahoo!，Google，Goo などの検索エンジンは，自分の仕事に関連する研究を行っている研究機関や研究者を探したり，自分が専門でない分野について一般的な情報や専門家を探すのに役に立つ．しかし，一般にこれらで学術文献の検索はできない．

2) 有用なサイト　政府・官公庁や研究所のサイトにはしばしば有用な情報がある．自分の研究に関連するこれらのサイトはブックマーク（お気に入り）に登録して

表4 有用なサイト

名　称	提供者	URL
自然化学と技術：化学	Yahoo! Japan	http://dir.yahoo.co.jp/Science/Chemistry/
Science：Chemistry	Yahoo!	http://dir.yahoo.com/Science/Chemistry/
化学関連サイトへのリンク	日本化学会	http://forum.nifty.com/fchem/link/link.htm
化学物質に関する情報	国立医薬品食品衛生研究所	http://www.nihs.go.jp/hse/chemical/
Chemdex	University of Sheffield	http://www.shef.ac.uk/~chem/chemdex/
ChemWeb（入会登録が必要）	ChemWeb	http://www.ChemWeb.com/
Chemistry.org	米国化学会	http://www.chemcenter.org/
chemsoc	英国王立化学会	http://www.chemsoc.org/

おくのがよい．このようなサイトを探すにはYahoo!のディレクトリや，各所で作成しているリンク集が役に立つ．

e. 終わりに

ここに記載された各種データ，特にインターネットのアドレスは2004年3月現在のものであり，その後変更されている場合があるので注意が必要である．

■ **参考文献**

1) 時実象一著，神戸宣明監修：インターネット時代の化学文献とデータベースの活用法，化学同人 (2002)．
2) 千原秀昭，時実象一：化学情報—文献とデータへのアクセス（第2版），p. 232，東京化学同人 (1998)．

索　引

欧　文

APCI　175, 185
APPI　185
ATR 法　190
Beilstein　270
5-Br-PSAA　149
BSA　245
BSTFA　245
CA on CD　268
CCD カメラ　174
Cd-Cu 還元カラム　151
ChemFinder　271
Chemical Abstracts　267
CI　163, 167, 175
CRM　204, 208
CrossFire　270
dialysis　15
EI　163, 167, 174, 175
electrodialysis　17
ESI　175, 185
fluorescence emission spectrum　133
fluorescence excitation spectrum　133
FT-IR　188
GC/MS　163
Gmelin　270
Hanawalt 法　197
HPLC　177
ICDD の PDF　197
ICP 原子発光分析法　193
ICP 質量分析法　193, 232
ID 用ブレンド　214
Ilkovic 式　142
JDream　269
JOIS　269
KBr 錠剤　187
KBr 錠剤作成用ハンディプレス　188
LC/MS　170, 182
MALDI　171, 173, 175
MC　168
MS　169
MSDS　251, 272
pH 計　126
pH 値　126
PID 制御　111
PRTR 制度　253
SciFinder　268
SIM 法　168, 186
SPM　64
SPME　29
STN　269
TG/DTA　142
TG/DTA-FTIR　142
TG/DTA-GCMS　142
TG/DTA-MS　142
TIM 法　168, 186
TLC 板　155
TMAH　82, 83
TMS 化　244
TOC　231
Web of Science　269
X 線回折装置　196
X 線回折分析法　196

ア　行

アイソクラティック溶出法　181
アスピレーター　122
圧力調整　120
圧力調整弁　120
アナライト　205, 209
4-アミノアンチピリン吸光光度法　154
アルカリハライドランプ　132
アルカリ溶解　82

安全ガイドブック　267
安全指針　248
安全性データベース　272
アンプル　162
アンペロメトリー　137
アンモニア水　20

胃液　79
イオン会合抽出剤　24
イオン化干渉　136
イオン交換樹脂　228
イオン交換膜　17
陰イオン　233
引火性試薬　239
インターフェース　193

受用　7

エアダンパー　152
液液抽出　22, 24
液液抽出用相分離器　150
液液分配　22
液体クロマトグラフィー／質量分析法　→ LC/MS
液体試料　201
液体窒素　88
液体の乾燥　89
液体の乾燥剤　88
液体捕集　59
エージング　157
エステル交換剤　243
エタノール-ドライアイス　88
エネルギー分散型蛍光 X 線分析装置　199
エレクトロスプレーイオン化　→ ESI
塩化カルシウム　88
塩化物イオン　148
遠心分離管　23

エンタルピー　145

王水　82
オキシン　20
汚染　215
汚染発見型調査　71
オートインジェクター　163
オートクレーブ分解部　153
オンカラム注入部　160
温度　110
温度校正　143
温度校正用純金属　144
温度制御部　111
温度測定　118
温度測定部　111

カ 行

加圧　120
加圧分解　83
加圧分解容器　84
回収率　259
ガイスラー型ビュレット　9
過塩素酸　82
過塩素酸マグネシウム　88
化学イオン化　→CI
化学干渉　136
化学シフト　191
化学品カタログ　272
化学物質辞典　267
かきまぜ　95
拡散電流　142
拡散透析　15
拡張合成不確かさ　263
加工食品　74
ガス拡散装置　151
ガスクロマトグラフ　37
ガスクロマトグラフィー　156,158,242
ガスクロマトグラフィー／質量分析法　→GC/MS
ガス送気　120
ガスボンベ　120
カップリング　191
荷電膜　17
加熱　112,116
加熱乾燥　90
加熱脱離　26
加熱濃縮法　103

ガラスアンプル　162
ガラスインサート　160
ガラス電極　126
ガラスビード法　200
カラムクロマトグラフィー　223
カラム用管　156
カールフィッシャー試薬　55
カールフィッシャー滴定法　54
環境安全　252
乾式灰化　81
緩衝液　125
間接加熱法　117
間接加熱方式　118
乾燥　87,224
乾燥剤　87,90
乾燥剤による乾燥　87
乾燥・調湿　87
感度　259
還流冷却器　217

気-液分離器　151
規格　266
キセノンランプ　132
気体試料導入機構　159
気体試料用シリンジ　158
気体の乾燥　87
揮発性成分　36,37
揮発性有機化合物　27
逆ID用ブレンド　214
逆浸透　228
逆抽出　24
キャピラリーカラム　167
キャリヤーガス　164
吸光度　134
共沈殿　20
共沈分離法　19
魚介類　74
キレート試薬　51
キレート抽出剤　24
キレート滴定　51
均質沈殿法　19,20
禁水性試薬　239
金属ナトリウム　249

空気分節型連続流れ分析法　153
クペロン　20

グラジエント溶出法　181
グラッブズ検定　258
グリセリン水溶液　92

蛍光X線分析法　198
蛍光スペクトル　133
蛍光分光光度計　132
ケミカルフィルター　234
減圧　101,122
減圧蒸留　221
減圧弁　120
減圧濾過　218
限界電流　137
限外濾過　228
原子吸光光度法　134
検出下限　259
検出限界　259
現状把握型調査　71
検量線法　136,195,201,209
堅牢性　259

高圧ガス　251
恒温　110
恒温装置　112
恒温浴槽(恒温槽)　111
抗凝固剤　77
高屈折率プリズム　190
合成標準不確かさ　263
高速液体クロマトグラフィー　→HPLC
光電子増倍管　193
五酸化リン　88
固相吸着　59
固相抽出　24
固相マイクロ抽出　→SPME
固体試料　200
固体試料直接導入プローブ　169,171,175
固体の乾燥　89
固体の乾燥剤　88
5地点混合方式　71,72
固定　79
固定相液体　156
固定相担体　156
ゴーフロー　67
駒込ピペット　5
混合融剤　86

サ 行

サイクリックボルタモグラム 139
サイクリックボルタンメトリー 138
再結晶 217
最小二乗法 210
細氷-食塩 88
作用電極 137
サロゲート 212
酸化アルミニウム 88
酸化カルシウム 88
酸化還元滴定 47
酸化還元滴定用標準物質 43
酸化性試薬 239
酸化マグネシウム 88
参照電極 126
酸素過電圧 138
サンプルループ 148
酸分解 81
残余電流 142

ジアゾメタン 243
シアン化合物 154
シェーカー 98
紫外線照射 228
示差走査熱量測定 145
示差熱分析 145
指示電極 138
四捨五入 257
四重極型質量分析計 168
室間再現精度 259
実験器具の乾燥 92
実験室 248
湿式灰化 81
室内再現精度 259
質量差別効果 214
質量比混合 204, 213
質量分析 193
質量分析法 → MS
質量分離 193
ジメチルホルムアミドジメチルアセタール 243
指紋領域 187
蛇管冷却器 220
周期（律）表 216
重水素化溶媒 192

充填カラム 156, 158
充填剤 24
充電電流 142
重量校正 144
重量分析 19
受動的ガスサンプリング 72
純水 227
純物質 203
昇華 221
消化液 79
静脈採血 76
蒸留 219
蒸留水 227
食肉類 74
除タンパク 77
シリカ 232
シリカゲル 88
試料採取 161
試料注入法 158
試料導入法 159
シリンジ 158
真空採取瓶 30
真空ポンプ 122, 123

膵液 80
水銀 253
水銀ランプ 132
水酸化カリウム 88
水酸化テトラメチルアンモニウム → TMAH
水酸化ナトリウム 20, 88
随時尿 75
水素イオン活量 126
水素過電圧 138
数値の丸め方 257
スパイク 212
スパン校正 128
スペクトル干渉 195
スペクトルデータベース 273

正確さ 215, 259
青酸ガス 251
青酸カリ 249
精度 259
積分値 191
ゼロ校正 127
全イオン検出法 → TIM法
穿刺液 79

洗浄液（洗液） 14
選択イオン検出法 → SIM法
選択性 259

相洗浄 24
早朝第一尿 75
送風定温乾燥器 90
速度制御熱分析 144
測容器の校正 10
組成標準物質 205
ソックスレー抽出 27

タ 行

大気圧化学イオン化 → APCI
大気圧光イオン化 → APPI
ダイナミックヘッドスペース法 40
多項目水質計測器 68, 70
多重走査法 139
脱気 101
脱水 224
脱離温度 31
炭酸塩融解 85
胆汁 80
担体沈殿法 20

地下水汚染契機型調査 71
抽出 22
注入部 160
中和滴定 45
中和滴定用標準物質 42
中和点 45
中和反応 45
超音波処理 101
調湿 92
超純水 227
超臨界流体抽出 32
直接ID法 215
直接加熱法 117
直接加熱方式 117
直接浸漬法 30
直線性 259
直流ポーラログラフィー 142
直流ポーラログラム 141
沈殿 19
　——の熟成 20
　——の洗浄 20
沈殿生成 19, 20

沈殿滴定　49
沈殿滴定用標準物質　44
沈殿分離　19

定温乾燥器　90
定感量化学てんびん　1
抵抗発熱体　112
抵抗率計　234
呈色試薬　156
ディスクリミネーション　159
定性分析　201
定量下限　259
定量分析　201
デガッサー　151
滴下水銀電極　140
デコンボリューション法　175
データ集　267
出用　7
電位差計　47
電位差滴定方法　53
電位差法　42
添加検量線法　210
電気加熱方式　134, 135
電気滴定　53
電気伝導率計　234
電気透析　17
電気分解　17
電気炉　90
電子イオン化　→ EI
電子はかり　3
電子冷却機　115
電動圧縮冷凍機　115
電流滴定方法　53
電量滴定方法　53

同位体希釈質量分析法　213
同位体希釈法　195, 212
透析　15
透析膜　15
当量点　45
特異性　259
毒性データベース　272
土壌汚染対策法　71
土壌ガス　72
土壌試料の分解　85
トーチ　193
特許　266
特許データベース　266

トラベルブランク　67
トリフルオロアセチル化　246
トリメチルシリル化　→ TMS化
トリメチルシリルジアゾメタン　242

ナ 行

内（部）標準試薬　192
内（部）標準法　161, 169, 195, 198, 209
ナフチルエチレンジアミン吸光光度法　151

二酸化炭素　32
二次電子増倍管　193
二重ID法　215
尿の採取　75
尿の保存　76
認証書　204, 207
認証標準物質　→ CRM

ヌジョール法　189

熱重量測定　142
熱電対　111
熱膨張校正　144
熱補償型　147
熱流束型　147

農作物　74
濃縮管　37
脳脊髄液　79
能動的ガスサンプリング　72

ハ 行

廃棄物　253
バイモダル　63
薄層クロマトグラフ　155
薄層クロマトグラフィー　155
爆発性試薬　239
波高　142
パージ＆トラップ　27, 37
波長分散型蛍光X線分析装置　199
発火性試薬　239
白金抵抗温度計　111
白金るつぼ　203

バックグラウンド補正　134
発光強度法　195
発光分析　193
半減期　241
半導体検出器　193
バンドーン　67
反応槽　151
半波電位　140, 142

比較電極　126
比較標準化法　214
ピーク電位　140
ピーク電流　140
飛行時間型質量分析計　171
非水溶媒滴定　54
被ばく　240, 241
ピペット　5
　——の体積許容差　6
ビュレット　8
標準液　41
標準添加法　136, 195, 209
標準不確かさ　263
標準物質　41, 146, 209
標準偏差　256
標定　41
標定値　42
標本標準偏差　256
標本分散　256
平形はかり瓶　203
4-ピリジンカルボン酸ピラゾロン吸光光度法　154

ファイバーサンプラー　29
ファンダメンタルパラメーター法　199
フェノール類　154
不活性ガス気流　105
不活性電極　137
不確かさ　205, 211, 214, 261
フッ化水素　250
物性データベース　273
物理干渉　136
不偏分散　256
浮遊粒子状物質　→ SPM
ブラケティング法　211
浮力補正　204, 213
ふるい分け　99
フレーム方式　134, 135

ブレンド 212
フローインジェクション分析法 148
フローインジェクション法 170, 172, 175
フローセル 148
雰囲気ガス 143
分液漏斗 22
分解用密封容器 83
文献・情報検索用ツール
　雑誌 265
　参考図書 266
　辞典 267
　電子ジャーナル 265
　ハンドブック 267
　便覧 267
分光干渉 136, 195
分光器 193
粉砕 93
分散 256
分析カートリッジ 153
分析対象物質 205
分析法の適用範囲 259
分析法のバイアス 260
分析法バリデーション 259
粉末ブリケット法 200
分粒装置 64

併行精度 259
平衡ヘッドスペース法 35
平方和 256
ヘッドスペース 35
ヘッドスペース法 30
ヘプタフルオロブチロイル化 247
ヘリウム 102
ペルチェ効果 115
偏差 256
ペンタフルオロプロピオニル化 247

放射性同位体　→ラジオアイソトープ
放射線 240, 241

捕集管 37, 38
ホットプレート 156
母標準偏差 256
ポーラログラフィー 140
ホールピペット 5
ボンベ 251

マ 行

マイクロシリンジ 158, 163
マイクロ波照射 84
マグネチックスターラー 95, 96
マスクロマトグラフィー　→ MC
マトリックス 175, 210, 215
マトリックス効果 208
マトリックス支援レーザー脱離イオン化法　→ MALDI
マトリックスマッチング法 212
マトリックスモディファイヤー 135
マニフェスト 253
マノメーター 122, 123

ミキシングジョイント 148

無水トリフルオロ酢酸 246

メスピペット 5
メスフラスコ 7
　――の体積許容差 8
メチルエステル化 242
メッシュ 99
メモリー効果 61
面積流量計 62

毛細管採血 76
モディファイヤー 34
モール型ビュレット 9
モレキュラーシーブ 88, 226

ヤ 行

融解 85

有機体炭素　→ TOC
融剤 85
誘導体化 242

溶解パラメーター 33
容器の洗浄 57, 61
容器捕集 59
溶存酸素 101
溶媒抽出 22, 97
容量分析用標準物質 41, 42, 205

ラ 行

ライブラリーサーチ 165, 172
ラインコネクター 148
ラジオアイソトープ 240, 241

リービッヒ冷却管 219, 220
硫化水素 19
硫酸 88
硫酸カルシウム 88
硫酸水溶液 92
流動パラフィン 189
流量管理 61
臨界圧力 32
臨界温度 32
リンモリブデンブルー法 154

励起スペクトル 133
冷却 112, 114
冷却捕集 106
冷蒸気方式 134, 135
冷媒 108, 114
レーザー 132

濾過 11
濾紙の種類と用途 13
ロータリーエバポレーター 103
六方サンプルインジェクター 148
六方バルブ 160

分析化学実験の単位操作法　　　定価はカバーに表示

2004年4月30日　初版第1刷

編　者　社団法人　日本分析化学会
発行者　朝　倉　邦　造
発行所　株式会社　朝　倉　書　店
　　　　東京都新宿区新小川町6-29
　　　　郵便番号　162-8707
　　　　電話　03(3260)0141
　　　　FAX　03(3260)0180
　　　　http://www.asakura.co.jp

〈検印省略〉

© 2004 〈無断複写・転載を禁ず〉

壮光舎印刷・渡辺製本

ISBN 4-254-14063-0　C 3043

Printed in Japan

分析化学ハンドブック編集委員会編

分析化学ハンドブック

14041-X　C3043　　　　A5判　1080頁　本体37000円

既存の知識の他，多くの可能性とstate-of-artを幅広く紹介した総合事典。〔内容〕基礎編（試薬・器具／定性分析／容量分析／重量分析／有機微量分析），試料調整・分離編（サンプリング／前処理／分離／保存），機器・測定編（組成分析／状態分析／表面分析・マイクロビーム分析／結晶構造解析／形態観察／自動分析），情報編（測定自動化／データ解析／データベースシステム），応用編（分野別・対象別分析法／新技術／安全学），資料・データ編（元素の周期表・原子量表，他）

日本分析化学会編

分離分析化学事典

14054-1　C3543　　　　A5判　488頁　本体18000円

分離，分析に関する事象や現象，方法などについて，約500項目にまとめ，五十音順配列で解説した中項目の事典。〔主な項目〕界面／電解質／イオン半径／緩衝液／水和／溶液／平衡定数／化学平衡／溶解度／分配比／沈殿／透析／クロマトグラフィー／前処理／表面分析／分光分析／ダイオキシン／質量分析計／吸着／固定相／ゾル-ゲル法／水／検量線／蒸留／インジェクター／カラム／検出器／標準物質／昇華／残留農薬／データ処理／電気泳動／脱気／電極／分離度／他

前日赤看大　山崎　昶編

化学データブックⅠ　無機・分析編

14626-4　C3343　　　　A5判　192頁　本体3500円

研究・教育，あるいは実験をする上で必要なデータを収録。元素，原子，単体に関わるデータについては，周期表順，数値の大→小の順に配列。〔内容〕元素の存在，原子半径，共有結合半径，電気陰性度，密度，融点，沸点，熱，解離定数，他

日本分析化学会ガスクロ研究懇談会編

キャピラリーガスクロマトグラフィー

14052-5　C3043　　　　A5判　176頁　本体3500円

ガスクロマトグラフィーの最新機器である「キャピラリーガスクロマトグラフィー」を用いた分離分析の手法と簡単な理論についてわかりやすく解説。〔内容〕序論／分離の理論／構成と操作／定性分析／定量分析／応用技術／各種の応用例

日本分析化学会X線分析研究懇談会編

粉末X線解析の実際
―リートベルト法入門―

14059-2　C3043　　　　B5判　208頁　本体4800円

物質の構造解析法として重要なX線粉末回折法―リートベルト解析の実際を解説。〔内容〕粉末回折法の基礎／データ測定／データの解析／応用／結晶学／リートベルト法／リートベルト解析のためのデータ測定／実例で学ぶリートベルト解析／他

慶大　大場　茂・前奈良女大　矢野重信編著
化学者のための基礎講座12

X線構造解析

14594-2　C3343　　　　A5判　184頁　本体3200円

低分子〜高分子化合物の構造決定の手段としてのX線構造解析について基礎から実際を解説。〔内容〕X線構造解析の基礎知識／有機化合物や金属錯体の構造解析／タンパク質のX線構造解析／トラブルシューティング／CIFファイル／付録

理科大　中村　洋編著

機器分析の基礎

34006-0　C3047　　　　B5判　168頁　本体3900円

理工学から医学・薬学・農学にわたり種々の機器を使った分析法について分かりやすく解説した教科書。〔内容〕分子・原子スペクトル分析／電気分析／熱分析／放射能を用いる分析／クロマトグラフィー／電気泳動／生物学的分析／容量分析／他

都立大　保母敏行・千葉大　小熊幸一編著

理工系 機器分析の基礎

14056-8　C3043　　　　B5判　144頁　本体3400円

おもに理工系の学生のために，種々の機器を使った分析法についてわかりやすく解説した教科書。〔内容〕吸光光度法／原子吸光法／蛍光・りん光／赤外・ラマン／電気分析法／クロマトグラフィー／X線分析／原子発光／質量分析法／他

東京理科大学サイエンス夢工房編

楽しむ化学実験

14061-4　C3043　　　　B5判　176頁　本体3200円

実験って楽しい！身の回りのいろいろな物質の性質がみるみるうちにわかっていく。愉快な漫画付〔内容〕氷と水と水蒸気／気体は自由自在／感動の炎―炎色反応／溶解七変化／電池を作ろう／チョークを速く溶かすには／酸性雨／タンパク質／他

上記価格（税別）は2004年3月現在